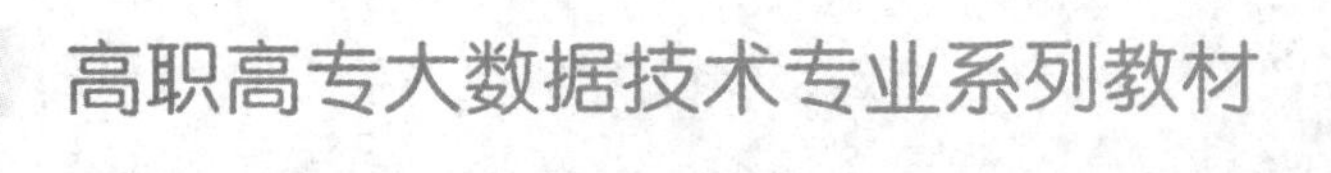

MySQL数据库原理与应用案例教程

（含微课）

主　编　孔庆月

副主编　常　磊　刘　冬

主　审　李　晶

西安电子科技大学出版社

内容简介

本书以项目为主线，以基于工作过程的任务驱动为导向，从职业岗位需求出发，以职业能力培养为重点，充分体现现代职业教育特色。本书将数据库应用过程中的工作任务归纳为典型案例，再将其依据学习目标进行分解、序化、重构，形成若干个项目，建立了以完成工作任务为主线的教学内容体系。全书内容围绕“学生成绩管理系统”这个具体案例展开，分别介绍了数据库设计、安装 MySQL 数据库管理系统、创建与管理数据库、创建与管理数据表、更新数据表数据、查询数据、创建与管理索引和视图、创建与管理存储过程、存储函数和触发器的应用、用户安全性管理和数据备份与还原 11 个项目。本书适用性强，强调实践、实训等教学环节，同时提供配套的数字化教学资源。

本书可以作为高职院校计算机相关专业的教材，也可以作为数据库应用和管理人员的参考书，以及广大计算机爱好者的自学读物。

图书在版编目(CIP)数据

MySQL 数据库原理与应用案例教程：含微课 / 孔庆月主编 . -- 西安：西安电子科技大学出版社，2024.4

ISBN 978-7-5606-7120-8

Ⅰ . ① M…　Ⅱ . ①孔…　Ⅲ . ① SQL 语言—数据库管理系统—教材　Ⅳ . ① TP311.138

中国国家版本馆 CIP 数据核字 (2024) 第 037449 号

责任编辑　张紫薇　秦志峰

出版发行　西安电子科技大学出版社 (西安市太白南路 2 号)

电　　话　(029)88202421　88201467　　邮　　编　710071

网　　址　www.xduph.com　　电子邮箱　xdupfxb001@163.com

经　　销　新华书店

印刷单位　陕西天意印务有限责任公司

版　　次　2024 年 4 月第 1 版　2024 年 4 月第 1 次印刷

开　　本　787 毫米 × 1092 毫米　1/16　　印　张　13.75

字　　数　325 千字

定　　价　59.00 元

ISBN 978-7-5606-7120-8 / TP

XDUP　7422001-1

前　言

2019年国务院印发的《国家职业教育改革实施方案》(职教20条)指出“坚持知行合一、工学结合”。2020年国务院印发的《职业院校教材管理办法》提出“专业课程教材突出理论和实践相统一，强调实践性”，为职业院校的教材开发指明了方向。本书根据上述文件精神，面向高职高专计算机软件相关专业的学生及希望学习MySQL数据库技术的人员编写。

本书是以“做中学”为特征的教学用书，充分体现了“以学生为中心，学习成果为导向”的思想。本书对具体工作任务的实现步骤和验证的工作流程进行了系统的介绍。全书围绕“学生成绩管理系统”这个具体案例，分为数据库设计、安装MySQL数据库管理系统、创建与管理数据库、创建与管理数据表、更新数据表数据、查询数据、创建与管理索引和视图、创建与管理存储过程、存储函数和触发器的应用、用户安全性管理和数据备份与还原11个项目。

本书的主要特色有:

(1) 践行立德树人。

本书坚持立德树人的教学理念，深刻挖掘专业知识体系本身所蕴含的思政元素。本书致力于培养学生良好的交流、沟通、与人合作的能力，使学生能够树立行业规范意识，并立足学科与行业领域，学会学习，学会思考，具有追求真理、实事求是、勇于探究与实践的科学精神，提升信息获取能力和创新设计能力。

(2) 图文并茂，循序渐进。

本书在编写过程中采用大量的操作过程截图，图文并茂，有助于提升阅读体验。本书内容由浅入深、循序渐进，符合高职高专学生的认知规律。

(3) 实践为主，理论够用。

本书在编写过程中，注重培养学生的实践能力，重点介绍任务分析和任务实施，对任务实施需要的相关技术以“必要、够用”为设计标准，并进行了适当拓展，使学生读起来清楚、易懂。

(4) 校企合作，案例驱动。

在编写本书的过程中，编者多次到企业调研，了解企业新技术、新规范。书中案例全部来源于企业，注重提高学生的工作效率和工作质量。

(5) 立体化教学资源。

本书每个任务包括任务描述、任务目标、任务分析、知识链接、任务实施和任务评价模块，为学生完成任务提供必要的支撑材料。学生通过手机扫码可查看相关的操作视频。学生可以在任务实施之前通过教材、操作视频等查看整个实施过程，实现碎片化学习，还可以通过“任务评价”模块梳理任务实施过程，并对自己的学习情况及时进行总结和反思。

本书由河北化工医药职业技术学院孔庆月担任主编，河北化工医药职业技术学院常磊和廊坊市志研资讯科技有限公司刘冬担任副主编，河北化工医药职业技术学院李晶担任主审。其中孔庆月负责项目6、项目8的编写；常磊负责项目5、项目7、项目9、项目10和项目11的编写；刘冬负责项目1、项目2、项目3和项目4的编写。孔庆月负责全书的统稿工作。

由于编者水平有限，书中疏漏和不足之处在所难免，恳请同行专家和广大读者批评指正，并提出宝贵意见和建议。

编　者

2024年1月

目　录

CONTENTS

项目1　数据库设计

数据库设计就是根据用户的需要，选择合适的数据库管理系统，设计数据库的概念结构、逻辑结构和物理结构并建立数据库的过程。数据库设计是信息系统开发和建设过程中的核心技术。

本项目通过典型任务介绍数据库的概念结构设计和逻辑结构设计过程，包括如何使用 E-R 图进行概念结构设计并通过将 E-R 图转换成关系模型，实现从 E-R 图到关系模型的转换；对关系模式进行规范化设计并根据关系模式的规范化理论判断设计的关系模式是否合理。

学习目标

(1) 了解概念结构设计和逻辑结构设计过程。
(2) 了解关系模式的规范化理论。
(3) 掌握系统 E-R 图的绘制方法。
(4) 掌握 E-R 图向关系模型的转换。

知识重点

(1) 系统 E-R 图绘制。
(2) E-R 图向关系模型的转换。

知识难点

关系模式的规范化理论。

任务1　概念结构设计

● 任务描述

通过对某学院学生成绩管理数据库系统的需求分析，进行概念结构设计，完成 E-R 图绘制。

● 任务目标

(1) 能够对项目进行需求分析。

(2) 能够进行概念结构设计。

(3) 会绘制系统 E-R 图。

(4) 通过需求分析过程，培养学生良好的交流、沟通、与人合作的能力。

● 任务分析

在进行概念结构设计时，首先需要进行需求分析，了解用户的信息需求和处理需求，然后进行归纳与数据抽象，再使用 E-R 图进行概念结构设计。

● 知识链接

1. 数据库设计简介

数据库设计就是根据用户的需要，选择合适的数据库管理系统，设计数据库的结构并建立数据库的过程。数据库设计是信息系统开发和建设过程中的核心技术。

按照规范的设计方法，数据库设计过程一般分为以下六个步骤。

(1) 需求分析：了解和分析用户需求，其中包括数据、功能和性能需求。分析方法常用结构化分析方法，即从最上层的系统组织结构入手，采用自顶向下、逐层分解的方式分析系统，将分析的结果用数据流程图进行图形化描述。

(2) 概念结构设计：将需求分析得到的用户需求抽象为概念模型的过程称为概念结构设计。概念结构设计是整个数据库设计的关键。概念结构设计阶段常采用 E-R 图进行设计。

(3) 逻辑结构设计：逻辑结构设计是指将现实世界的概念模型设计成数据库的一种逻辑模式，即适用于某种特定数据库管理系统所支持的逻辑数据模式。

(4) 物理结构设计：物理结构设计是指为所设计的数据库选择合适的存储结构和存储方法的过程。

(5) 数据库实施：根据逻辑设计和物理设计的结构、所选定的数据库管理系统提供的数据定义语言，建立数据库，组织数据入库，编制并调试应用程序，进行数据库的测试和试运行。

(6) 运行与维护：系统的运行和数据库的日常维护。

2. 概念结构设计中的常用术语

概念结构设计的任务是：在需求分析阶段产生的需求说明书的基础上，按照特定的方法把需求分析抽象为一个不依赖于任何具体机器的数据模型(即概念模型)。概念模型使设计者的注意力能够从复杂的实现细节中解脱出来，而只集中在最重要的信息的组织结构和处理模式上。E-R 图是表示概念模型的工具，E-R 图又称为实体 - 联系模型图或实体 - 联系图。用 E-R 图进行概念结构设计过程中常用的术语有：

(1) 实体。

客观上可以相互区分的事物称为实体，实体可以是具体的人或物，也可以是抽象的概念与联系。实体设计的关键在于一个实体能与另一个实体相区别，相同属性的实体一般具有相同的特征和性质。例如一位学生、一门课程、一次借书等都可以是实体。

(2) 实体集。

实体集是指具有相同类型、相同属性的实体集合。例如，全体学生、全体教师、所有的课程都可称为实体集。

(3) 属性。

属性是实体所具有的某一特性，一个实体可用若干个属性来描述。例如，课程实体可以用课程编号、课程名称等属性描述，这些属性组合起来表征了一门课程。

(4) 码。

码用来标识实体的属性或属性组，其中能唯一标识实体属性或属性组的码称为超码。如果一组超码的任意真子集都不能称为超码，则称这组超码为候选码。从候选码中选出一个来区别同一实体集中的不同实体的码称为主码。

例如，在成绩(学号，课程编号，平时成绩，期末成绩，综合成绩)实体集中，知道学号和课程编号的值就可以确定成绩实体所有属性的值，因此(学号，课程编号)就是超码。并且(学号，课程编号，平时成绩)、(学号，课程编号，平时成绩，综合成绩)也是超码，因为它们也可以唯一标识实体属性或属性组。

在本例中，(学号，课程编号)是候选码，因为它的任意真子集都不能称为超码。

主码可以是任意一个候选码，本例中候选码只有一个，因此，主码就是(学号，课程编号)。主码在 E-R 图中用下画线“_____”表示。

(5) 域。

域就是属性的取值范围。例如，性别的域是(男，女)，月份的域是(1～12)，姓名的域为字符串集合。

(6) 实体型。

一类实体所具有的共同特征或者属性的集合称为实体型。一般用实体名及其属性来抽象地刻画一类实体的实体型。例如，系部(系部编号，系部名称)就是一个实体型。

(7) 联系。

联系是实体之间相互的关联。一般来说，联系可以分为1对1(1:1)、1对多(1:*n*)、多对多(*m*:*n*)三种。例如，如果一个班只有一个班长，一个班长只可以在一个班任职，班长和班级之间就是1对1(1:1)联系；一个教学系可以有多个班级，一个班级只可以属于一个教学系，教学系和班级之间就是1对多(1:*n*)联系；一个学生可以选修多门课程，一门课程可以被多名学生选修，学生和课程之间就是多对多(*m*:*n*)联系。

3. E-R 图的四要素

E-R 图的四要素为

(1) 实体：用矩形表示，矩形内标注实体名称。

(2) 属性：用椭圆形表示，椭圆形内标注属性名称。

(3) 联系：实体之间的联系用菱形表示，菱形内标注联系名称。

(4) 无向线：实体与属性之间、实体与联系之间、联系与属性之间用无向线相连，并在无向线上标注联系的类型。对于一对一联系，要在两个实体集连线方向标注 1；对于一对多联系，要在一的一方标注 1，多的一方标注 *n*；对于多对多联系，则要在两个实体集连线方向旁分别标注 *n* 和 *m*。

● 任务实施

步骤 1：进行需求分析，抽象出系统实体，画出实体 E-R 图。

首先对项目进行需求分析，获取数据和属性各自的特点。这里对某学院学生成绩管理数据库系统进行数据抽象，抽象出学生、班级、系部、教师、课程、成绩、学期七个实体。

然后确定各实体的属性，写出实体型，画出实体对应的局部 E-R 图，如图 1-1 至图 1-7 所示，图中带下画线的属性表示该实体的主属性。

(1) 学生 (学号，姓名，登录密码，性别，专业，出生日期，家庭住址，邮箱，移动电话，固定电话，备注)，对应的局部 E-R 图如图 1-1 所示。

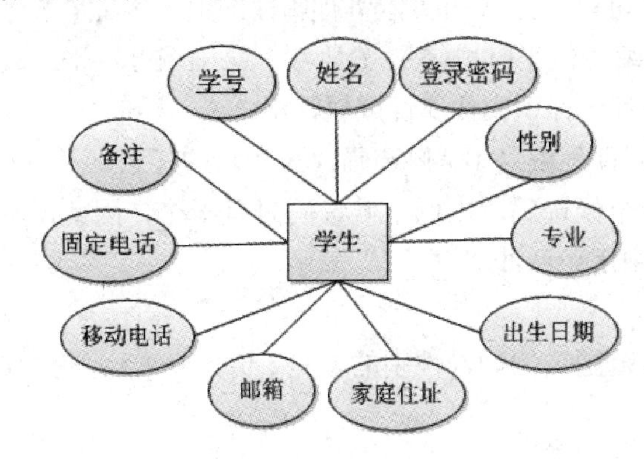

图 1-1　学生局部 E-R 图

(2) 班级 (班级编号，班级名称)，对应的局部 E-R 图如图 1-2 所示。

图 1-2　班级局部 E-R 图

(3) 系部 (系部编号，系部名称)，对应的局部 E-R 图如图 1-3 所示。

图 1-3　系部局部 E-R图

(4) 教师 (工号，姓名，性别，登录密码，职称，固定电话，移动电话)，对应的局部 E-R 图如图 1-4 所示。

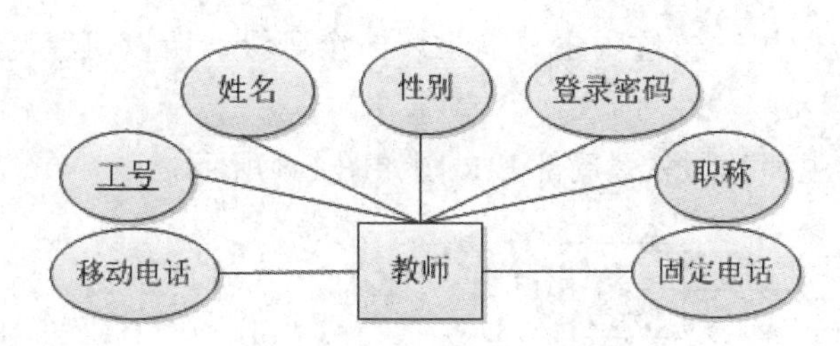

图 1-4 教师局部 E-R 图

(5) 课程 (课程编号，课程名称)，对应的局部 E-R 图如图 1-5 所示。

图 1-5 课程局部 E-R 图

(6) 成绩 (学号，课程编号，平时成绩，期末成绩，综合成绩)，对应的局部 E-R 图如图 1-6 所示。

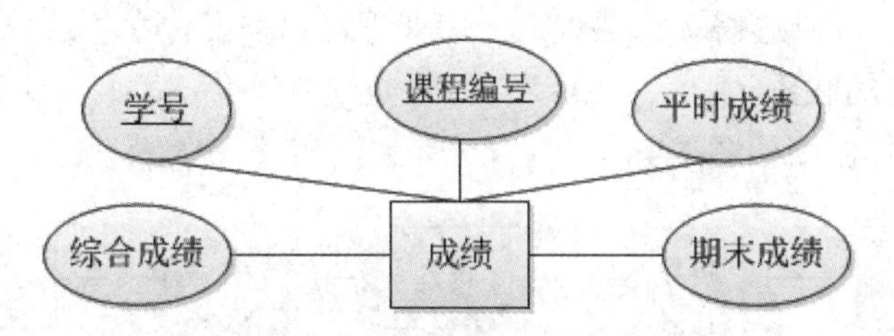

图 1-6 成绩局部 E-R 图

(7) 学期 (学期编号，学期名称，起始日期，终止日期)，对应的局部 E-R 图如图 1-7 所示。

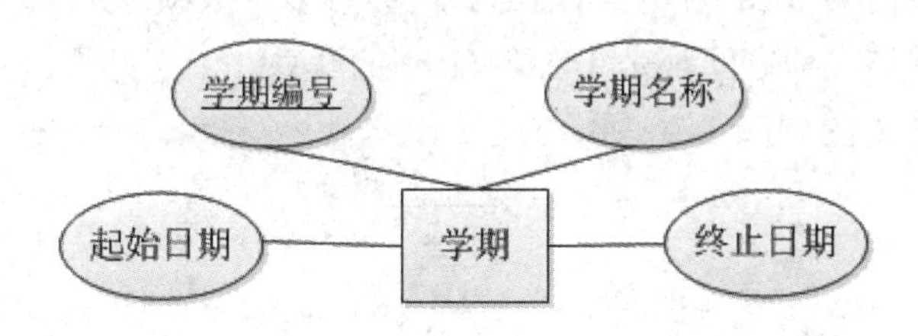

图 1-7 学期局部 E-R 图

步骤 2：确定实体之间的联系及联系类型，画出局部 E-R 图。

对实体之间的联系及联系类型进行分析，并画出局部 E-R 图，如图 1-8 至图 1-10 所示。

(1) 系部、班级、学生和教师之间的联系，分析如下：

一个系部有多个班级，一个班级只能分配在一个系部，所以系部与班级之间是 1 对多 (1:n) 的联系。

一个系部有多位教师，一位教师只能隶属一个系部，所以系部与教师之间是 1 对多 (1:n) 的联系。

一个班级有多位学生，一位学生只能隶属一个班级，所以班级与学生之间是 1 对多 (1:n) 的联系。

系部、班级、学生和教师联系局部 E-R 图如图 1-8 所示。

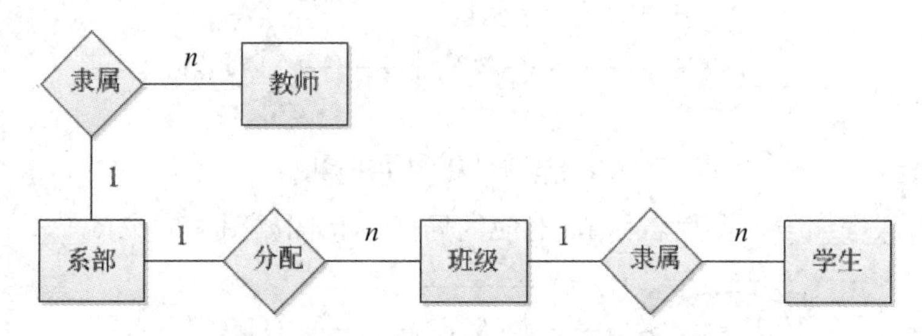

图 1-8 系部、班级、学生和教师联系局部 E-R 图

(2) 教师、课程与学生(学生选课相关实体)之间的联系，分析如下：

每学期一位教师会讲授多门课程，一门课程会被多位教师讲授，所以教师和课程之间是多对多 (m:n) 的联系。

每学期一位学生可以选修多门课程，一门课程可以被多位学生选修，所以学生和课程之间是多对多 (m:n) 的联系。

学生选课局部 E-R 图如图 1-9 所示。

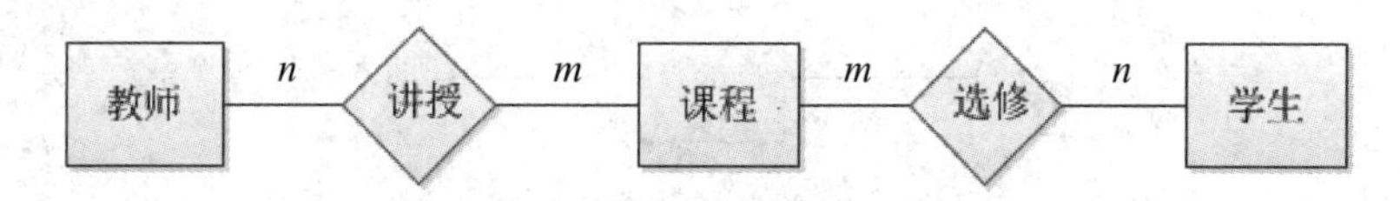

图 1-9 学生选课局部 E-R 图

(3) 学期、课程、学生与成绩(学生考试相关实体)之间的联系，分析如下：

每学期一位学生需要参加多门课程的考试，会有多个成绩，所以学生与成绩之间、课程与成绩之间、学期与成绩之间都是 1 对多 (1:n) 的联系。

学生考试局部 E-R 图如图 1-10 所示。

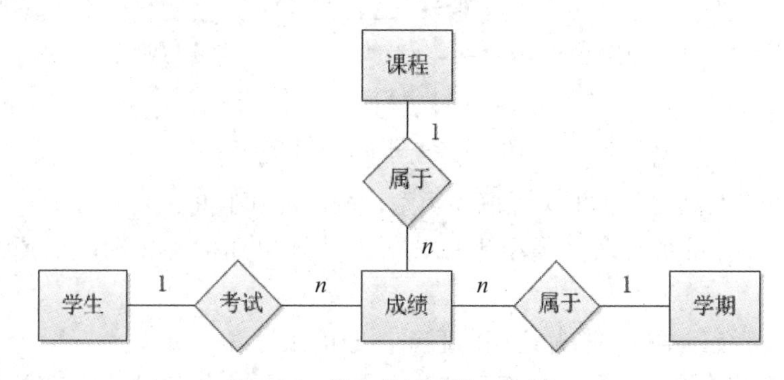

图 1-10 学生考试局部 E-R 图

步骤 3：合并局部 E-R 图，设计全局 E-R 图。

在合并局部 E-R 图的过程中，尽可能合并对应的部分，删除冗余部分，必要时可以对模式进行适当修改，力求模式简明清晰。合并后的全局 E-R 图如图 1-11 所示。

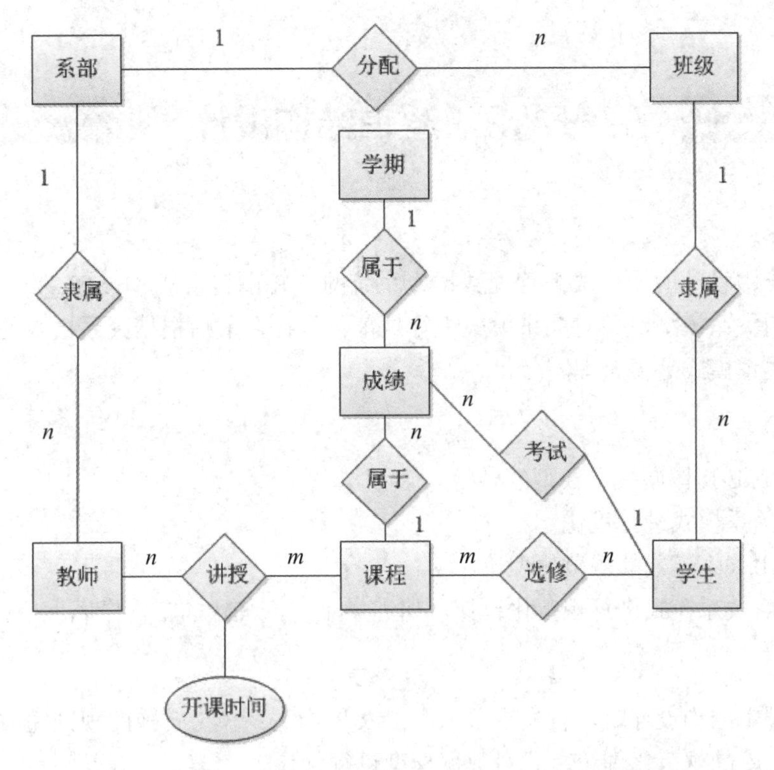

图1-11 全局E-R图

小贴士

(1) 如果一个实体在某个E-R图中已给出属性描述，则该实体在其他E-R图中出现时，属性可以忽略。

(2) 在合并局部E-R图时需要注意，联系本身也可以有属性，可以在合并的E-R图中给出，例如“讲授”这一联系的属性为“开课时间”。

● 任务评价

通过本任务的学习，进行以下自我评价。

评价内容	分值	自我评价
会抽象出系统实体	20	
会确定实体之间的联系及联系类型	20	
会确定实体属性，设计局部E-R图	30	
会设计全局E-R图	30	
合计	100	

任务2　逻辑结构设计

● 任务描述

将任务 1 中设计的学生成绩管理数据库系统的 E-R 图转换成 MySQL 数据库管理系统产品所支持的关系模型，并对关系模式进行规范化设计，最后根据关系模式的规范化理论判断设计的关系模式是否合理。

● 任务目标

(1) 能完成 E-R 图向关系模型的转换。

(2) 会对关系模式进行优化。

(3) 会使用关系模式的规范化理论。

(4) 通过对关系模式进行规范化设计，培养学生严谨细致的工作作风。

● 任务分析

在进行逻辑结构设计时，首先需要依据 E-R 图向关系模型转换的规则完成转换，然后使用关系数据库的规范化理论范式对数据模型进行优化。

● 知识链接

1. 逻辑结构设计简述

逻辑结构设计是指将概念结构设计阶段完成的概念模型，转换成能被所选定数据库管理系统 (DBMS) 支持的数据模型。

数据模型分为层次模型、网状模型、关系模型，其中关系模型是目前比较常用的一种数据模型。本书以关系模型为基础讨论数据库系统逻辑结构设计方法。

逻辑结构设计的一般步骤如下：

(1) 从 E-R 图向关系模型转化。

数据库的逻辑结构设计主要是将概念模型转换成一般的关系模型，即将 E-R 图中的实体、实体的属性和实体之间的联系转化为关系模式。

(2) 关系模式的优化。

数据库逻辑结构设计的结果不是唯一的。为了进一步提高数据库应用系统的性能，还应该适当修改关系模式的结构，提高查询的速度。

2. E-R 图向关系模型转化规则

(1) 一个实体型转换为一个关系模式。实体的属性就是关系的属性。实体的码就是关系的码。

(2) 一个 1:1 联系可以转换为一个独立的关系模式，也可以与任意一端对应的关系模式合并。

如果转换为一个独立的关系模式，则与该联系相连的各实体的码以及联系本身的属性均转换为关系的属性，每个实体的码均是该关系的候选码。

如果与任意一端对应的关系模式合并，则需要在该关系模式的属性中加入另一个关系模式的码和联系本身的属性。

(3) 一个 1:*n* 联系可以转换为一个独立的关系模式，也可以与 *n* 端对应的关系模式合并。

如果转换为一个独立的关系模式，则与该联系相连的各实体的码以及联系本身的属性均转换为关系的属性，关系的码为 *n* 端实体的码。

如果与 *n* 端对应的关系模式合并，则需要在 *n* 端实体对应模式中加入 1 端实体所对应关系模式的码，以及联系本身的属性，关系的码为 *n* 端实体的码。

(4) 一个 *m*:*n* 联系转换为一个关系模式。与该联系相连的各实体的码以及联系本身的属性均转换为关系的属性。关系的码为各实体码的组合。

(5) 三个或三个以上实体间的一个多元联系转换为一个关系模式。与该多元联系相连的各实体的码以及联系本身的属性均转换为关系的属性。关系的码为各实体码的组合。

(6) 同一实体集的实体间的联系，即自联系，可按上述 1:1、1:*n* 和 *m*:*n* 三种联系的情况分别处理。

(7) 具有相同主码的关系模型可合并。为了减少系统中的关系个数，如果两个关系模式具有相同的主码，可以考虑将它们合并为一个关系模式。合并方法是将其中一个关系模式的全部属性加入另一个关系模式中，然后去掉其中的同义属性 (可能同名也可能不同名)，并适当调整属性的次序。

3. 关系模式优化

E-R 图转换为关系模型后，还应适当地修改，调整数据库逻辑结构，合理地设计关系模式，提高数据库应用系统的性能，即对关系模式进行优化。不好的数据库设计可能存在插入异常、删除异常、修改异常及数据冗余等问题，因此需要对关系模式进行规范化设计。利用关系模式的规范化理论可以判断设计的关系模式是否合理。

4. 函数依赖

函数依赖：设 X、Y 是关系 R 的两个属性集合，当任何时刻 R 中的任意两个元组中的 X 属性值相同时，它们的 Y 属性值也相同，则称 X 函数决定 Y，或 Y 函数依赖于 X，记为 X → Y。

完全函数依赖：设 X、Y 是关系 R 的两个属性集合，X′ 是 X 的真子集，X′! 是 X′ 的补集，存在 X → Y，且对每一个 X′ 都有 X′! → Y，则称 Y 完全函数依赖于 X。

部分函数依赖：设 X、Y 是关系 R 的两个属性集合，存在 X → Y，若 X′ 是 X 的真子集，存在 X′ → Y，则称 Y 部分函数依赖于 X。

传递函数依赖：设 X、Y、Z 是关系 R 中互不相同的属性集合，存在 X → Y(Y! → X)，Y → Z，则称 Z 传递函数依赖于 X。

例如，对于关系 R(A、B、C)：

如果存在 (A，B) → C，A! → C，并且 B! → C，则称 C 完全函数依赖 (A，B)。

如果存在(A，B)→C，并且存在A→C，或者B→C，则称C部分函数依赖(A，B)。

如果存在A→B，并且B→C，但是C!→B，B!→A，则称C传递函数依赖A。

5. 关系范式

关系范式，又称数据库设计范式，是符合某一种级别的关系模式的集合。构造数据库必须遵循一定的规则。在关系数据库中，这种规则就是范式。关系数据库中的关系必须满足一定的要求即范式。

目前关系数据库有六种范式：第一范式(1NF)、第二范式(2NF)、第三范式(3NF)、BC范式(BCNF)、第四范式(4NF)和第五范式(5NF)。

(1) 第一范式(1NF)。

若关系模式R(U)中，关系的每个属性都是不可分的数据项(值、原子)，则称R(U)属于第一范式，记为R(U)∈1NF。

不符合第一范式的处理方法：将复合属性处理为简单属性。

例如：按照实际需求，如果联系电话需要分为固定电话、移动电话，则

教师(工号，系部编号，姓名，登录密码，职称，联系电话)∉1NF

处理方法为将复合属性“联系电话”拆分为“固定电话”和“移动电话”，即

教师(工号，系部编号，姓名，登录密码，职称，固定电话，移动电话)∈1NF

(2) 第二范式(2NF)。

若R(U)∈1NF且U中的每一个非主属性完全函数依赖于主码，即关系中不存在除主码外的其他属性对主码的部分函数依赖，则称R(U)属于第二范式，记为R(U)∈2NF。

不符合2NF的处理方法：通过模式分解，消除非主属性对键的部分函数依赖。例如：

成绩(学号，课程编号，课程名称，分数)∉2NF

因为，其中(学号，课程编号)为此关系的联合主码，此关系中存在(课程编号)→(课程名称)，存在非主属性“课程名称”对主码(学号，课程编号)的部分函数依赖关系。

处理方法为将关系分解成“成绩”和“课程”两个关系模式，如下：

成绩(学号，课程编号，分数)∈2NF

课程(课程编号，课程名称)∈2NF

(3) 第三范式(3NF)。

若R(U)∈2NF，如果存在非主属性对于主码的传递函数依赖，则不符合3NF的要求。简而言之，第三范式规定属性不依赖于其他非主属性。例如：

班级(班级编号，系部编号，系部名称)∉3NF

因为“班级编号”→“系部编号”“系部编号”→“系部名称”，即存在非主属性“系部名称”传递依赖于主码(班级编号)，所以不符合第三范式。

处理方法为将关系分解成“班级”和“系部”两个关系模式，如下：

班级(班级编号，系部编号)∈3NF

系部(系部编号，系部名称)∈3NF

一般情况下，数据库设计只需满足第三范式(3NF)。

● 任务实施

步骤1：进行实体到关系模式的转换。

将任务1中学生、班级、系部、教师、课程、成绩和学期七个实体进行转换，它们对应关系模式中的关系如下：

学生(学号，姓名，登录密码，性别，专业，出生日期，家庭住址，邮箱，固定电话，移动电话，备注)

班级(班级编号，班级名称)

系部(系部编号，系部名称)

教师(工号，姓名，性别，登录密码，职称，固定电话，移动电话)

课程(课程编号，课程名称)

成绩(学号，课程编号，平时成绩，期末成绩，综合成绩)

学期(学期编号，学期名称，起始日期，终止日期)

步骤2：进行实体和实体之间的联系到关系模式的转换。

(1) 任务1中"系部"实体和"班级"实体之间，"班级"实体和"学生"实体之间，以及"系部"实体和"教师"实体之间是1对多(1:*n*)的联系，将联系与*n*端实体进行合并，转换后的关系模式如下：

班级(班级编号，系部编号，班级名称)

学生(学号，班级编号，姓名，登录密码，性别，专业，出生日期，家庭住址，邮箱，固定电话，移动电话，备注)

教师(工号，系部编号，姓名，性别，登录密码，职称，固定电话，移动电话)

(2) 任务1中"学生"实体和"成绩"实体之间，"课程"实体和"成绩"实体之间，以及"学期"实体和"成绩"实体之间都是1对多(1:*n*)的联系，将联系与*n*端实体进行合并，转换后的关系模式为

成绩(学号，课程编号，学期编号，平时成绩，期末成绩，综合成绩)

(3) 任务1中"学生"实体和"课程"实体之间是多对多(*m*:*n*)的联系，将该联系单独转换成一个关系"选修"，并将联系两端实体的主码"学号"和"课程编号"转换成该关系的属性。该关系的主码是两端实体主码的组合，转换后的关系模式为

选修(学号，课程编号)

(4) 任务1中"教师"实体和"课程"实体之间是多对多(*m*:*n*)的联系，联系本身的属性为"开课时间"，将该联系单独转换成一个关系"讲授"，并将该联系两端实体的主码"工号"和"课程编号"及联系本身的属性"开课时间"转换成该关系的属性。该关系的主码是两端实体主码的组合，转换后的关系模式为

讲授(工号，课程编号，开课时间)

步骤3：将具有相同码的关系模式进行合并。

将步骤1和步骤2中具有相同码的关系模式进行合并，转换后得到的结果如下：

学生(学号，班级编号，姓名，登录密码，性别，专业，出生日期，家庭住址，邮箱，固定电话，移动电话，备注)

班级(班级编号，系部编号，班级名称)
系部(系部编号，系部名称)
教师(工号，系部编号，姓名，性别，登录密码，职称，固定电话，移动电话)
课程(课程编号，课程名称)
成绩(学号，课程编号，学期编号，平时成绩，期末成绩，综合成绩)
选修(学号，课程编号)
讲授(工号，课程编号，开课时间)

小贴士

在 E-R 图向关系模型转换过程中，如果将某实体 A 的主码放入另一个实体 B 的属性集中，则该主码就称为实体 B 的外码，在关系表中称为外键。在关系模式中，主码用下画线“____”标识，外码用下波浪线“~~~~”标识，既是主码又作为外码的用双划线“____”标识。

步骤 4：关系模式的优化。

依据规范化理论“关系范式”，可以看出以上各关系模式全部符合第三范式，即设计合理。

● 任务评价

通过本任务的学习，进行以下自我评价。

评 价 内 容	分值	自我评价
会进行 E-R 图到关系模型的转换	20	
会进行实体和实体之间的联系到关系模式的转换	20	
会合并关系模式	30	
会关系模式的优化	30	
合计	100	

思考与练习

一、填空题

1. 按照规范的设计方法，数据库设计过程一般分为______________、______________、______________、______________、______________和运行与维护六个步骤。

2. 联系是实体之间相互的关联。一般来说，联系可以分为__________、__________、__________三种。

3. E-R 图的四要素：__________、__________、__________、__________。

4. 逻辑结构设计是通过将 E-R 图转换成表，实现从______________到______________

的转换，并进行关系规范化。

5. 数据模型分为 ________、________、________，其中 ________ 是目前比较常用的一种数据模型。

二、选择题

1. 概念模型是现实世界的第一层抽象，这一类模型中最著名的模型是 (　　)。

A. 层次模型　　B. 关系模型
C. 网状模型　　D. 实体 - 联系模型

2. 在概念模型中，域是指 (　　)。

A. 实体　　B. 主码
C. 属性　　D. 属性的取值范围

3. E-R 图又称为实体 - 联系模型图或实体 - 联系图，是表示 (　　) 的工具。

A. 概念模型　　B. 关系模型
C. 物理模型　　D. 层次模型

4. 在关系数据库设计中，设计关系模型是数据库设计中 (　　) 阶段的任务。

A. 逻辑结构设计　　B. 物理结构设计
C. 需求分析　　D. 概念结构设计

5. 现有关系模式，即学生 (宿舍编号，宿舍地址，学号，姓名，性别，专业，出生日期)，其主码是 (　　)。

A. 宿舍编号　　B. 学号
C. 宿舍地址，姓名　　D. 宿舍编号，学号

6. 从 E-R 图向关系模型转换时，一个 m:n 的联系转换为关系模式时，该关系模式的关键字是 (　　)。

A. m 端实体的关键字
B. n 端实体的关键字
C. m 端实体关键字与 n 端实体关键字组合
D. 重新选取其他属性

三、简答题

1. 简述 E-R 图向关系模型转化的规则。

2. 简述满足 1NF、2NF、3NF 的基本条件。

四、实践操作题

对某集团进行需求分析的结果为：有若干个工厂，每个工厂生产多种产品，且每一种产品可以在多个工厂生产，每个工厂按照固定的计划数量生产产品。每个工厂聘用多名职工，且每名职工只能在一个工厂工作，工厂聘用职工有聘期和工资。工厂的属性有工厂编号、厂名、地址，产品的属性有产品编号、产品名、规格，职工的属性有职工号、姓名。

(1) 根据上述需求分析结果画出 E-R 图；

(2) 将该 E-R 图转换为关系模型。

项目 2　安装 MySQL 数据库管理系统

MySQL 是目前最为流行的免费开源的关系型数据库管理系统，也是完全网络化的跨平台的关系型数据库系统。如果将 MySQL 作为数据库服务器来运行，那么任何满足 MySQL 通信规范的软件都可以作为客户端来连接服务器。

本项目通过典型任务，介绍常用的数据库管理系统，包括如何正确安装、配置和验证 MySQL 数据库管理系统，如何使用客户端软件登录到 MySQL 数据库服务器，以及启用和停止 MySQL 服务。

学习目标

(1) 了解常用的数据库管理系统。
(2) 了解 MySQL 常用的客户端软件。
(3) 学会 MySQL 的安装、配置和验证。
(4) 掌握 Navicat 的安装方法。
(5) 掌握登录 MySQL 数据库的方法。

知识重点

(1) MySQL 的安装、配置和验证。
(2) 登录 MySQL 数据库的方法。

知识难点

MySQL 的安装、配置和验证。

任务1　安装 MySQL

● 任务描述

在 MySQL 官网上的“DEVELOPER ZONE”模块下载 MySQL 安装包，进行系统环境变量配置，完成 MySQL 安装，登录 MySQL 并修改 MySQL 账户密码。

● 任务目标

(1) 会正确进行系统环境变量配置。

(2) 会正确创建 my.cnf 配置文件。

(3) 能正确完成 MySQL 的安装。

(4) 会测试 MySQL 是否安装成功。

(5) 会修改 MySQL 账户密码。

(6) 能够立足学科与行业领域，掌握学习方法。

● 任务分析

在安装 MySQL 时，首先需要从官网上下载安装包，然后按照配置步骤配置系统环境变量，创建 my.cnf 配置文件，安装 MySQL 并进行初始化，最后完成登录测试和账户密码的修改。

● 知识链接

1. 常用的数据库管理系统

数据库管理系统 (Database Management System，DBMS) 是一种操纵和管理数据库的大型系统软件，用于建立、使用和维护数据库。该系统也是企业进行数据库管理及维护不可或缺的数据库管理软件。

常用的数据库管理系统有 Oracle、Sybase、Informix、Microsoft SQL Server、Visual FoxPro、DB2 和 MySQL 等。

2. MySQL 简介

MySQL 是目前最为流行的免费开源的关系型数据库管理系统，也是完全网络化的跨平台的关系型数据库系统，它由瑞典 MySQL AB 公司开发，目前属于 Oracle 公司。任何人都能直接在互联网上免费下载 MySQL 软件，并且 MySQL“开放源码”，这意味着任何人都可以使用和修改该软件。

3. MySQL 的安装方式

目前 MySQL 的安装文件有两种格式，一种是 MSI 格式，另一种是 ZIP 格式。

(1) MSI 格式安装方式。

MySQL 官网上提供了两种 MSI 格式的安装方式，第一种是在线联网安装，第二种是本地安装。二者的区别是前者安装时必须访问互联网，后者可离线安装。一般建议下载可离线安装的 MSI 格式版本文件，直接点击 setup.exe，按照步骤进行。

这两种安装方式均为图形界面向导方式，优点是可以比较清晰地看到整个 MySQL 安装过程，并且可以选择性地安装所需的功能。缺点是安装过程中可能会出现一些环境依赖问题，进而导致安装失败。

(2) ZIP 格式安装方式。

ZIP 格式的安装包在解压缩之后，进行简单的配置就可以使用，非常省时、省心。

4. 启动和停止 MySQL 服务

MySQL 服务是一系列的后台进程。MySQL 数据库必须在 MySQL 服务启动之后才可以进行访问。可以通过 DOS 命令启动和停止 MySQL 服务。

(1) 启动 MySQL 服务的命令为

```
C:\>net start mysql
```

(2) 停止 MySQL 服务的命令为

```
C:\>net stop mysql
```

5. 修改 MySQL root 账户密码的命令

root 用户在 MySQL 中拥有很高的管理权限,因此必须保证 root 用户密码的安全。修改 MySQL root 账户密码的方式有很多,此处介绍以下三种:

(1) 修改 MySQL 数据库的 user 数据表。

```
UPDATE mysql.user set authentication_string = 'rootpwd' WHERE User = 'root';
FLUSH PRIVILEGES
```

(2) 使用 alter user 命令。

```
ALTER USER 'root'@'localhost' IDENTIFIED BY by 'rootpwd';
```

(3) 使用 mysqladmin 命令。

```
mysqladmin -uroot -p 'oldrootpwd' password 'newrootpwd'
```

● 任务实施

步骤 1:下载 MySQL 安装包。

打开 MySQL 官方网站,进入“DEVELOPER ZONE”模块,点击“New! MySQL8.0”(见图 2-1),进入 MySQL 官方的压缩安装包的下载界面(见图 2-2)。

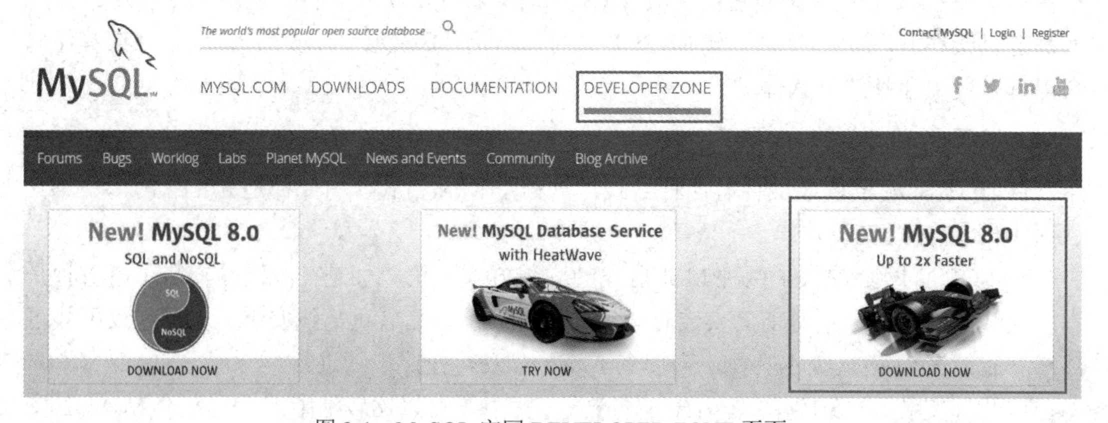

图 2-1 MySQL 官网 DEVELOPER ZONE 页面

如图 2-2 所示,选择 MySQL 安装包操作系统平台为“Microsoft Windows”,点击“Download”即可进入下载界面,点击“No thanks, just start my download.”,开始下载 MySQL 安装包,如图 2-3 所示。

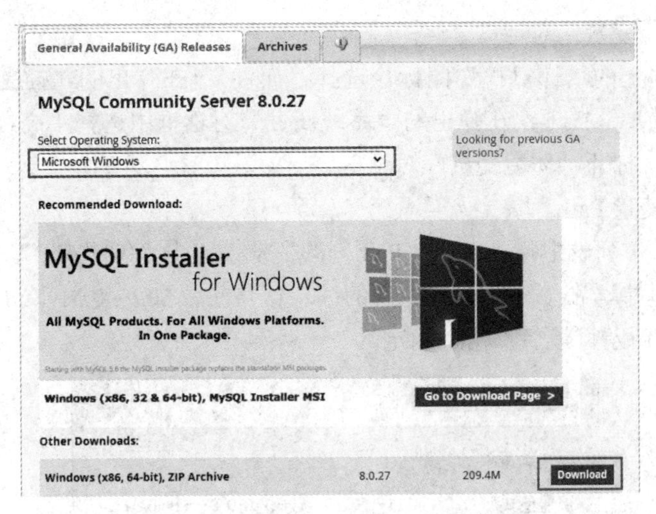

图 2-2　MySQL 安装包下载界面 1

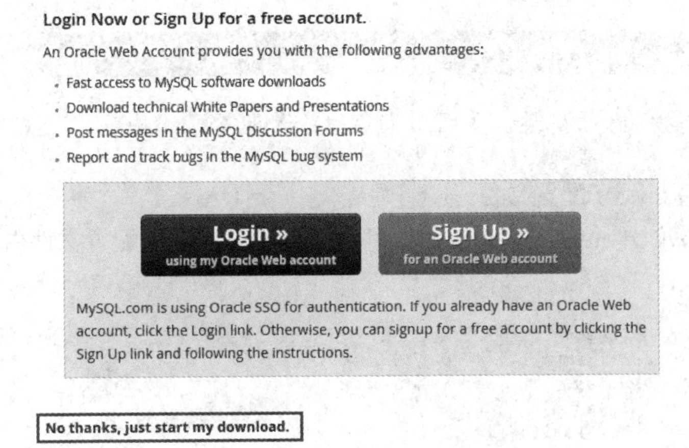

图 2-3　MySQL 安装包下载界面 2

步骤 2：解压下载好的安装包文件。

解压好的文件目录如图 2-4 所示。

bin	2021/9/28 22:33	文件夹	
docs	2021/9/28 22:26	文件夹	
include	2021/9/28 22:26	文件夹	
lib	2021/9/28 22:33	文件夹	
share	2021/9/28 22:26	文件夹	
LICENSE	2021/9/28 19:46	文件	271 KB
README	2021/9/28 19:46	文件	1 KB

图 2-4　MySQL 安装包文件目录

步骤 3：配置系统环境变量。

(1) 打开“环境变量”对话框。

鼠标右击桌面上的“计算机”图标，选择“属性”；在弹出的“控制面板主页”中点击“高级系统设置”链接项；在弹出的“系统属性”对话框中选择“高级”选项卡；点击“环境变量 (N)...”，打开“环境变量”对话框。

(2) 编辑系统变量 Path。

在“系统变量”列表中找到名为“Path”的变量，点击“编辑 (I)..”，在弹出的“编辑系统变量”对话框中，在“变量值 (V):”的编辑区域中添加安装 MySQL 的 bin 文件目录的路径，如图 2-5 所示，最后点击“确定”。

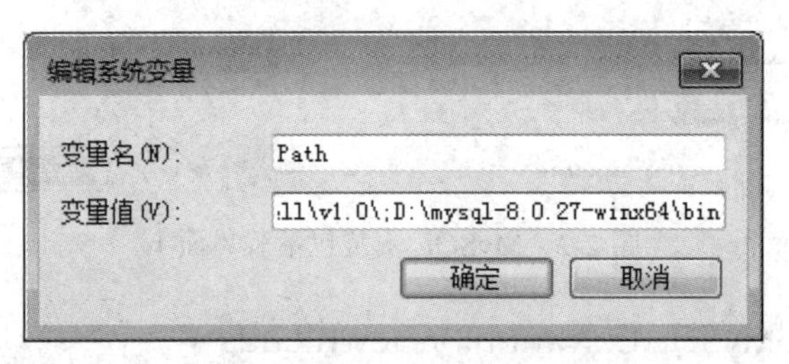

图 2-5　编辑系统变量对话框

小贴士

系统变量 Path 的变量值之间用半角的分号即“;”分割。

步骤 4：创建 my.cnf 配置文件。

在解压目录下创建 my.cnf 配置文件，添加如图 2-6 所示的配置文件内容，用于初始化 MySQL 数据库。

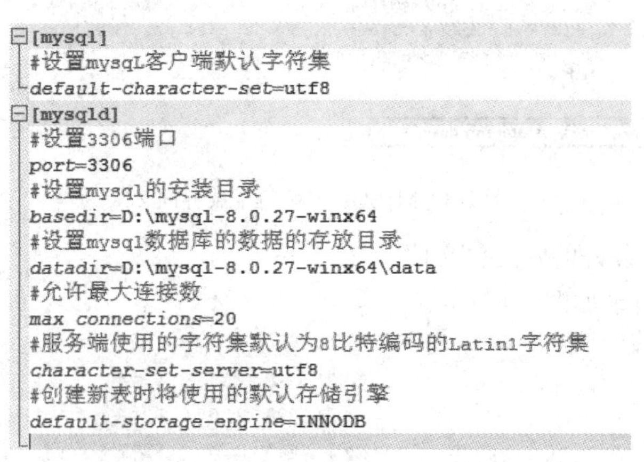

```
[mysql]
#设置mysqL客户端默认字符集
default-character-set=utf8
[mysqld]
#设置3306端口
port=3306
#设置mysql的安装目录
basedir=D:\mysql-8.0.27-winx64
#设置mysql数据库的数据的存放目录
datadir=D:\mysql-8.0.27-winx64\data
#允许最大连接数
max_connections=20
#服务端使用的字符集默认为8比特编码的Latin1字符集
character-set-server=utf8
#创建新表时将使用的默认存储引擎
default-storage-engine=INNODB
```

图 2-6　my.cnf 配置文件内容

小贴士

MySQL 服务默认的端口号是 3306。

步骤 5：进入 MySQL 下的 bin 文件夹。

使用 Windows 系统的快捷键 Windows + R，进入 Windows 本地运行窗口，输入“cmd”，进入 Windows 命令行模式，然后通过命令行进入 MySQL 下的 bin 文件夹，如图 2-7 所示。

```
C:\Users\Administrator>d:

D:\>cd \mysql-8.0.27-winx64\bin

D:\mysql-8.0.27-winx64\bin>
```

图 2-7　进入 MySQL 下的 bin 文件夹

步骤 6：初始化 MySQL。

输入命令“mysqld --initialize --console”进行 MySQL 初始化，如图 2-8 所示，初始化提示信息的最后部分是初始化登录 MySQL 的账户和密码。初始化后会发现文件夹下会多出一个新的文件夹 data。

```
D:\mysql-8.0.27-winx64\bin>mysqld --initialize --console
2022-06-08T05:51:59.593002Z 0 [System] [MY-013169] [Server] D:\mysql-8.0.27-winx64\bin\mys
qld.exe (mysqld 8.0.27) initializing of server in progress as process 552
2022-06-08T05:51:59.594000Z 0 [Warning] [MY-013242] [Server] --character-set-server: 'utf8
' is currently an alias for the character set UTF8MB3, but will be an alias for UTF8MB4 in
 a future release. Please consider using UTF8MB4 in order to be unambiguous.
2022-06-08T05:52:00.378000Z 1 [System] [MY-013576] [InnoDB] InnoDB initialization has star
ted.
2022-06-08T05:52:08.628000Z 1 [System] [MY-013577] [InnoDB] InnoDB initialization has ende
d.
2022-06-08T05:52:31.951000Z 0 [Warning] [MY-013746] [Server] A deprecated TLS version TLSv
1 is enabled for channel mysql_main
2022-06-08T05:52:31.957000Z 0 [Warning] [MY-013746] [Server] A deprecated TLS version TLSv
1.1 is enabled for channel mysql_main
2022-06-08T05:52:41.961000Z 6 [Note] [MY-010454] [Server] A temporary password is generate
d for root@localhost: <lQIr07uaCdN
```

```
C:\Users\Administrator>mysqld --initialize --console
2021-11-12T03:56:21.974903Z 0 [System] [MY-013169] [Server] D:\mysql-8.0.27-winx
64\bin\mysqld.exe (mysqld 8.0.27) initializing of server in progress as process
2392
2021-11-12T03:56:23.176101Z 1 [System] [MY-013576] [InnoDB] InnoDB initializatio
n has started.
2021-11-12T03:56:34.380701Z 1 [System] [MY-013577] [InnoDB] InnoDB initializatio
n has ended.
2021-11-12T03:57:02.566703Z 0 [Warning] [MY-013746] [Server] A deprecated TLS ve
rsion TLSv1 is enabled for channel mysql_main
2021-11-12T03:57:02.566704Z 0 [Warning] [MY-013746] [Server] A deprecated TLS ve
rsion TLSv1.1 is enabled for channel mysql_main
2021-11-12T03:57:07.075103Z 6 [Note] [MY-010454] [Server] A temporary password i
s generated for root@localhost: 0BhO4Gs&oTHL
```

图 2-8　初始化 MySQL

步骤 7：安装 MySQL 服务。

在 bin 目录下，输入命令“mysqld --install”，完成 MySQL 的安装，如图 2-9 所示。

```
D:\mysql-8.0.27-winx64\bin>mysqld --install
Service successfully installed.
```

图 2-9　安装 MySQL

小贴士

mysqld 是 MySQL 的守护进程。可以通过命令“mysqld --verbose --help”查看 mysqld 的命令参数，其中：

--initialize // 创建数据文件目录和 mysql 系统数据库，并产生随机 root 密码；

--console// 写错误日志到 console window 平台；

--install // 安装 mysqld 作为 window 服务并自动启动；

步骤 8：服务启动与停止。

启动 MySQL 服务的命令是“net start mysql”，停止 MySQL 服务的命令是“net stop mysql”，如图 2-10 所示。

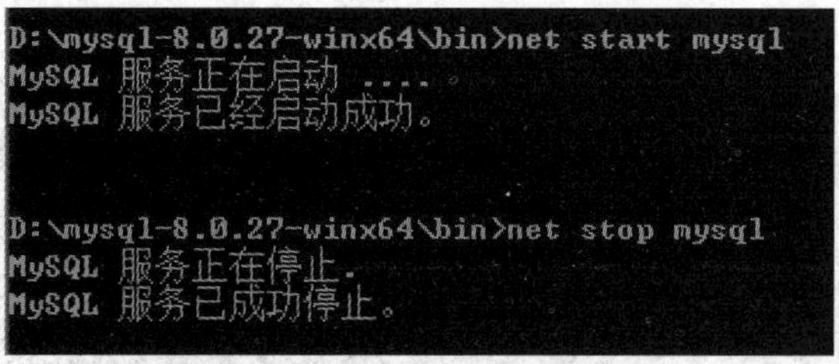

```
D:\mysql-8.0.27-winx64\bin>net start mysql
MySQL 服务正在启动 .....
MySQL 服务已经启动成功。


D:\mysql-8.0.27-winx64\bin>net stop mysql
MySQL 服务正在停止.
MySQL 服务已成功停止。
```

图 2-10 服务启动与停止

步骤 9：测试。

在 cmd 窗口中，输入命令“mysql -h 127.0.0.1 -uroot -p”后按回车键，再输入上面初始化的密码即可成功登录 MySQL，如图 2-11 所示。

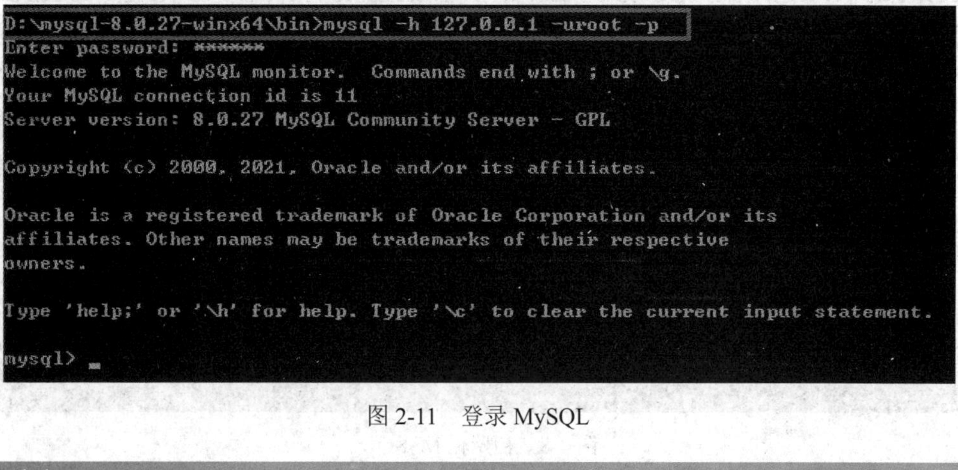

```
D:\mysql-8.0.27-winx64\bin>mysql -h 127.0.0.1 -uroot -p
Enter password: *******
Welcome to the MySQL monitor.  Commands end with ; or \g.
Your MySQL connection id is 11
Server version: 8.0.27 MySQL Community Server - GPL

Copyright (c) 2000, 2021, Oracle and/or its affiliates.

Oracle is a registered trademark of Oracle Corporation and/or its
affiliates. Other names may be trademarks of their respective
owners.

Type 'help;' or '\h' for help. Type '\c' to clear the current input statement.

mysql> _
```

图 2-11 登录 MySQL

小贴士

mysql.exe 是 MySQL 自带的命令行客户端工具。

命令格式如下：

mysql -h 主机地址 -u 用户名 -p 用户密码

其中，“-h”后面接 MySQL 数据库服务器的 IP 地址，“-u”后面接数据库的用户名，本次使用默认用户名“root”登录；“-p”后面接“root”用户的密码。如果“-p”后面没有密码，则在 cmd 窗口下执行该命令后，系统会提示输入密码。

登录成功后，在“mysql>”提示符后面可以输入 SQL 语句操作 MySQL 数据库。每个 SQL 语句以“;”或“\g”结束，并通过按下回车键来执行 SQL 语句。

退出 MySQL 的命令是“exit;”。

步骤 10：修改 MySQL root 账户密码。

一般初始化形成的密码比较烦琐，我们经常需要在安装完毕后修改 MySQL root 账户密码。

修改 MySQL root 账户密码的命令如下：

```
alter user 'root'@'localhost' identified with mysql_native_password by ' **这里填写新密码** ';
mysql> update user set authentication_string='111111' where user='root';
```

执行结果如图 2-12 所示。

```
mysql> alter user 'root'@'localhost' identified with mysql_native_password by '1
11111';
Query OK, 0 rows affected (0.11 sec)
```

图 2-12　修改 MySQL root 账户密码

小贴士

更改密码也可以使用 mysqladmin 工具完成，mysqladmin 是一个执行管理操作的客户端程序，命令格式如下：

mysqladmin -uroot -p 旧密码 password 新密码

步骤 10：忘记密码后修改 MySQL root 账户密码。

忘记密码后修改 root 账户密码

如果忘记密码，可以通过以下命令跳过密码验证，将 root 密码重置为空，无密登录 MySQL 后再更改密码。

(1) 停止 MySQL 服务。

```
C:\Users\Administrator>net stop mysql
```

(2) 跳过密码验证。

```
C:\Users\Administrator>mysqld --console --skip-grant-tables --shared-memory
```

(3) 新开一个 cmd 输入命令，跳过密码进入 mysql。

```
C:\Users\Administrator>mysql  -uroot -p
```

(4) 把 root 密码重置为空。

```
mysql> use mysql;
mysql> update user set authentication_string='' where user='root';
```

(5) 把步骤 (2) 的 cmd 窗口关闭，在步骤 (3) 的 cmd 窗口重启服务。

```
C:\Users\Administrator>net start mysql
```

(6) 无密登录 MySQL 后更改密码。

```
C:\Users\Administrator>mysql -h 127.0.0.1 -uroot -p
```

```
mysql> use mysql;
mysql> alter user 'root'@'localhost' identified by '111111';
```

● 任务拓展

1. 删除 MySQL 服务

在 cmd 命令窗口中输入 sc delete mysql 命令即可删除安装的 MySQL 服务。

2. 更改 MySQL 的启动类型和运行状态

通过快捷键 Windows + R 打开本地命令行窗口，输入 services.msc(见图 2-13) 即可快速打开“服务”控制台窗口；如图 2-14 所示，找到 MySQL 服务，鼠标双击，打开 MySQL 的属性对话框；如图 2-15 所示，设置 MySQL 的启动类型，MySQL 的启动类型有自动(延迟启动)、自动、手动和禁用四种。

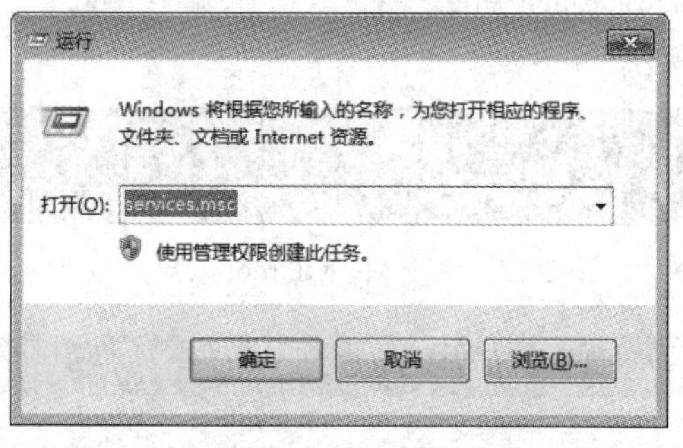

图 2-13　运行对话框

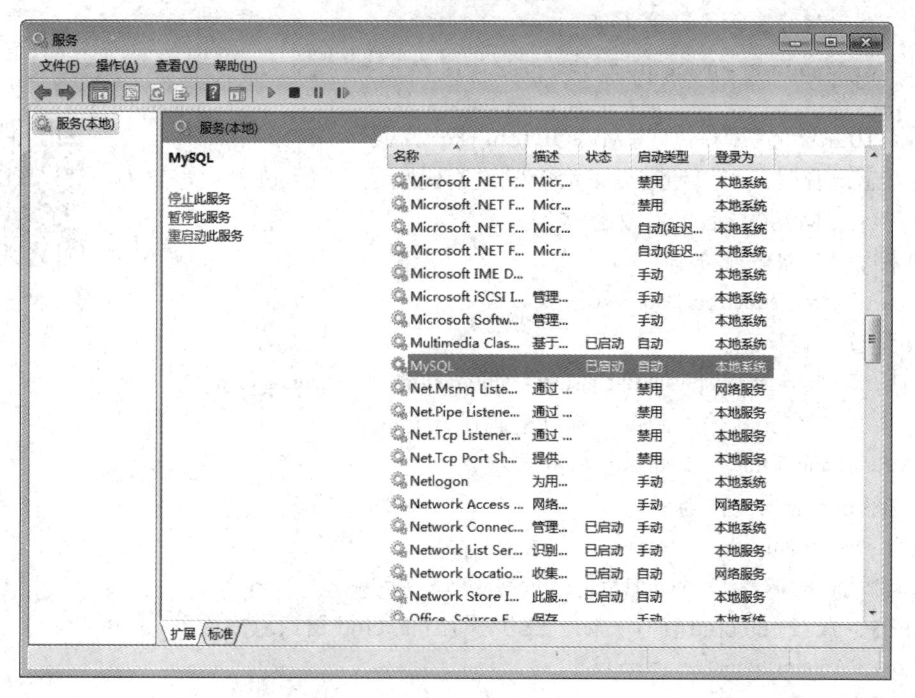

图 2-14　服务控制台窗口

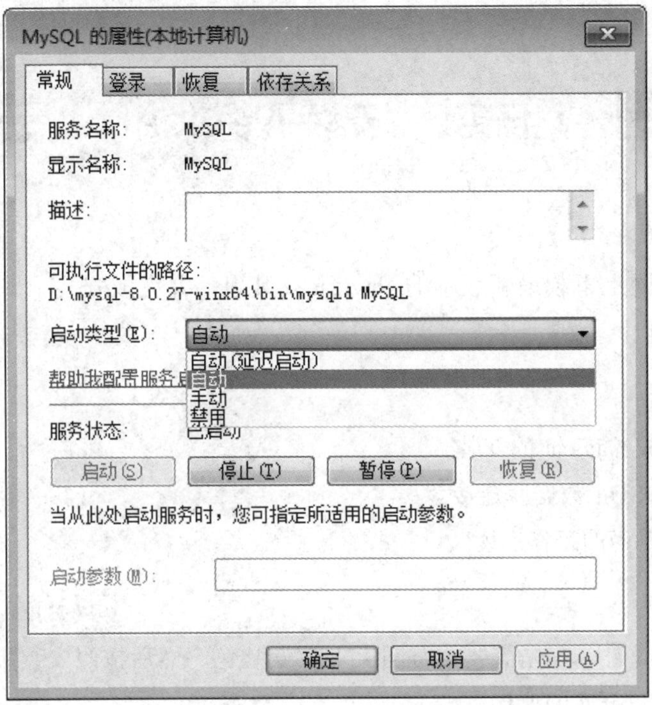

图 2-15　MySQL 属性对话框

可以通过点击图 2-15 中的“启动 (S)”“停止 (T)”“暂停 (P)”和“恢复 (R)”来改变 MySQL 的服务状态。

● 任务评价

通过本任务的学习，进行以下自我评价。

评 价 内 容	分值	自我评价
会下载 MySQL 安装包	10	
会配置系统环境变量	10	
会创建 my.cnf 配置文件	30	
会初始化 MySQL	10	
会启动与停止 MySQL 服务	10	
会登录测试	10	
会修改 MySQL root 账户密码	20	
合计	100	

任务2　安装 Navicat

● 任务描述

在 Navicat 官网上下载最新版本的 Navicat 安装包，并完成安装。启动 Navicat，建立 MySQL 数据库连接。

● 任务目标

(1) 能正确完成 Navicat 的安装。

(2) 能建立 MySQL 数据库连接。

(3) 培养科学严谨的工作态度。

● 任务分析

在安装 Navicat 时，首先需要从官网上下载安装包，然后按照安装步骤进行安装，最后完成与 MySQL 数据库的连接。

● 知识链接

1. MySQL 常用的客户端软件

MySQL 数据库分为服务器端和客户端两部分。只有当服务器端的 MySQL 服务开启后，用户才可以通过 MySQL 客户端来登录 MySQL 数据库。

如果将 MySQL 作为数据库服务器来运行，则任何满足 MySQL 通信规范的软件都可以作为客户端来连接服务器。

常用的客户端软件有 Navicat、MySQL-Front 和基于 web 的 phpMyAdmin，还有 MySQL 自带的命令行客户端。

2. 关于 Navicat

Navicat 是一套可创建多个连接的数据库管理工具，用来管理 MySQL、Oracle、PostgreSQL、SQLite 和 MariaDB 等不同类型的数据库，并支持管理某些云数据库，例如阿里云、腾讯云。Navicat 的功能足以符合专业开发人员的所有需求，但是对数据库服务器初学者来说又相当容易学习。Navicat 的用户界面设计良好，可以以安全且简单的方法创建、组织、访问和共享信息。

● 任务实施

步骤 1：下载 Navicat 安装包，并运行安装程序。

从 Navicat 官网上下载最新版本的 Navicat 安装包，并运行安装程序“navicat150_

premium_cs_x64.exe”，进入欢迎安装界面，如图 2-16 所示。

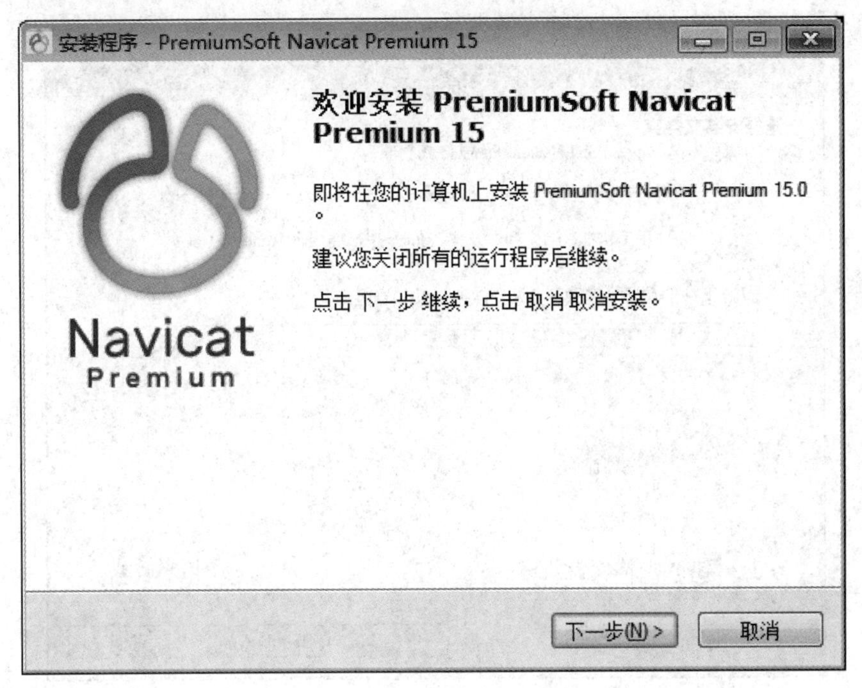

图 2-16　Navicat 安装欢迎界面

步骤 2：同意许可证协议。

选择“我同意”选项，点击“下一步”，如图 2-17 所示。

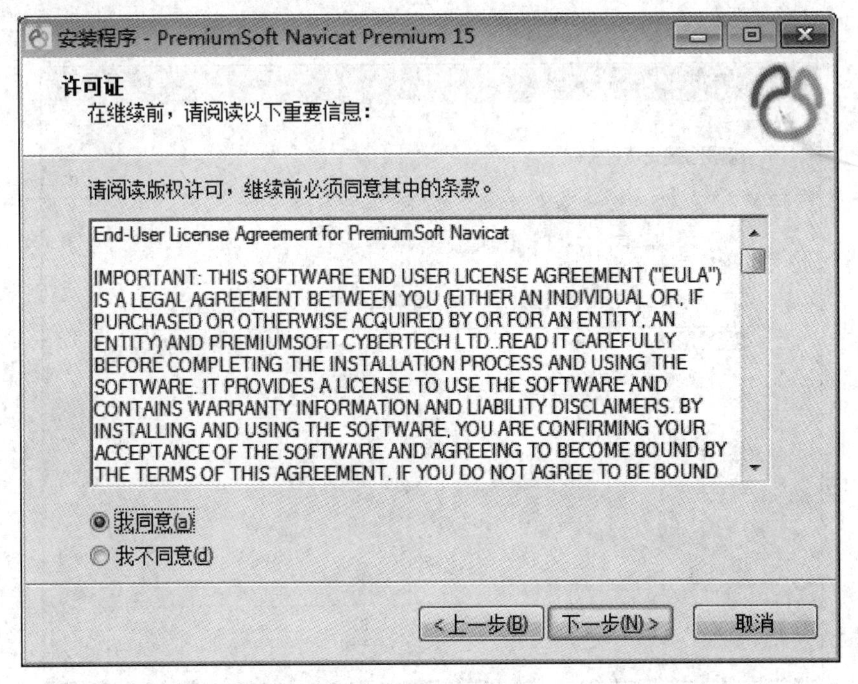

图 2-17　许可证对话框

步骤 3：选择安装文件夹。

点击“浏览”，选中自己创建的安装路径，点击“下一步”，如图 2-18 所示。

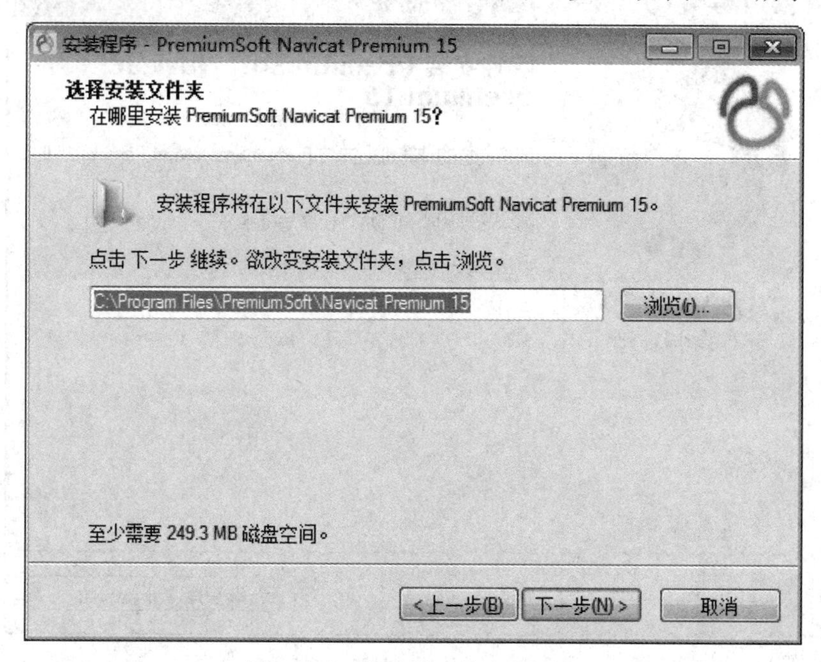

图 2-18　选择安装文件夹对话框

步骤 4：选择开始目录。

点击“浏览”，选择创建快捷方式的地址，一般选择默认位置，点击“下一步”，如图 2-19 所示。

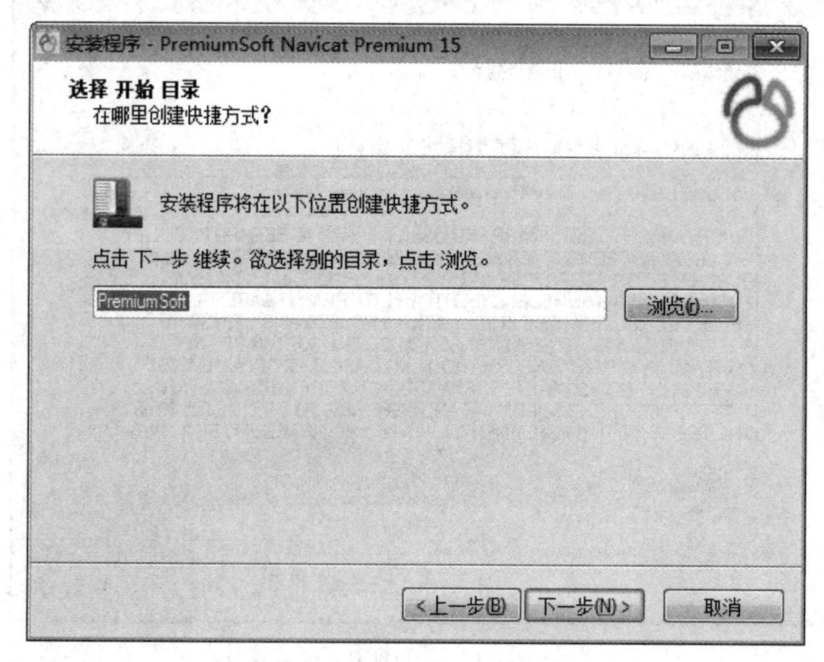

图 2-19　选择开始目录对话框

步骤 5：选择是否在桌面创建图标。

默认勾选，在桌面创建图标，点击“下一步”，如图 2-20 所示。

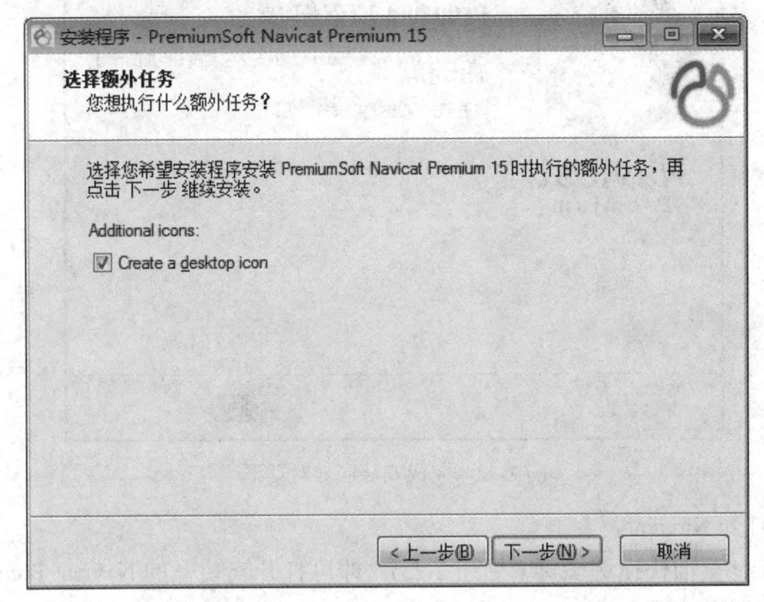

图 2-20　选择额外任务对话框

步骤 6：准备安装。

检查上述设置，如果改变设置，则点击“上一步”，继续安装则点击“安装”，如图 2-21 所示。

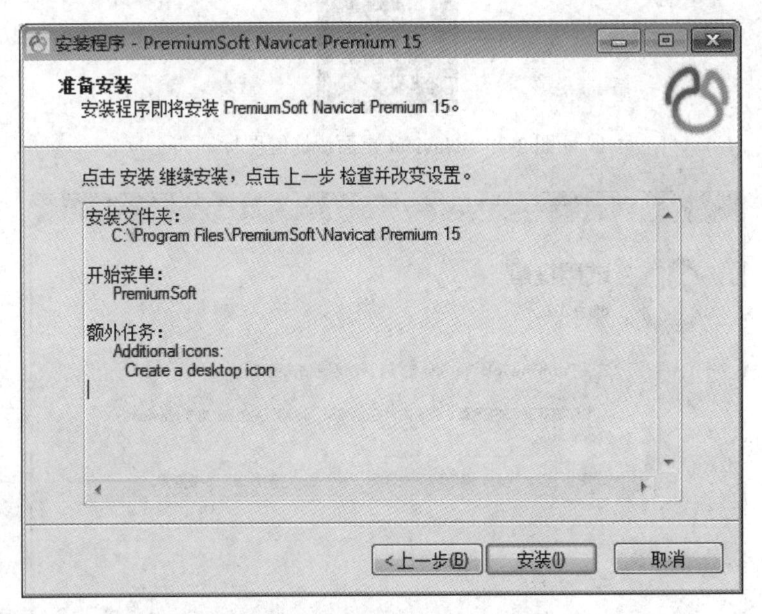

图 2-21　选择额外任务对话框

步骤 7：完成安装。

点击“完成”，退出安装向导，如图 2-22 所示。

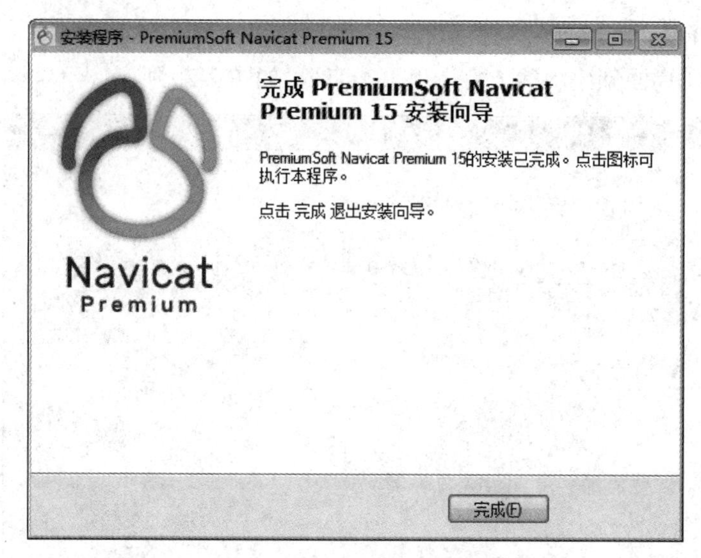

图 2-22 完成安装向导对话框

步骤 8：打开 Navicat。

点击 Navicat 桌面快捷键图标(见图 2-23)，即可打开安装好的 Navicat Premium 15，进入试用提醒对话框(见图 2-24)，如果已经购买或订阅，则直接点击“注册”，否则点击“试用”，进入 Navicat 界面。

图 2-23 Navicat 桌面快捷键图标

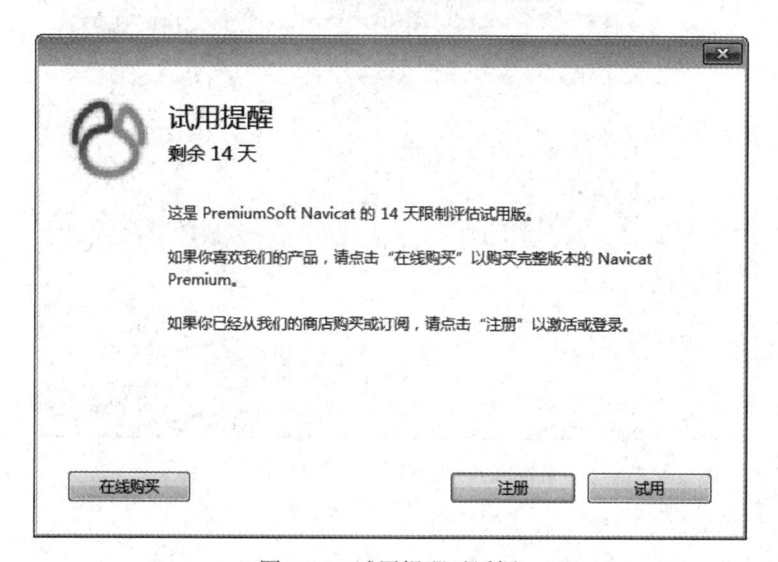

图 2-24 试用提醒对话框

步骤 9：新建连接。

点击左上角“连接”选项卡，选择“MySQL...”，如图 2-25 所示；弹出“MySQL- 新建连接”对话框，输入连接名、主机、端口、用户名和密码等信息，如图 2-26 所示。

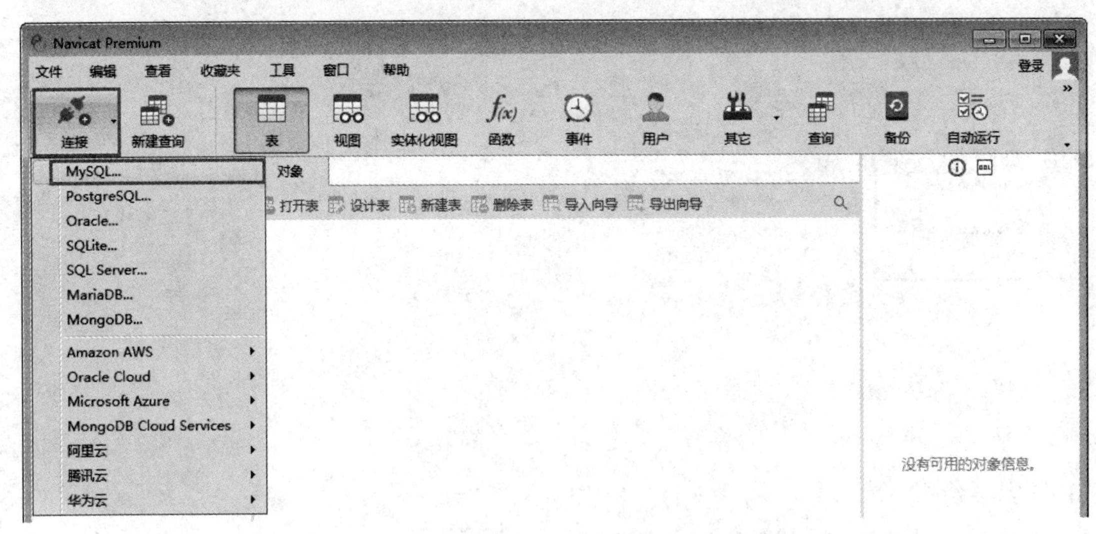

图 2-25　建立连接

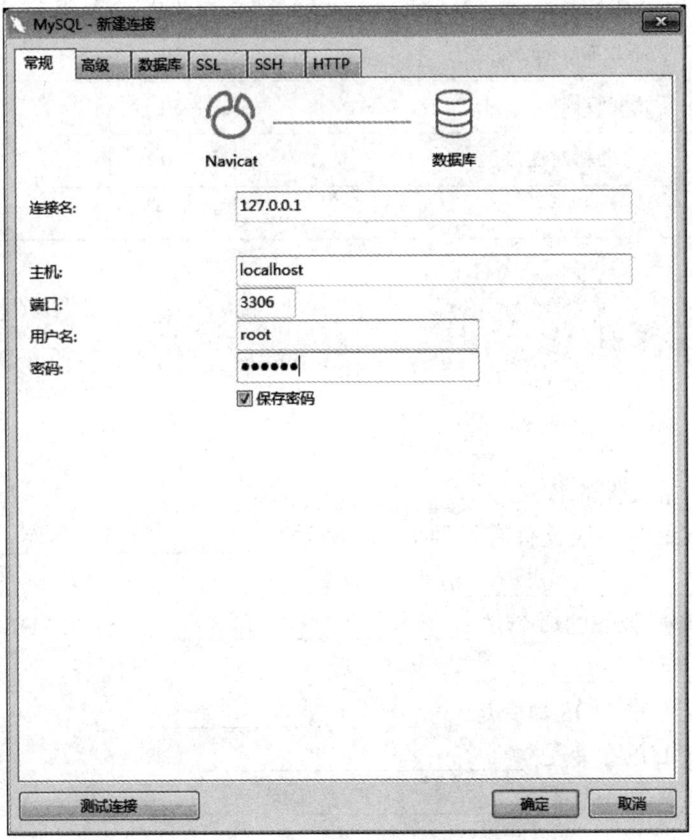

图 2-26　新建连接对话框

步骤 10：完成新建连接。

点击图 2-26 中的“测试连接”，弹出“连接成功”对话框后，点击“确定”，返回 Navicat 界面。这时候可以看到已连接上的数据库，如图 2-27 所示。

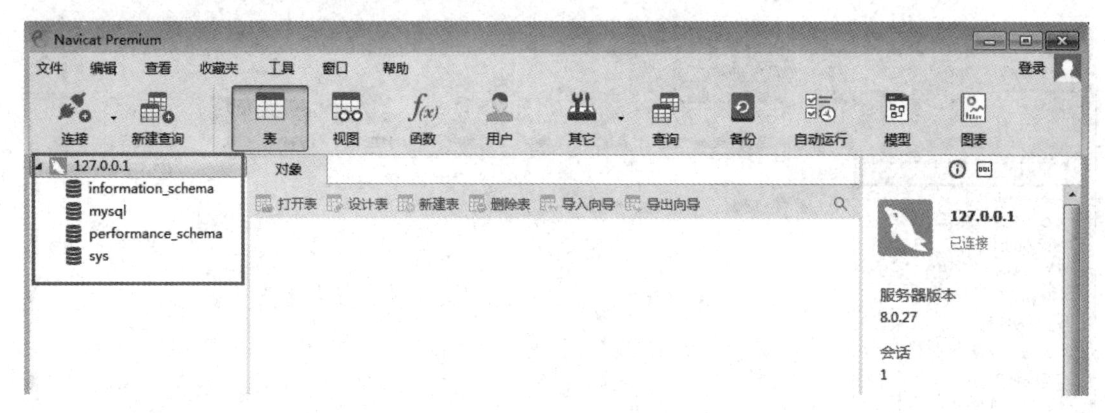

图 2-27　完成新建连接

● 任务评价

通过本任务的学习，进行以下自我评价。

评 价 内 容	分值	自我评价
会下载 Navicat 安装包	10	
会运行安装程序，完成安装	50	
会新建连接	40	
合计	100	

思考与练习

一、填空题

1. MySQL 配置文件的名称为 ________________。

2. 目前 MySQL 的安装文件有两种格式，一种是 ________________________ 格式，另一种是 ________________________ 格式。

3. 启动 MySQL 服务的命令是 ________________________，停止 MySQL 服务的命令 ________________________。

4. 登录 MySQL 的 DOS 命令是 ________________________。

5. 退出 MySQL 的命令是 ________________________。

6. MySQL 数据库分为 ____________________ 和 ____________________ 两部分。

二、选择题

1. MySQL 数据库服务器的默认端口号是 (　　)。

A. 80　　B. 8088

C. 443　　D. 3306

2. 命令行客户端工具的选项中，用于指定 MySQL 数据库服务器的 IP 地址的选项是 (　　)。

A. -h　　B. -u

C. -p　　D. -q

3. 以下不属于 MySQL 安装时自动创建的数据库的是 (　　)。

A. mydb　　B. mysql

C. sys　　D. information_schema

4. 下面关于命令“mysql --initialize --console”描述错误的是 (　　)。

A. “--initialize”表示初始化数据库

B. mysql 自动为默认用户 root 的密码设置为空

C. mysql 自动为默认用户 root 生成一个随机的复杂密码

D. mysqld 是 MySQL 的守护进程

三、简答题

1. 常用的数据库管理系统有哪些？

2. 常用的 MySQL 客户端软件有哪些？

四、实践操作题

登录 MySQL 官网，下载 MSI 格式的安装包，完成 MySQL 的安装。

项目 3　创建与管理数据库

安装好 MySQL 之后就可以进行数据库的相关操作了。在 MySQL 中可以创建多个不同名称的数据库以存储数据。本项目通过典型任务，介绍如何创建数据库，查看数据库，指定当前数据库，并对数据库进行修改和删除等操作。

学习目标

(1) 了解字符集和字符排序规则。
(2) 掌握数据库的创建和查看。
(3) 掌握指定当前数据库的方法。
(4) 掌握数据库的修改和删除。

知识重点

(1) 创建数据库。
(2) 删除数据库。

知识难点

修改数据库。

任务1　创建数据库

● 任务描述

按要求完成数据库创建并查看数据库。具体要求如下：

(1) 创建三个数据库，名称分别为 chjgl_db、chjgl_test_db、test_db。其中，指定数据库 chjgl_test_db 的默认字符集为 utf8；创建 test_db 数据库时需避免因存在同名数据库而出现错误提示。

(2) 查看服务器主机上的所有数据库。

(3) 查看数据库“chjgl_test_db”的默认字符集。

(4) 查看与“test_db”完全匹配的数据库。

(5) 查看名称中包含“test”的数据库。

(6) 查看名称中以“chjgl”开头的数据库。

● 任务目标

(1) 会创建数据库。

(2) 会指定数据库的默认字符集。

(3) 会查看数据库。

(4) 会查看与条件匹配的数据库。

(5) 通过学习数据库命名及代码编写规范，树立严谨、认真的工作态度。

● 任务分析

依据创建数据库和查看数据库的基本语法格式，选择相应的可选参数项，完成数据库的创建与查看。

● 知识链接

1. 数据库简介

数据库是按照数据结构来组织、存储和管理数据的仓库。它是一个长期存储在计算机内的、有组织的、可共享的、统一管理的大量数据的集合。数据库的操作包括创建数据库、修改数据库和删除数据库。

MySQL 自带四个默认数据库：

(1) information_schema：即信息数据库，提供了访问数据库元数据的各种视图，包括数据库、表、字段类型及访问权限等。

(2) performance_schema：即性能数据库，为 MySQL 服务器的运行状态提供了一个底层的监控功能。MySQL 默认启动了性能数据库。

(3) mysql：存储了 MySQL 服务器正常运行所需的各种信息，包含了关于数据库对象元数据 (metadata) 的数据字典表和系统表。

(4) sys：包含了一系列方便数据库管理员 (DBA) 和开发人员利用 performance_schema 进行性能调优和诊断的视图。

2. 结构化查询语言 SQL

结构化查询语言 (Structured Query Language，SQL) 是目前广泛使用的关系数据库标准语言。SQL 包括：

(1) 数据定义语言 (Data Definition Language，DDL)：定义数据库的逻辑结构，包括定义数据库、基本表、视图和索引四部分。

(2) 数据操作语言 (Data Manipulation Language，DML)：用来表示用户对数据库的操作请求，一般对数据库的主要操作包括插入、删除和更新三种操作。

(3) 数据查询语言 (Data Query Language，DQL)：用来查询表中的记录。

(4) 数据控制语言 (Data Control Language，DCL)：对用户访问数据的控制，有基本表和视图的授权及回收。

3. 创建数据库的语法

```
CREATE {DATABASE | SCHEMA} [IF NOT EXISTS] db_name
    [create_specification] ...
create_specification:
    [DEFAULT] CHARACTER SET [=] charset_name
  | [DEFAULT] COLLATE [=] collation_name
  | DEFAULT ENCRYPTION [=] {'Y' | 'N'}
```

语法分析如下：

CREATE DATABASE：创建具有给定名称的数据库命令，CREATE SCHEMA 是 CREATE DATABASE 的同义词。

[IF NOT EXISTS]：可选项，在创建数据库之前，对即将要创建的数据库的名称是否已经存在进行判断。如果不存在，则创建数据库；如果已经存在同名数据库，则不创建数据库。在没有给出此子句的情况下，如果存在同名数据库，则会报错。

db_name：必选项，指定要创建的数据库的名称。数据库名称必须符合操作系统的文件夹命名规则，不能全部都是数字，尽量要有实际意义。比如 my.db、111 都是错误的数据库名称。在 MySQL 中，数据库名称不区分大小写。

[DEFAULT]：可选项，指定默认值。

CHARACTER SET [=] ***charset_name***：指定默认数据库字符集。常见的字符集有 gb2312、gbk、utf8 等。可以用 SHOW CHARACTER SET 语句显示可用的字符集。

COLLATE [=] ***collation_name***：指定数据库排序规则。常用的排序规则有 gb2312_chinese_ci、gbk_chinese_ci、utf8_general_ci 等。可以用 SHOW COLLATION 语句显示所有可用的排序规则。

DEFAULT ENCRYPTION [=] {'Y'| 'N'}：定义默认数据库是否加密。

小贴士

MySQL 语句语法中的中括号“[ ]”表示可选项，大括号和竖线“{ | }”表示“或”的关系，即竖线两侧的内容选择一项即可。

4. 查看数据库的语法

(1)SHOW DATABASES 语法。

```
SHOW {DATABASES | SCHEMAS}
    [LIKE 'pattern' | WHERE expr]
```

语法分析如下：

SHOW DATABASES：列出 MySQL 服务器主机上的所有数据库。SHOW SCHEMAS 是 SHOW DATABASES 的同义词。

LIKE：该 LIKE 子句 (如果存在) 指示要匹配的数据库名称。LIKE 子句可以部分匹配，也可以完全匹配。数据库名称需要用单引号“' '”括起来。通配符中的百分号“%”可以代表任意多个字符，通配符中的下画线“_”可以代表任意单个字符。

WHERE：该 WHERE 子句可以使用更一般的条件来选择数据库。

(2)SHOW CREATE DATABASE 语法。

```
SHOW CREATE {DATABASE | SCHEMA} db_name
```

语法分析如下：

SHOW CREATE DATABASE：显示 CREATE DATABASE 创建指定数据库的语句。SHOW CREATE SCHEMA 是 SHOW CREATE DATABASE 的同义词。

db_name：必选项，指定 CREATE DATABASE 创建指定数据库的名称。

● 任务实施

创建数据库

步骤 1：创建数据库 chjgl_db。

创建数据库 chjgl_db 的语句为

```
mysql> create database chjgl_db;
```

执行结果显示如图 3-1 所示。如果结果信息显示“Query OK, 1 row affected (1.37 sec)”，则表示数据库创建成功。

```
mysql> create database chjgl_db;
Query OK, 1 row affected (1.37 sec)
```

图 3-1　创建数据库成功

小贴士

> 在进行数据库操作之前，请确认已经连接到 MySQL 数据库。

步骤 2：创建数据库 chjgl_test_db 并指定其默认字符集。

创建数据库 chjgl_test_db 并指定其默认字符集为 utf8 的语句如下：

```
mysql> create database chjgl_test_db default character set utf8;
```

执行结果如图 3-2 所示。

```
mysql> create database chjgl_test_db default character set utf8;
Query OK, 1 row affected, 1 warning (0.59 sec)
```

图 3-2　创建数据库并指定默认字符集

步骤 3：查看数据库“chjgl_test_db”的默认字符集。

查看数据库“chjgl_test_db”的默认字符集的语句为

```
mysql> show create database chjgl_test_db;
```

执行结果如图 3-3 所示。从显示的结果可以看出，数据库“chjgl_test_db”的默认字符集为指定的 utf8。

```
mysql> show create database chjgl_test_db;
+---------------+-----------------------------------------------------------------------------------------------------------------------------+
| Database      | Create Database                                                                                                             |
+---------------+-----------------------------------------------------------------------------------------------------------------------------+
| chjgl_test_db | CREATE DATABASE `chjgl_test_db` /*!40100 DEFAULT CHARACTER SET utf8 */ /*!80016 DEFAULT ENCRYPTION='N' */ |
+---------------+-----------------------------------------------------------------------------------------------------------------------------+
1 row in set (0.03 sec)
```

图 3-3　查看数据库的指定字符集

步骤 4：创建数据库 test_db，避免因为存在同名数据库出现错误提示。

创建数据库 test_db，避免因为存在同名数据库出现错误提示的语句为

```
mysql> create database if not exists test_db;
```

执行结果如图 3-4 所示。如果服务器上已经存在同名的数据库，并且不用“if not exists”选项，则会出现错误提示，如图 3-5 所示。

```
mysql> create database if not exists test_db;
Query OK, 1 row affected (0.23 sec)
```

图 3-4　创建数据库并且使用“if not exists”选项

```
mysql> create database test_db;
ERROR 1007 (HY000): Can't create database 'test_db'; database exists
```

图 3-5　创建数据库因为存在同名数据库而出现错误提示

步骤 5：查看服务器主机上的所有数据库。

查看服务器主机上的所有数据库的语句为

```
mysql> show databases;
```

执行结果如图 3-6 所示。从显示的结果可以看出，已经存在上述步骤创建的三个数据库，这说明数据库创建成功。

```
mysql> show databases;
+--------------------+
| Database           |
+--------------------+
| chjgl_db           |
| chjgl_test_db      |
| information_schema |
| mysql              |
| performance_schema |
| sys                |
| test_db            |
+--------------------+
7 rows in set (1.69 sec)
```

图 3-6　查看数据库结果

步骤 6：查看与“test_db”完全匹配的数据库。

查看与“test_db”完全匹配的数据库的语句为

```
mysql> show databases like 'test_db';
```

执行结果如图 3-7 所示。结果显示只有名称为“test_db”的数据库。

```
mysql> show databases like 'test_db';
+---------------------+
| Database (test_db)  |
+---------------------+
| test_db             |
+---------------------+
1 row in set (0.07 sec)
```

图 3-7　查看与“test_db”完全匹配的数据库

步骤 7：查看名称中包含“test”的数据库。

查看名称中包含“test”的数据库的语句为

```
mysql> show databases like '%test%';
```

执行结果如图 3-8 所示。结果显示名称中包含“test”的所有数据库。

```
mysql> show databases like '%test%';
+--------------------+
| Database (%test%)  |
+--------------------+
| chjgl_test_db      |
| test_db            |
+--------------------+
2 rows in set (0.05 sec)
```

图 3-8　查看名称中包含“test”的数据库

步骤 8：查看名称中以“chjgl”开头的数据库。

查看名称中以“chjgl”开头的数据库的语句为

```
mysql> show databases like 'chjgl%';
```

执行结果如图 3-9 所示。结果显示名称中以“chjgl”开头的所有数据库。

```
mysql> show databases like 'chjgl%';
+--------------------+
| Database (chjgl%)  |
+--------------------+
| chjgl_db           |
| chjgl_test_db      |
+--------------------+
2 rows in set (0.01 sec)
```

图 3-9　查看名称中以“chjgl”开头的数据库

● 任务评价

通过本任务的学习，进行以下自我评价。

评 价 内 容	分值	自我评价
会创建数据库	20	
会指定数据库的默认字符集	30	
会查看所有数据库	20	
会查看指定的数据库	30	
合计	100	

任务2 管理数据库

任务描述

按要求对数据库进行管理，包括指定当前数据库，对数据库进行修改和删除等操作。具体要求如下：

(1) 将数据库 test_db 指定为当前数据库。

(2) 将数据库 chjgl_test_db 的字符集修改为 gb2312，并查看该数据库的字符集。

(3) 将数据库 chjgl_test_db 的排序规则修改为 gb2312_chinese_ci，并查看该数据库的排序规则。

(4) 将数据库 test_db 从数据库列表中删除。

(5) 消除删除不存在的数据库时产生的错误提示。

任务目标

(1) 会指定当前数据库。

(2) 会修改数据库的默认字符集。

(3) 会删除数据库。

(4) 通过学习数据库的管理语句，培养科学严谨的工作态度。

任务分析

学习指定当前数据库、修改数据库和删除数据库的基本语法格式，选择相应的可选参数项，完成指定当前数据库、修改数据库与删除数据库等操作。

知识链接

1. 字符集和排序规则

字符集是一组符号和编码。排序规则为一个字符集中的字符进行比较的一组规则。字符集和排序规则的默认设置为四个级别，分别是服务器、数据库、表和列。字符集问题不仅影响数据存储，还影响客户端程序和 MySQL 服务器之间的通信。

MySQL 服务器支持多种字符集，包括多个 Unicode 字符集。“show character set”语

句可以显示可用的字符集。给定的字符集至少有一个排序规则，大多数字符集都有几个排序规则。列出字符集的排序规则的语句是“show collation”。

2. 查看 MySQL 数据库字符集的语句

```
show variables like 'character_set_database'
```

3. 查看 MySQL 数据库排序规则的语句

```
show variables like 'collation_database'
```

4. 指定当前数据库

在 MySQL 中有很多系统自带的数据库，在操作数据库之前必须确定是对哪一个数据库进行操作。在 MySQL 中，USE 语句用来完成从一个数据库到另一个数据库的跳转。只有使用 USE 语句来指定某个数据库作为当前数据库之后，才能对该数据库及其存储的数据对象执行操作。其基本语法格式为

```
USE db_name
```

语法分析如下：

USE：指定某个数据库作为当前数据库的命令。

db_name：必选项，指定创建的数据库名称。

5. 修改数据库的语法

```
ALTER {DATABASE | SCHEMA} [ db_name]
    alter_specification......
alter_specification:
    [DEFAULT] CHARACTER SET [=] charset_name
  | [DEFAULT] COLLATE [=]collation_name
  | DEFAULT ENCRYPTION [=] {'Y' | 'N'}
```

语法分析如下：

ALTER DATABASE：修改数据库参数的命令。ALTER SCHEMA 是 ALTER DATABASE 的同义词。

[***db_name***]：可选项，指定要修改参数的数据库名称，如果没有指定，则对当前数据库进行修改。

[DEFAULT]：可选项，指定默认值。

CHARACTER SET [=] ***charset_name***：用于修改数据库的字符集。

COLLATE [=] ***collation_name***：用于修改数据库的排序规则。

DEFAULT ENCRYPTION [=] {'Y'| 'N'}：定义默认数据库是否加密。

6. 删除数据库的基本语法

```
DROP {DATABASE | SCHEMA} [IF EXISTS] db_name
```

语法分析如下：

DROP DATABASE：删除数据库中的所有表并删除数据库。DROP SCHEMA 是 DROP

DATABASE 的同义词。

db_name：必选项，指定要删除的数据库名称。

[IF EXISTS]：可选项，用于防止删除某一数据库时，该数据库不存在的情况下发生错误。

● 任务实施

步骤 1：将数据库 test_db 指定为当前数据库。

将数据库 test_db 指定为当前数据库的语句为

```
mysql> use test_db;
```

执行结果如图 3-10 所示。结果信息显示“Database changed”，这表示当前的数据库改变。

```
mysql> use test_db;
Database changed
```

图 3-10　选择数据库

步骤 2：修改数据库 chjgl_test_db 的默认字符集，并查看修改结果。

修改数据库 chjgl_test_db 的默认字符集的语句为

```
mysql> alter database chjgl_test_db default character set gb2312;
```

执行结果如图 3-11 所示。结果信息显示“Query OK, 1 row affected (0.16 sec)”，这表示修改成功。

```
mysql> alter database chjgl_test_db default character set gb2312;
Query OK, 1 row affected (0.16 sec)
```

图 3-11　修改数据库的默认字符集

更改当前数据库为“chjgl_test_db”，查看数据库的字符集，语句如下：

```
mysql> use chjgl_test_db;
mysql> show variables like 'character_set_database';
```

结果显示数据库的字符集为“gb2312”，说明已经修改成功，如图 3-12 所示。

```
mysql> use chjgl_test_db;
Database changed
mysql> show variables like 'character_set_database';
+------------------------+--------+
| Variable_name          | Value  |
+------------------------+--------+
| character_set_database | gb2312 |
+------------------------+--------+
1 row in set, 1 warning (0.01 sec)
```

图 3-12　查看修改数据库的默认字符集的结果

步骤 3：修改数据库 chjgl_test_db 的默认排序规则，并查看修改结果。

修改数据库 chjgl_test_db 的默认排序规则的语句为

```
mysql>alter database chjgl_test_db default collate gb2312_chinese_ci;
```

执行结果如图 3-13 所示。

```
mysql> alter database chjgl_test_db default collate gb2312_chinese_ci;
Query OK, 1 row affected (0.16 sec)
```

图 3-13　修改数据库的默认排序规则

更改当前数据库为“chjgl_test_db”，查看数据库的排序规则，语句如下：

```
mysql> use chjgl_test_db;
mysql> show variables like 'collation_database';
```

结果显示数据库的排序规则为“gb2312_chinese_ci”，这说明已经修改成功，如图 3-14 所示。

```
mysql> use  chjgl_test_db;
Database changed
mysql> show variables like 'collation_database';
+--------------------+-------------------+
| Variable_name      | Value             |
+--------------------+-------------------+
| collation_database | gb2312_chinese_ci |
+--------------------+-------------------+
1 row in set, 1 warning (0.01 sec)
```

图 3-14　查看修改数据库的默认字符集的结果

步骤 4：将数据库 test_db 从数据库列表中删除。

将数据库 test_db 从数据库列表中删除的语句为

```
mysql> drop database test_db;
```

执行结果如图 3-15 所示，结果显示删除成功。

```
mysql> drop database test_db;
Query OK, 0 rows affected (0.40 sec)
```

图 3-15　删除已存在的数据库

步骤 5：消除删除不存在的数据库时产生的错误提示。

如果数据库“test_db”不存在。再次执行与步骤 4 相同的命令，直接使用“drop database test_db”，系统会报错。如果使用“if exists”从句，可以防止系统报此类错误，语句如下：

```
mysql> drop database if exists test_db;
```

执行结果如图 3-16 所示。

```
mysql> drop database test_db;
ERROR 1008 (HY000): Can't drop database 'test_db'; database doesn't exist
mysql> drop database if  exists test_db;
Query OK, 0 rows affected, 1 warning (0.06 sec)
```

图 3-16　消除删除不存在的数据库时产生错误提示

● 任务评价

通过本任务的学习，进行以下自我评价。

评 价 内 容	分值	自我评价
会指定当前数据库	20	
会修改数据库的字符集	20	
会查看数据库的字符集	10	
会修改数据库的排序规则	20	
会查看数据库的排序规则	10	
会删除数据库	20	
合计	100	

思考与练习

一、填空题

1.____________________是存储在计算机内结构化的数据的集合。

2. 创建 test 数据库的语句是____________________。

3. 查看数据库列表的语句是____________________。

4. 指定数据库 test 为当前数据库的语句是____________________。

5. 修改数据库 test 的默认字符集为 utf8 的语句是____________________。

6. 修改数据库 test 的默认排序规则为 utf8_general_ci 的语句是____________________。

7. 删除 test 数据库的语句是____________________。

二、实践操作题

(1) 创建三个数据库，名称分别为 xsgl_db、xsgl_test_db、test_db。其中，指定数据库 xsgl_test_db 的默认字符集为 utf8；创建 xsgl_db 数据库时需避免因存在同名数据库而出现错误提示。

(2) 查看服务器主机上的所有数据库。

(3) 查看数据库“xsgl_test_db”的默认字符集。

(4) 查看与“test_db”完全匹配的数据库。

(5) 查看名称中包含“test”的数据库。

(6) 查看名称中以“xsgl”开头的数据库。

(7) 将数据库 test_db 指定为当前数据库。

(8) 将数据库 xsgl_test_db 的字符集修改为 utf8，并查看数据库的字符集。

(9) 将数据库 xsgl_test_db 的排序规则修改为 utf8_general_ci，并查看数据库的排序规则。

(10) 将数据库 test_db 从数据库列表中删除。

项目 4　创建与管理数据表

数据表是数据库的重要组成部分，每一个数据库都是由若干个数据表组成的。本项目通过典型任务介绍常用的数据类型，如何使用完整性约束条件保证数据完整性，如何创建数据表、查看数据表，以及对数据表进行管理，包括对数据表进行更名、修改数据表结构和删除数据表等操作。

学习目标

(1) 了解常用的数据类型。
(2) 了解数据表的完整性约束条件。
(3) 掌握数据表的创建、查看、修改与删除操作。
(4) 掌握如何为数据表添加和删除外键约束。

知识重点

(1) 数据表的创建与查看。
(2) 数据表的修改与删除。

知识难点

数据表的完整性约束条件。

任务1　创建数据表和约束

● 任务描述

按要求在数据库 chjgl_db 中创建 tb_course(课程表)、tb_student(学生表) 和 tb_grade(成绩表) 三个数据表。数据表结构如表 4-1 至表 4-3 所示。

表 4-1 tb_course 数据表结构

字段名	数据类型	说 明
id	int	主键，自增
cno	varchar(20)	课程编号，唯一，不允许为空
cname	varchar(50)	课程名称，不允许为空

表 4-2 tb_student 数据表结构

字段名	数据类型	说 明
id	int	主键，自增
sno	varchar(20)	学号，唯一，不允许为空
sname	varchar(20)	姓名，不允许为空
spassword	varchar(10)	登录密码，不允许为空，默认值为“000000”
ssex	char(4)	性别，不允许为空，默认值为“男”
sspecialty	varchar(20)	专业
sbirthday	date	出生日期
shome	varchar(50)	家庭住址
semail	varchar(20)	邮箱地址
steleno	varchar(20)	固定电话
smobno	varchar(20)	移动电话
smemo	varchar(50)	备注

表 4-3 tb_grade 数据表结构

字段名	数据类型	说 明
id	int	主键，自增
sno	varchar(20)	学号
cno	varchar(20)	课程编号
tno	varchar(20)	学期编号
usualgrade	float	平时成绩，取值范围在 0 ～ 100 之间
termgrade	float	期末成绩，取值范围在 0 ～ 100 之间
totalgrade	float	综合成绩，取值范围在 0 ～ 100 之间

● 任务目标

(1) 了解常用的数据类型。

(2) 会创建和查看数据表。

(3) 会使用完整性约束条件保证数据完整性。

(4) 养成有条不紊地完成工作的习惯。

● 任务分析

了解数据类型、数据表的完整性约束条件，依据创建数据表、查看数据表的基本语法格式，选择相应的可选参数项，完成各个数据表的创建与查看。

● 知识链接

1. MySQL 中 SQL 语句的注释方法

注释在 SQL 语句中表示标识或者说明注意事项，对 SQL 的执行没有任何影响。注释内容中无论是英文字母还是汉字都可以随意使用。

MySQL 注释分为单行注释和多行注释。

1) 单行注释

单行注释可以使用“#”注释符，“#”注释符后直接添加注释内容，例如：

```
mysql> #指定当前数据库为mysql
mysql> use mysql;
```

单行注释也可以使用“--”注释符，“--”注释符后需要加一个空格，再添加注释内容，例如：

```
mysql> --   指定当前数据库为sys
mysql> use sys;
```

2) 多行注释

多行注释使用“/* */”注释符。“/*”用于注释内容的开头，“*/”用于注释内容的结尾，例如：

```
mysql> /*多行注释案例
    /*> 指定当前数据库为mysql*/
mysql> use mysql;
```

2. 数据类型

数据类型 (data_type) 是指系统中所允许的数据的类型。MySQL 数据类型定义了字段中可以存储什么数据以及该数据怎样存储的规则。

数据库中的每个字段都应该有适当的数据类型，用于限制或允许该字段中存储的数据。例如，列中存储的为数值，则相应的数据类型应该为数值类型。

MySQL 常用的数据类型分为三类，分别是数值类型、日期 / 时间类型、字符串类型。

1) 数值类型

在 MySQL 中，数值类型分为整数类型和小数类型。

(1) 整数类型。

在 MySQL 中，整数类型包括 tinyint、smallint、mediumint、int、bigint 五种，每种整数类型所需的存储大小和取值范围见表 4-4。

表 4-4　整数类型所需的存储大小和取值范围

类型	存储 (字节)	有符号最小值	有符号最大值	无符号最小值	无符号最大值
tinyint	1	-128	127	0	128
smallint	2	-32768	32767	0	65535
mediumint	3	-8388608	8388607	0	16777215
int	4	-2147483648	2147483647	0	4294967295
bigint	8	-9223372036854775808	9223372036854775807	0	18446744073709551615

(2) 小数类型。

小数类型分为浮点数类型和定点数类型。

浮点数类型包括 float(单精度浮点数) 和 double(双精度浮点数) 两种。浮点表类型代表近似数字数据值。MySQL 对于 float 使用四个字节，对于 double 使用八个字节。

定点数类型为 decimal 和 numeric，用于存储精确的数值数据。在精度很重要时使用这些类型，例如使用货币数据。在 MySQL 中，numeric 等同于 decimal。在 decimal 声明中，通常指定精度和小数位数。声明格式为

```
DECIMAL(M,D)
```

其中，M 是精度，表示值存储的有效位数，D 是标度，表示小数点后小数的位数。如果不指定精度，则默认为 DECIMAL(10,0)。例如：DECIMAL(5,2) 表示有效位数为 5，小数点后小数的位数为 2。

对于 float，MySQL 允许在关键字 float 后面的括号中的位中选择性地指定精度，并且 MySQL 支持此可选的精度，但该精度值仅用于确定存储大小，精度值在 0～23 之间产生一个 4 字节的单精度 float 列；在 24～53 之间产生 8 字节双精度 double 列。

MySQL 还支持非标准语法：FLOAT(M,D)，其中 M 值是用于指定所有的位数，D 值用于指定小数点后的位数。

2) 日期 / 时间类型

日期 / 时间类型主要用于表示日期和时间，MySQL 中的日期 / 时间类型包括 year、time、date、datetime 和 timestamp。每一种类型都有其合法的取值范围，当指定为不合法的值时，系统将以“0”值替换。日期 / 时间类型的介绍见表 4-5，其中，yyyy 表示年，mm 表示月，dd 表示日，hh 表示小时，mm 表示分钟，ss 表示秒。

表 4-5　日期 / 时间类型

类型	存储 (字节)	表示格式	0 值
year	1	yyyy	'0000'
time	3	hh:mm:ss	'00:00:00'
date	3	yyyy-mm-dd	'0000-00-00'
datetime	8	yyyy-mm-dd hh:mm:ss	'0000-00-00 00:00:00'
timestamp	4	yyyy-mm-dd hh:mm:ss	'0000-00-00 00:00:00'

3) 字符串类型

字符串类型用来存储普通文本、图像和声音等二进制数据。MySQL 中的字符串类型包括 char、varchar、binary、varbinary、blob、text、enum 和 set 等。

表 4-6 中列出了 MySQL 中的字符串类型，括号中的 M 表示可以为其指定的长度。

表 4-6 字符串类型

类 型	存储 (字节)	说 明
char(M)	M 字节，1≤M≤255	固定长度非二进制字符串
varchar(M)	L + 1 字节，在此，L≤M 和 1≤M≤255	变长的非二进制字符串
binary(M)	M 字节	固定长度二进制字符串
varbinary(M)	M + 1 字节	可变长度二进制字符串
blob(M)	L + 1 字节，在此，$L<2^8$	一个二进制的对象，用来存储可变数量的数据
text	L + 2 字节，在此，$L<2^{16}$	小的非二进制字符串
enum ('值 1','值 2',...)	1 或 2 个字节，取决于枚举值的数目 (最大值为 65 535)	枚举类型，只能有一个枚举字符串值
set ('值 1','值 2',...)	1、2、3、4 或 8 个字节，取决于集合成员的数量 (最多 64 个成员)	一个设置，字符串对象可以有零个或多个 set 成员

3. 数据表

数据表是数据库的重要组成部分，每一个数据库都是由若干个数据表组成的。一个数据表包含若干个字段或记录。

4. 创建数据表

创建数据表指的是在已经创建的数据库中建立新的数据表。

创建数据表的过程是规定数据表中字段属性的过程，同时也是实施数据完整性约束的过程。创建数据表的命令语法比较多，其主要是由表创建定义 (create-definition)、表选项 (table-options) 和分区选项 (partition-options) 所组成的。创建数据表的基本语法格式为

```
CREATE [TEMPORARY] TABLE [IF NOT EXISTS] tbl_name
    (create_definition,...)
    [table_options]
    [partition_options]
```

语法分析如下：

CREATE TABLE：创建数据表的命令。

tbl_name：必选项，指定要创建的数据表的名称。

TEMPORARY：可选项，表示创建一个临时表。

IF NOT EXISTS：可选项，在创建数据表前，对将要创建的数据表的名称是否已经存在进行判断。在没有给出此条语句的情况下，如果存在同名数据表，则会报错。

create_definition,...：对表中的每一字段进行定义，基本语法格式为

```
create_definition:
    col_name column_definition
```

语法分析如下：

col_name：必选项，数据表字段的名称。

column_definition：由字段的数据类型、可能的空值说明、完整性约束或数据表索引组成，基本语法格式为

```
column_definition:
    data_type [NOT NULL| NULL] [DEFAULT {literal | (expr)} ]
      [AUTO_INCREMENT] [UNIQUE [KEY]] [[PRIMARY] KEY]
      [check_constraint_definition]
```

语法分析如下：

data_type：字段的数据类型。

NOT NULL | NULL：非空约束，指定该字段是否允许空值，如果不允许空值，则必须使用 NOT NULL，如果省略该项，则默认为 NULL，表示允许空值。非空约束用来约束数据表中的字段不能为空。

例如，在学生信息表中，如果不添加学生姓名，那么这条记录是没有用的。

DEFAULT {***literal*** | (***expr***)}：默认值约束，设置字段的默认值。当数据表中某个字段不输入值时，默认值约束自动为其添加一个已经设置好的值。

例如，在注册学生信息时，如果不输入学生的性别，那么会设置默认性别或者输入一个“未知”。

默认值约束通常用在已经设置了非空约束的列，这样能够防止数据表在录入数据时出现错误。

AUTO_INCREMENT：自增长约束，当主键定义为自增长后，这个主键的值就不再需要用户输入数据了，而由数据库系统根据定义自动赋值。每增加一条记录，主键会自动以相同的步长进行增长。

UNIQUE [KEY]：唯一约束，与主键约束相似的地方是它们都能够确保列的唯一性。而与主键约束不同的是，唯一约束在一个表中可以有多个，并且设置唯一约束的列是允许有空值的，不过只能有一个空值。

例如，在用户信息表中，为避免表中的用户名重复，可以把用户名列设置为唯一约束。

唯一约束可以在创建表时直接设置，通常设置在除主键外的其他列上。在定义完列之后直接使用 UNIQUE 关键字指定唯一约束。

[PRIMARY] KEY：主键约束，是使用最频繁的约束。一般在设计数据表时，都会要求数据表中设置一个主键。

主键是数据表的一个特殊字段，该字段能唯一标识该数据表中的每条信息。例如，学

生信息表中的学号是唯一的。

check_constraint_definition：检查约束，是用来检查数据表中字段值是否有效的一个手段。例如，学生信息表中的年龄字段是没有负数的，并且数值也是有限制的。如果是大学生，年龄一般在 18～30 岁之间。在设置字段的检查约束时要根据实际情况进行设置，这样能够减少无效数据的输入。

检查约束使用 CHECK 关键字，具体的语法格式为

```
CHECK <表达式>
```

小贴士

以上几种数据表完整性约束中，一个数据表中只能有一个主键约束，其他约束可以有多个。

5. 查看数据表结构

查看数据表结构是指查看数据库中已经存在的数据表的定义。查看数据表结构的语句包括“describe”语句和“show create table”语句。

(1) 查看数据表的基本结构语句。

MySQL 中，“describe”语句可以查看数据表的基本结构。基本结构具体包括字段名称 (Field)、字段类型 (Type)、字段是否为 null、字段是否为主键 (key)、字段的默认值 (default) 和 Extra。“describe”语句的基本语法格式为

```
DESCRIBE tbl_name
```

语法分析如下：

DESCRIBE：查看数据表基本结构的命令，DESCRIBE 命令的简写形式是 DESC。

tbl_name：必选项，指定要查看的数据表的名称。

(2) 查看数据表创建语句的 SQL 信息。

“show create table”是以 SQL 语句的形式来显示数据表的信息的。和“describe”语句相比，“show create table”显示的内容更加丰富，它可以查看数据表的存储引擎和字符编码；另外，还可以通过 \G 参数来控制展示格式。查看数据表创建语句的 SQL 信息的基本语法格式为

```
SHOW CREATE TABLE tbl_name\G
```

语法分析如下：

SHOW CREATE TABLE：查看数据表创建语句的 SQL 信息的命令。

tbl_name：必选项，指定要查看的数据表的名称。

\G：控制显示结果的格式，如果不使用 \G，显示的结果会比较混乱。

创建数据表和约束

● 任务实施

步骤 1：创建 tb_course 数据表并查看其结构。

(1) 创建 tb_course 数据表，具体语句为

```
mysql> #指定当前数据库为chjgl_db
mysql> use chjgl_db;
Database changed
mysql>  /*多行注释案例
    /*> 以下为创建数据表tb_course的语句*/
mysql> create table tb_course
    ->(id int primary key auto_increment, -- id字段为主键
    -> cno varchar(20) unique not null,
    -> cname varchar(20) not null
    -> );
```

结果显示“Query OK, 0 rows affected (2.29 sec)”，表示数据表创建成功。执行结果如图 4-1 所示。

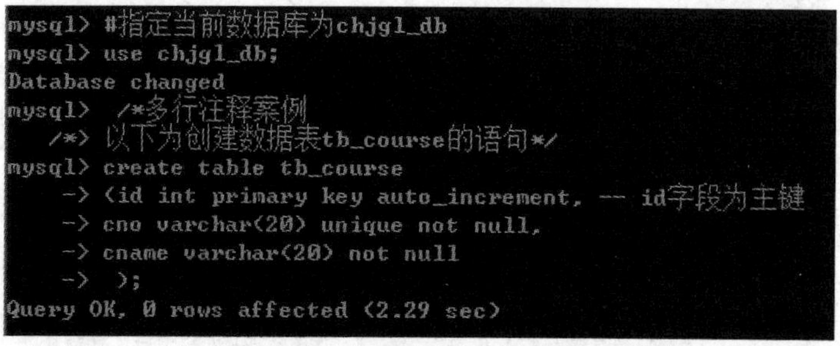

```
mysql> #指定当前数据库为chjgl_db
mysql> use chjgl_db;
Database changed
mysql>  /*多行注释案例
   /*> 以下为创建数据表tb_course的语句*/
mysql> create table tb_course
    -> (id int primary key auto_increment, -- id字段为主键
    -> cno varchar(20) unique not null,
    -> cname varchar(20) not null
    ->  );
Query OK, 0 rows affected (2.29 sec)
```

图 4-1　创建 tb_course 数据表

小贴士

(1) 在创建数据表以及对数据表进行操作前，需要使用 use 语句先指定当前的数据库。

(2) 任何语言都会有注释，代码量越多，注释的重要性也就越明显。

(2) 查看 tb_course 数据表的结构，具体语句为

```
mysql> desc tb_course;
```

执行结果如图 4-2 所示。执行结果以表格的形式来展示数据表的字段信息，包括字段名 (Field)、字段数据类型 (Type)、是否为空 (Null)、是否为主键 (Key)、是否有默认值 (Default)、获取到的与给定字段相关的附加信息 (Extra)。

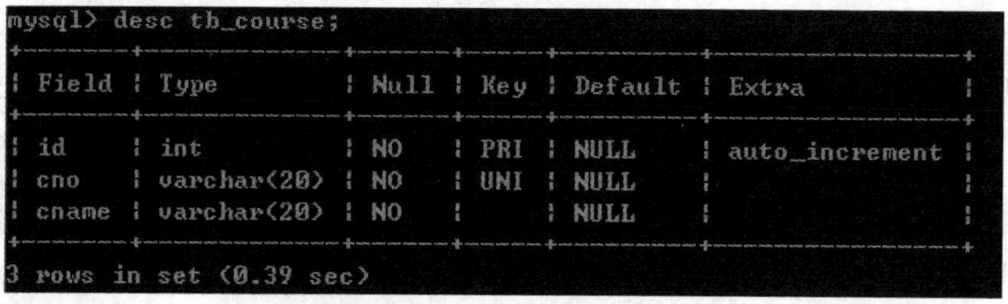

```
mysql> desc tb_course;
+-------+-------------+------+-----+---------+----------------+
| Field | Type        | Null | Key | Default | Extra          |
+-------+-------------+------+-----+---------+----------------+
| id    | int         | NO   | PRI | NULL    | auto_increment |
| cno   | varchar(20) | NO   | UNI | NULL    |                |
| cname | varchar(20) | NO   |     | NULL    |                |
+-------+-------------+------+-----+---------+----------------+
3 rows in set (0.39 sec)
```

图 4-2　查看 tb_course 数据表的结构

步骤 2：创建 tb_student 数据表并查看其结构。

(1) 创建 tb_student 数据表，具体语句为

```
mysql> create table tb_student
    -> (
    -> id int primary key auto_increment,
    -> sno varchar(20) unique not null,
    -> sname varchar(20) not null,
    -> spassword varchar(10) default '000000',
    -> ssex char(4) not null default '男',
    -> sspecialty varchar(20),
    -> sbirthday date,
    -> shome varchar(50),
    -> semail varchar(20),
    -> steleno varchar(20),
    -> smobno varchar(20),
    -> smemo varchar(50)
    -> );
```

执行结果如图 4-3 所示。

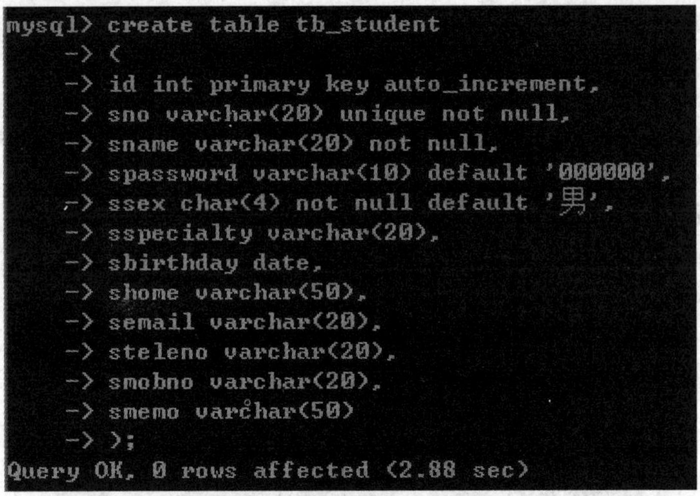

```
mysql> create table tb_student
    -> (
    -> id int primary key auto_increment,
    -> sno varchar(20) unique not null,
    -> sname varchar(20) not null,
    -> spassword varchar(10) default '000000',
    -> ssex char(4) not null default '男',
    -> sspecialty varchar(20),
    -> sbirthday date,
    -> shome varchar(50),
    -> semail varchar(20),
    -> steleno varchar(20),
    -> smobno varchar(20),
    -> smemo varchar(50)
    -> );
Query OK, 0 rows affected (2.88 sec)
```

图 4-3　创建 tb_student 数据表

(2) 查看 tb_student 数据表的结构，具体语句为

```
mysql> desc tb_student;
```

执行结果如图 4-4 所示。

```
mysql> desc tb_student;
+-------------+-------------+------+-----+---------+----------------+
| Field       | Type        | Null | Key | Default | Extra          |
+-------------+-------------+------+-----+---------+----------------+
| id          | int         | NO   | PRI | NULL    | auto_increment |
| sno         | varchar(20) | NO   | UNI | NULL    |                |
| sname       | varchar(20) | NO   |     | NULL    |                |
| spassword   | varchar(10) | YES  |     | 000000  |                |
| ssex        | char(4)     | NO   |     | 男      |                |
| sspecialty  | varchar(20) | YES  |     | NULL    |                |
| sbirthday   | date        | YES  |     | NULL    |                |
| shome       | varchar(50) | YES  |     | NULL    |                |
| semail      | varchar(20) | YES  |     | NULL    |                |
| steleno     | varchar(20) | YES  |     | NULL    |                |
| smobno      | varchar(20) | YES  |     | NULL    |                |
| smemo       | varchar(50) | YES  |     | NULL    |                |
+-------------+-------------+------+-----+---------+----------------+
12 rows in set (0.59 sec)
```

图 4-4　查看 tb_student 数据表的结构

步骤 3：创建 tb_grade 数据表并查看数据表创建语句的 SQL 信息。

(1) 创建 tb_grade 数据表，具体语句为

```
mysql> create table tb_grade
    -> (
    -> id int primary key auto_increment,
    -> sno varchar(20),
    -> cno varchar(20),
    -> tno varchar(20),
    -> usualgrade float,
    -> check(usualgrade>=0 and usualgrade<=100),
    -> termgrade float,
    -> check(termgrade>=0 and termgrade<=100),
    -> totalgrade float,
    -> check(totalgrade>=0 and totalgrade<=100)
    -> );
```

执行结果如图 4-5 所示。

```
mysql> create table tb_grade
    -> (
    -> id int primary key auto_increment,
    -> sno varchar(20),
    -> cno varchar(20),
    -> tno varchar(20),
    -> usualgrade float,
    -> check(usualgrade>=0 and usualgrade<=100),
    -> termgrade float,
    -> check(termgrade>=0 and termgrade<=100),
    -> totalgrade float,
    -> check(totalgrade>=0 and totalgrade<=100)
    -> );
Query OK, 0 rows affected (0.50 sec)
```

图 4-5　创建 tb_grade 数据表

(2) 查看 tb_grade 数据表创建语句的 SQL 信息，具体语句为

```
mysql> show create table tb_grade\G;
```

执行结果如图 4-6 所示。结果显示了 tb_grade 数据表的定义信息，参数“\G”使显示结果整齐美观。

```
mysql> show create table tb_grade\G;
*************************** 1. row ***************************
       Table: tb_grade
Create Table: CREATE TABLE `tb_grade` (
  `id` int NOT NULL AUTO_INCREMENT,
  `sno` varchar(20) DEFAULT NULL,
  `cno` varchar(20) DEFAULT NULL,
  `tno` varchar(20) DEFAULT NULL,
  `usualgrade` float DEFAULT NULL,
  `termgrade` float DEFAULT NULL,
  `totalgrade` float DEFAULT NULL,
  PRIMARY KEY (`id`),
  UNIQUE KEY `index_sno_grade` (`sno`,`cno`),
  CONSTRAINT `tb_grade_chk_1` CHECK (((`usualgrade` >= 0) and (`usualgrade` <= 1
00))),
  CONSTRAINT `tb_grade_chk_2` CHECK (((`termgrade` >= 0) and (`termgrade` <= 100
))),
  CONSTRAINT `tb_grade_chk_3` CHECK (((`totalgrade` >= 0) and (`totalgrade` <= 1
00)))
) ENGINE=InnoDB AUTO_INCREMENT=20 DEFAULT CHARSET=utf8mb4 COLLATE=utf8mb4_0900_a
i_ci
1 row in set (0.10 sec)
```

图 4-6 查看 tb_grade 数据表结构

● 任务评价

通过本任务的学习，进行以下自我评价。

评 价 内 容	分值	自我评价
会创建数据表	20	
会查看数据表	20	
会使用完整性约束条件	60	
合计	100	

任务2 维护数据表

● 任务描述

实际工作中，在创建好数据表以后，经常需要对其进行维护，主要包括修改数据表和删除数据表。修改数据表指的是修改数据库中已经存在的数据表的结构，包括修改数据表的名称、字段、字段类型等，对字段进行添加、删除，更改字段的顺序，以及修改数据表

的字符集和排序规则等，依据项目需求完成数据表的修改与删除。

● 任务目标

(1) 会修改数据表的名称、字段和字段类型。

(2) 会修改数据表的字符集和排序规则。

(3) 会添加和删除字段。

(4) 会修改字段的顺序。

(5) 培养理论联系实际、实事求是的工作作风。

● 任务分析

学习修改和删除数据表的基本语法格式，选择相应的可选参数项，完成数据表的维护。

● 知识链接

1. 修改数据表

修改数据表的基本语法格式为

```
ALTER TABLE tbl_name
    [alter_specification[, alter_specification]...]
alter_specification:
    table_options
  |ADD[COLUMN] col_name column_definition
    [FIRST | AFTER col_name]
  |ADD [COLUMN](col_name column_definition,...)
  | CHANGE [COLUMN]old_col name new_col_name column_definition
    [FIRST|AFTER col_name]
  | [DEFAULT] CHARACTER SET [=] charset_name [COLLATE [=]collation_name]
  | DROP [COLUMN]col_name
  | MODIFY [COLUMN]col_name column_definition
    [FIRST | AFTER col_name]
  | RENAME [TO|AS] new_tbl_name
```

语法分析如下：

ALTER TABLE：修改数据表结构的命令。

tbl_name：指定要修改的数据表的名称。

alter_specification：修改选项，指定对表要进行的具体修改。

ADD [COLUMN] ***col_name column_definition*** [FIRST | AFTER ***col_name***]：添加字段，其中 FIRST 是指在数据表的第一列添加一个字段，AFTER 是指在某一个字段后添加一个字段，***col_name*** 是字段名，***column_definition*** 是字段的定义。

ADD [COLUMN] ***(col_name column_definition,...)***：在数据表的末尾添加字段。

CHANGE [COLUMN] ***old_col_name new_col_name column_definition***[FIRST|AFTER ***col_name***]：修改字段名及字段类型，更改字段的顺序。

[DEFAULT] CHARACTER SET [=] ***charset_name*** [COLLATE [=] ***collation_name***]：修改数据表的字符集和排序规则。

DROP [COLUMN] ***col_name***：删除字段。

MODIFY [COLUMN] ***col_name column_definition*** [FIRST | AFTER ***col_name***]：修改字段数据类型，更改字段的顺序。

RENAME [TO|AS] ***new_tbl_name***：修改数据表的表名。

2. 删除数据表

删除数据表的基本语法格式为

```
DROP TABLE [IF EXISTS]  tbl_name[,tbl_name]...
```

语法分析如下：

DROP TABLE：删除数据表关键字。

IF EXISTS：可选项，用于防止删除指定数据表时，该数据表不存在的情况下发生错误。

tbl_name：必选项，指定要删除的数据表的名称。

● 任务实施

步骤 1：修改数据表名。

将数据表 tb_course 改名为 tb_course_info，SQL 语句为

```
mysql> alter table tb_course rename to tb_course_info;
```

结果显示“Query OK, 0 rows affected (0.98 sec)”，表示数据表更名成功。执行结果如图 4-7 所示。也可以用“show tables”语句查看更名后的结果，结果显示数据表名称已经修改，如图 4-8 所示。

```
mysql> alter table tb_course rename to tb_course_info;
Query OK, 0 rows affected (0.98 sec)
```

图 4-7　数据表更名

```
mysql> show tables;
+-----------------------+
| Tables_in_chjgl_db |
+-----------------------+
| tb_course_info     |
| tb_grade           |
| tb_student         |
+-----------------------+
3 rows in set (0.00 sec)
```

图 4-8　查看数据表更名后结果

步骤 2：修改字符集和排序规则。

将数据表 tb_course_info 的字符集修改为 gb2312，排序规则修改为 gb2312_chinese_ci，SQL 语句为

```
mysql> alter table tb_course_info character set gb2312 default collate gb2312_chinese_ci;
```

执行结果如图 4-9 所示。

```
mysql> alter table tb_course_info character set gb2312  default collate gb2312_c
hinese_ci;
Query OK, 0 rows affected (0.25 sec)
Records: 0  Duplicates: 0  Warnings: 0
```

图 4-9　修改数据表的字符集和排序规则

步骤 3：添加字段。

(1) 在数据表 tb_course_info 的末尾添加一个 varchar(50) 类型的字段 cmemo，SQL 语句为

```
mysql> alter table tb_course_info add cmemo varchar(50);
```

执行结果如图 4-10 所示。

```
mysql> alter table tb_course_info add cmemo varchar(50);
Query OK, 0 rows affected (0.31 sec)
Records: 0  Duplicates: 0  Warnings: 0
```

图 4-10　在数据表的末尾添加字段

(2) 在数据表 tb_course_info 的第一列添加一个 int(4) 类型的字段 cid，SQL 语句为

```
mysql> alter table tb_course_info add cid int(4) first;
```

执行结果如图 4-11 所示。

```
mysql> alter table tb_course_info add cid int(4) first;
Query OK, 0 rows affected, 1 warning (1.65 sec)
Records: 0  Duplicates: 0  Warnings: 1
```

图 4-11　在数据表的第一列添加字段

(3) 在数据表 tb_course_info 中添加一个 varchar(10) 类型的字段 ctype，ctype 字段位于 cname 字段的后面，SQL 语句为

```
mysql> alter table tb_course_info add ctype varchar(10) after cname;
```

执行结果如图 4-12 所示。

```
mysql> alter table tb_course_info add ctype varchar(10) after cname;
Query OK, 0 rows affected (2.37 sec)
Records: 0  Duplicates: 0  Warnings: 0
```

图 4-12　在数据表的中间位置添加字段

(4) 查看修改后的 tb_course_info 数据表的结构，SQL 语句为

```
mysql> desc tb_course_info;
```

执行结果如图 4-13 所示。

```
mysql> desc tb_course_info;
+--------+-------------+------+-----+---------+----------------+
| Field  | Type        | Null | Key | Default | Extra          |
+--------+-------------+------+-----+---------+----------------+
| cid    | int         | YES  |     | NULL    |                |
| id     | int         | NO   | PRI | NULL    | auto_increment |
| cno    | varchar(20) | NO   | UNI | NULL    |                |
| cname  | varchar(20) | YES  |     | NULL    |                |
| ctype  | varchar(10) | YES  |     | NULL    |                |
| cmemo  | varchar(50) | YES  |     | NULL    |                |
+--------+-------------+------+-----+---------+----------------+
6 rows in set (0.00 sec)
```

图 4-13　查看修改后的数据表的结构

步骤 4：修改字段名称及字段类型并查看修改结果。

修改数据表 tb_course_info 的结构，将 ctype 字段名称改为 c_type，同时将数据类型修改为 char(30)，并查看修改结果，SQL 语句为

```
mysql> alter table tb_course_info change ctype c_type char(30);
mysql> desc tb_course_info;
```

执行结果如图 4-14 所示。

```
mysql> alter table tb_course_info change ctype c_type char(30);
Query OK, 0 rows affected (1.69 sec)
Records: 0  Duplicates: 0  Warnings: 0

mysql> desc tb_course_info;
+--------+-------------+------+-----+---------+----------------+
| Field  | Type        | Null | Key | Default | Extra          |
+--------+-------------+------+-----+---------+----------------+
| cid    | int         | YES  |     | NULL    |                |
| id     | int         | NO   | PRI | NULL    | auto_increment |
| cno    | varchar(20) | NO   | UNI | NULL    |                |
| cname  | varchar(20) | YES  |     | NULL    |                |
| c_type | char(30)    | YES  |     | NULL    |                |
| cmemo  | varchar(50) | YES  |     | NULL    |                |
+--------+-------------+------+-----+---------+----------------+
6 rows in set (0.00 sec)
```

图 4-14　修改数据表的字段名称及字段类型并查看结果

步骤 5：修改字段数据类型。

修改数据表 tb_course_info 的结构，将 cmemo 字段的数据类型修改为 text，并查看修改结果，SQL 语句为

```
mysql> alter table tb_course_info modify cmemo text;
mysql> desc tb_course_info;
```

执行结果如图 4-15 所示。

```
mysql> alter table tb_course_info modify cmemo text;
Query OK, 0 rows affected (3.02 sec)
Records: 0  Duplicates: 0  Warnings: 0

mysql> desc tb_course_info;
+---------+-------------+------+-----+---------+----------------+
| Field   | Type        | Null | Key | Default | Extra          |
+---------+-------------+------+-----+---------+----------------+
| cid     | int         | YES  |     | NULL    |                |
| id      | int         | NO   | PRI | NULL    | auto_increment |
| cno     | varchar(20) | NO   | UNI | NULL    |                |
| cname   | varchar(20) | YES  |     | NULL    |                |
| c_type  | char(30)    | YES  |     | NULL    |                |
| cmemo   | text        | YES  |     | NULL    |                |
+---------+-------------+------+-----+---------+----------------+
6 rows in set (0.00 sec)
```

图 4-15　修改字段数据类型

步骤 6：更改字段的顺序。

(1) 将数据表 tb_course_info 中的 id 字段放到第一列，SQL 语句为

```
mysql> alter table tb_course_info modify id int first;
```

执行结果如图 4-16 所示。

```
mysql> alter table tb_course_info modify id int first;
Query OK, 0 rows affected (1.95 sec)
Records: 0  Duplicates: 0  Warnings: 0
```

图 4-16　将 id 字段放到第一列

(2) 将数据表 tb_course_info 中的 cmemo 字段放到字段 cname 之后，并查看修改后的结果，SQL 语句为

```
mysql> alter table tb_course_info modify cmemo text after cname;
mysql> desc tb_course_info;
```

执行结果如图 4-17 所示。

```
mysql> alter table tb_course_info modify cmemo text after cname;
Query OK, 0 rows affected (2.02 sec)
Records: 0  Duplicates: 0  Warnings: 0

mysql>  desc tb_course_info;
+---------+-------------+------+-----+---------+-------+
| Field   | Type        | Null | Key | Default | Extra |
+---------+-------------+------+-----+---------+-------+
| id      | int         | NO   | PRI | NULL    |       |
| cid     | int         | YES  |     | NULL    |       |
| cno     | varchar(20) | NO   | UNI | NULL    |       |
| cname   | varchar(20) | YES  |     | NULL    |       |
| cmemo   | text        | YES  |     | NULL    |       |
| c_type  | char(30)    | YES  |     | NULL    |       |
+---------+-------------+------+-----+---------+-------+
6 rows in set (0.01 sec)
```

图 4-17　将 cmemo 字段放到字段 cname 之后并查看结果

步骤 7：删除字段。

删除数据表 tb_course_info 中的 cid 字段、c_type 字段和 cmemo 字段，并查看删除后的结果，SQL 语句为

```
mysql> alter table tb_course_info drop cid;
mysql> alter table tb_course_info drop c_type;
mysql> alter table tb_course_info drop cmemo;
mysql> desc tb_course_info;
```

执行结果如图 4-18 所示。

```
mysql> alter table tb_course_info drop cid;
Query OK, 0 rows affected (1.42 sec)
Records: 0  Duplicates: 0  Warnings: 0

mysql> alter table tb_course_info drop c_type;
Query OK, 0 rows affected (2.85 sec)
Records: 0  Duplicates: 0  Warnings: 0

mysql> alter table tb_course_info drop cmemo;
Query OK, 0 rows affected (1.23 sec)
Records: 0  Duplicates: 0  Warnings: 0

mysql> desc tb_course_info;
+-------+-------------+------+-----+---------+----------------+
| Field | Type        | Null | Key | Default | Extra          |
+-------+-------------+------+-----+---------+----------------+
| id    | int         | NO   | PRI | NULL    | auto_increment |
| cno   | varchar(20) | NO   | UNI | NULL    |                |
| cname | varchar(20) | YES  |     | NULL    |                |
+-------+-------------+------+-----+---------+----------------+
3 rows in set (0.00 sec)
```

图 4-18 删除数据表的字段并查看结果

步骤 8：删除数据表。

(1) 创建一个数据表 tb_tmp，并列出当前数据库下的所有数据表，SQL 语句为

```
mysql> create table tb_tmp(tmp1 char(10));
mysql> show tables;
```

执行结果如图 4-19 所示。

```
mysql> create table tb_tmp(tmp1 char(10));
Query OK, 0 rows affected (1.20 sec)

mysql> show tables;
+--------------------+
| Tables_in_chjgl_db |
+--------------------+
| tb_course_info     |
| tb_grade           |
| tb_student         |
| tb_tmp             |
+--------------------+
4 rows in set (0.00 sec)
```

图 4-19 创建数据表 tb_tmp 并列出所有数据表

(2) 删除数据表 tb_tmp，并列出当前数据库下的所有数据表，SQL 语句为

```
mysql> drop table if exists tb_tmp;
mysql> show tables;
```

执行结果如图 4-20 所示。结果显示，数据表 tb_tmp 已经被删除。

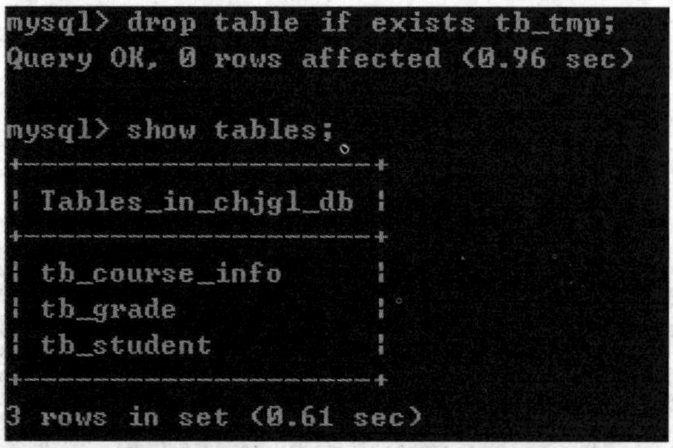

```
mysql> drop table if exists tb_tmp;
Query OK, 0 rows affected (0.96 sec)

mysql> show tables;
+--------------------+
| Tables_in_chjgl_db |
+--------------------+
| tb_course_info     |
| tb_grade           |
| tb_student         |
+--------------------+
3 rows in set (0.61 sec)
```

图 4-20　删除数据表 tb_tmp 并列出所有数据表

小贴士

数据表被删除后，数据表的结构和其中的数据都会被删除。因此在删除数据表时需要特别谨慎。

● 任务评价

通过本任务的学习，进行以下自我评价。

评 价 内 容	分值	自我评价
会修改数据表的名称	10	
会修改数据表的字段和字段类型	30	
会修改数据表的字符集和排序规则	20	
会增加和删除字段	20	
会修改字段的顺序	20	
合计	100	

任务3　外 键 约 束

● 任务描述

外键是数据表的一个特殊字段。外键主要用来建立主表与从表的关联关系，为两个数据表建立连接，约束两个数据表中数据的一致性和完整性。根据项目需求，完成在数据表上创建外键约束、删除外键约束等操作。

● 任务目标

(1) 能够在创建数据表时设置外键约束。

(2) 能够在修改数据表时添加外键约束。

(3) 会删除外键约束。

(4) 通过学习外键约束，树立规范意识。

● 任务分析

学习创建外键约束、删除外键约束的语句，理解外键约束的作用，根据具体的需求添加外键约束，查看外键名称以及删除外键约束。

● 知识链接

1. 外键

外键是数据表的一个特殊字段，经常与主键约束一起使用。对于两个具有关联关系的数据表而言，相关联字段中主键所在的数据表就是主表，外键所在的数据表就是从表。

外键用来建立主表与从表的关联关系，为两个表的数据建立连接，约束两个表中数据的一致性和完整性。

2. 在创建数据表时设置外键约束

在 create table 语句中，通过 foreign key 关键字来指定外键，基本语法格式为

```
[CONSTRAINT [symbol]] FOREIGN KEY(col_name, ...)
    REFERENCES tbl_name (col_name,...)
    [ON DELETE reference_option]
    [ON UPDATE reference_option]
reference_option:
    RESTRICT | CASCADE | SET NULL | NO ACTION | SET DEFAULT
```

语法分析如下：

[CONSTRAINT [*symbol*]]：用来指定外键约束的名称。如果省略，则系统会自动分配一个名称。

FOREIGN KEY(*col_name, ...*)：将从表中的字段作为外键的字段。

REFERENCES ***tbl_name*** (***col_name***,...)：映射到主表的字段。

[ON DELETE ***reference_option***] 和 [ON UPDATE ***reference_option***]：指定当删除或修改主表任何子表中存在或匹配的外键值时的最终动作。该外键约束定义中的 ON DELETE 和 ON UPDATE 选项支持 5 种不同的动作，如果没有指定 ON DELETE 或者 ON UPDATE 的动作，则默认动作为 RESTRICT。其中各选项参数的含义为

(1) RESTRICT：同 NO ACTION。

(2) CASCADE：在主表上删除或更新记录时，同步删除或更新子表的匹配记录。

(3) SET NULL：在主表中删除或更新记录时，将子表上匹配记录的外键值设置为 null。

(4) NO ACTION：如果子表中有匹配的记录，则不允许主表对外键进行任何更新或者删除操作。

(5) SET DEFAULT：在主表上删除或更新记录时，子表将外键值设置成一个默认值。

3. 在修改数据表时添加外键约束

在 alter table 语句中，通过 add foreign key 关键字来指定外键，基本语法格式为

```
ADD [CONSTRAINT [symbol]] FOREIGN KEY(col_name,...)
        reference_definition
reference_option:
    RESTRICT | CASCADE | SET NULL | NO ACTION | SET DEFAULT
```

语法分析同“2. 在创建数据表时设置外键约束”。

4. 删除外键约束

可以使用 alter table 语句删除外键约束，具体语法格式为

```
ALTER TABLE tbl_name DROP FOREIGN KEY symbol
```

语法分析如下：

tbl_name：要删除外键约束的数据表名。

symbol：要删除外键约束的外键名。

任务实施

步骤 1：在创建数据表时设置外键约束。

(1) 在数据库 chjgl_db 中创建数据表 tb_department(系部)，数据表结构如表 4-7 所示。

表 4-7　tb_department 数据表结构

字段名	数据类型	说　明
id	int	主键，自增
d_no	varchar(20)	系部编号，唯一，不允许为空
d_name	varchar(20)	系部名称，不允许为空

具体语句为

```
mysql> use chjgl_db;
mysql> create table tb_department
    ->(id int primary key auto_increment,
    -> d_no varchar(20) unique not null,
    -> d_name varchar(20) not null);
```

执行结果如图 4-21 所示。

```
mysql> use chjgl_db;
Database changed
mysql> create table tb_department
    -> (id int primary key auto_increment,
    -> d_no varchar(20) unique not null,
    -> d_name varchar(20) not null);
Query OK, 0 rows affected (1.06 sec)
```

图 4-21　创建数据表 tb_department

(2) 在数据库 chjgl_db 中创建数据表 tb_class(班级)，数据表结构如表 4-8 所示。并对数据表设置外键约束，让字段 dno 作为外键，关联到数据表 tb_department 的字段 d_no。

表 4-8　tb_class 数据表结构

字段名	数据类型	说　明
id	int	主键，自增
c_no	varchar(20)	班级编号，唯一，不允许为空
c_name	varchar(20)	班级名称，不允许为空
dno	varchar(20)	外键

具体语句为

```
mysql> create table tb_class
    ->(id int primary key auto_increment,
    -> c_no varchar(20) unique not null,
    -> c_name varchar(20) not null,
    -> dno varchar(20),
    -> constraint fk_dep_id foreign key(dno) references tb_department(d_no)
    -> );
```

执行结果如图 4-22 所示。

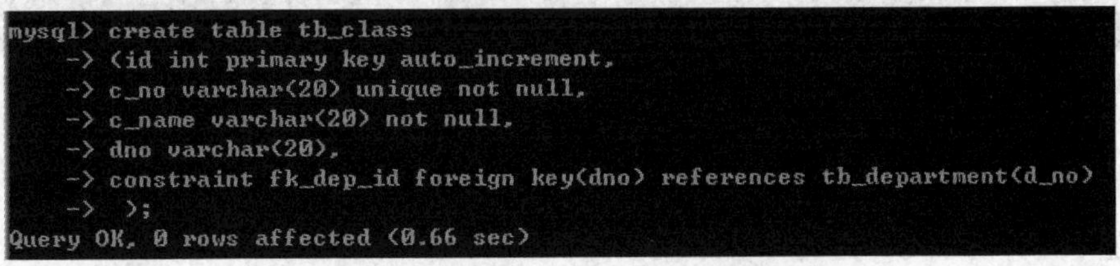

```
mysql> create table tb_class
    -> (id int primary key auto_increment,
    -> c_no varchar(20) unique not null,
    -> c_name varchar(20) not null,
    -> dno varchar(20),
    -> constraint fk_dep_id foreign key(dno) references tb_department(d_no)
    -> );
Query OK, 0 rows affected (0.66 sec)
```

图 4-22　创建数据表 tb_class 并设置外键约束

步骤 2：查看外键约束名称。

查看外键约束名称的语句为

```
mysql> show create table tb_class\G;
```

执行结果如图 4-23 所示。结果显示，数据表 tb_class 的外键约束名称为“fk_dep_id”。

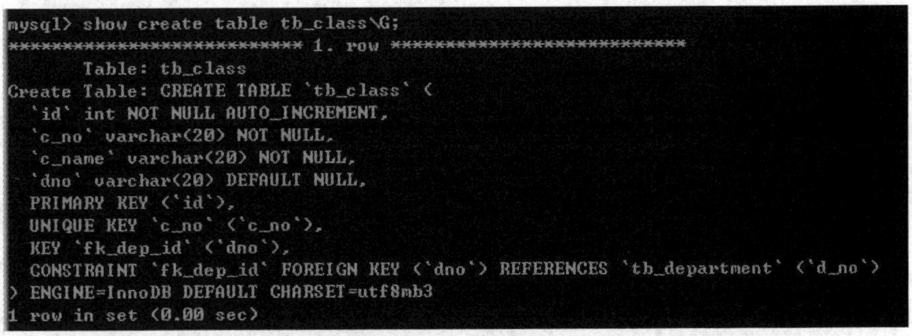

```
mysql> show create table tb_class\G;
*************************** 1. row ***************************
       Table: tb_class
Create Table: CREATE TABLE `tb_class` (
  `id` int NOT NULL AUTO_INCREMENT,
  `c_no` varchar(20) NOT NULL,
  `c_name` varchar(20) NOT NULL,
  `dno` varchar(20) DEFAULT NULL,
  PRIMARY KEY (`id`),
  UNIQUE KEY `c_no` (`c_no`),
  KEY `fk_dep_id` (`dno`),
  CONSTRAINT `fk_dep_id` FOREIGN KEY (`dno`) REFERENCES `tb_department` (`d_no`)
) ENGINE=InnoDB DEFAULT CHARSET=utf8mb3
1 row in set (0.00 sec)
```

图 4-23　查看外键约束名称

步骤 3：删除外键约束。

删除数据表 tb_class 中的外键约束 fk_dep_id，SQL 语句为

```
mysql> alter table tb_class drop foreign key fk_dep_id;
```

执行结果如图 4-24 所示。

```
mysql> alter table tb_class drop foreign key fk_dep_id;
Query OK, 0 rows affected (0.19 sec)
Records: 0  Duplicates: 0  Warnings: 0
```

图 4-24　删除外键约束

步骤 4：在修改数据表时添加外键约束。

修改数据表 tb_class，将字段 dno 设置为外键，与数据表 tb_department 的字段 d_no 进行关联，在数据表 tb_department 上删除记录时，同步删除数据表 tb_class 的匹配记录；在数据表 tb_department 上更新数据时，如果数据表 tb_class 中有匹配的记录，则不允许主表对外键进行任何更新操作。具体语句为

```
mysql> alter table tb_class add constraint fk_dep_id1 foreign key(dno) references tb_department(d_no) on delete cascade on update restrict;
```

执行结果如图 4-25 所示。

```
mysql> alter table tb_class add constraint fk_dep_id1 foreign key(dno) references tb_depar
tment(d_no) on delete cascade on update restrict;
Query OK, 0 rows affected (5.45 sec)
Records: 0  Duplicates: 0  Warnings: 0
```

图 4-25　在修改数据表时添加外键约束

● 任务评价

通过本任务的学习，进行以下自我评价。

评 价 内 容	分值	自我评价
会在创建数据表时设置外键约束	30	
会查看外键约束名称	20	
会删除外键约束	20	
会在修改数据表时添加外键约束	30	
合计	100	

思考与练习

一、填空题

1. 创建数据表的语句是 ________________。

2.__________ 语句可以修改表中各列的先后顺序。

3. 当某字段要使用 auto_increment 的属性时，该字段必须是 ____________ 类型的

数据。

4. 用于为数据表中的字段指定默认值的关键字是 ____________。

5. 删除数据表时可以用 _________ 语句防止因删除的数据表不存在而报错。

二、选择题

1. 以下表示可变长度字符串的数据类型是 (　　)。

A. text　　B. char

C. varchar　　D. enum

2. 以下数据类型中，适合存储文章内容的是 (　　)。

A. int　　B. char

C. varchar　　D. text

3. 创建数据表时，限制成绩字段的取值在 0 到 100 之间，可以使用的约束是 (　　)。

A. auto_increment　　B. key

C. check　　D. unique

4. 创建数据表时，不允许某列为空可以使用 (　　) 约束。

A. not null　　B. not black

C. no null　　D. null

5. 关于主键约束以下说法错误的是 (　　)。

A. 允许空值的字段上不能定义主键约束

B. 允许空值的字段上可以定义主键约束

C. 一个表只能设置一个主键约束

D. 可以将包含多个字段的字段组合设置为主键

6. 在 MySQL 中，查找当前数据库中所有的数据表的命令是 (　　)。

A. show database　　B. show tables

C. show databases　　D. show table

7. 在 MySQL 中，查看数据表的创建语句的语句是 (　　)。

A. desc　　B. show full columns

C. show columns　　D. show create table

8. 在 MySQL 中，修改表结构的语句是 (　　)。

A. modify table　　B. modify structure

C. alter table　　D. alter structure

9. 若要在数据表 stu 中增加一列 cname(课程名)，可用 (　　)。

A. add table stu alter(cname char(8))

B. alter table stu add(cname char(8))

C. add table stu add(cname char(8))

D. alter table stu(add cname char(8))

10. 在 MySQL 中，查询表结构的命令是 (　　)。

A. find　　B. select
C. alter table　　D. desc

11. 在 MySQL 中，若要删除数据库中已经存在的表 tmp，可用(　　)。
A. delete table tmp　　B. delete tmp
C.drop tmp　　D. drop table tmp

三、实践操作题

(1) 在 chjgl_db 数据库中，创建数据表 tb_teacher，并查看表结构。tb_teacher 数据表结构如表 4-9 所示。

表 4-9　tb_teacher 数据表结构

字段名	数据类型	说　明
id	int	主键，自增
tno	varchar(20)	工号，唯一，不允许为空
tname	varchar(20)	姓名，不允许为空
tsex	char(4)	性别，不允许为空，默认值为“男”
tpassword	varchar(10)	登录密码，不允许为空，默认值为“000000”
professional	varchar(20)	职称
tteleno	varchar(20)	固定电话
tmobno	varchar(20)	移动电话

(2) 查看 tb_teacher 数据表创建语句的 SQL 信息。
(3) 列出当前数据库下的所有数据表。
(4) 将数据表 tb_teacher 改名为 tb_teacher_info。
(5) 在数据表 tb_teacher_info 的末尾添加一个字段 tbirthday，类型为 date。
(6) 修改数据表 tb_teacher_info 的结构，将 tteleno 字段名称改为 t_teleno。
(7) 修改数据表 tb_teacher_info 的结构，将 tmobno 字段的类型改为 char(20)。
(8) 删除数据表 tb_teacher_info。

项目5　更新数据表数据

数据表创建完成后就可以向数据表中插入新的数据，或者对已有数据进行修改与删除的操作，即更新数据表数据。本项目通过典型任务，介绍如何按照需求向数据库已有的数据表中插入数据并查看数据表中的数据，以及如何对数据表中的数据进行修改，或者将错误无效的数据进行删除等操作。

学习目标

(1) 掌握如何向数据表中插入数据。
(2) 掌握如何修改数据表中的数据。
(3) 掌握如何删除数据表中的数据。
(4) 掌握如何清空数据表。

知识重点

(1) 插入数据。
(2) 修改数据。

知识难点

删除数据。

任务1　插 入 数 据

● 任务描述

数据库与数据表创建完成之后，数据库中是没有数据的。请按照项目需求向数据库已有的数据表中插入数据，并查看插入数据后的数据表中的数据，具体包括：

(1) 向数据表中所有字段插入数据。
(2) 向数据表中部分字段插入数据。
(3) 向数据表中插入多条数据。
(4) 给数据表中指定字段赋值。

(5) 向数据表中插入其他数据表中的数据。

● 任务目标

(1) 会向数据表中插入数据。

(2) 会给数据表中指定字段赋值。

(3) 会向数据表中插入其他数据表中的数据。

(4) 会查看数据表中的数据。

(5) 依据需求选择不同的语句格式，培养迅速发现并解决问题的敏捷思维能力。

● 任务分析

学习向数据表插入数据的三个基本语句格式，根据具体的项目需求选择合适的语句，完成向数据表中所有字段插入数据，向数据表中部分字段插入数据，向数据表中插入多条数据，给数据表中指定字段赋值，向数据表中插入其他数据表中的数据，以及查看数据表中的数据等任务。

● 知识链接

1. 插入数据

数据库与数据表创建成功以后，数据库中是没有数据的，首先应该向数据表中添加数据。在 MySQL 语句中可以使用 insert 语句向数据库已有的数据表中插入数据。

insert 语句有三种语句形式，分别是 insert...values 语句、insert...set 语句和 insert...select 语句。

insert...values 语句是最常用的语句，它可以向数据表中插入所有字段或者部分字段的数据，还可以一次向数据表中插入多条数据。

insert...set 语句通过直接给数据表中的某些字段赋值来完成指定数据的插入，其他未赋值的字段的值为默认值。

insert...select 语句可以向数据表中插入其他数据表中的数据，例如将一个数据表中的查询结果插入指定的数据表中。

2. insert ...values 语句的基本语法

```
INSERT  [INTO] tbl_name
     [(col_name[,col_name] ...)]
     {VALUES | VALUE} (value_list) [, (value_list)] ...
```

语法分析如下：

INSERT：插入数据的关键字。

INTO：插入数据的关键字，可省略。

tbl_name：指定要插入数据的数据表的名称。

col_name：指定插入数据的字段名，如果完全不指定字段名，则表示向数据表中的所有字段插入数据。

{VALUES | VALUE} (***value_list***) [, (***value_list***)] ...：该子句包含要插入的数据清单，数据清单中数据的顺序要和字段的顺序一致，并且和字段的数据类型等约束条件相匹配。

3. insert ...set 语句的基本语法

```
INSERT [INTO] tbl_name
    SET col_name = value[,col_name = value] ...
```

语法分析如下：

INSERT：插入数据的关键字。

INTO：插入数据的关键字，可省略。

tbl_name：指定要插入数据的数据表的名称。

SET ***col_name*** = ***value*** [, ***col_name*** = ***value***] ...：给数据表中指定字段赋值，完成数据的插入。

4. insert ...select 语句的基本语法

```
INSERT [INTO] tbl_name
    [(col_name[,col_name] ...)]
    SELECT ...
```

语法分析如下：

INSERT：插入数据的关键字。

INTO：插入数据的关键字，可省略。

tbl_name：指定要插入数据的数据表的名称。

col_name：指定插入数据的字段名，如果完全不指定字段名，则表示向数据表中的所有字段插入数据。

SELECT ...：查询语句，返回的是一个查询到的结果集，insert 语句将这个结果集插入到指定的数据表中。需注意，结果集中每条数据的字段数、字段的数据类型等都必须和被插入的数据表完全一致。

5. 查看数据表中所有数据的语句

```
SELECT * FROM tbl_name
```

其中 ***tbl_name*** 为要查看的数据表名称。

插入数据

● 任务实施

步骤 1：向数据表中所有字段插入数据。

(1) 向数据表 tb_student 中所有字段插入一条数据，插入时指定所有字段名。插入数据为 (1,'202115010201',' 刘嘉宁 ','111111',' 女 ',' 计算机应用 ','2000-01-01',' 河北省石家庄市 ','202115010201@qq.com','0311-88668686','16613212907',' 备注 1')。具体语句为

```
mysql> use chjgl_db;
mysql> insert into tb_student
```

```
    -> (id,sno,sname,spassword,ssex,sspecialty,sbirthday,shome,semail,steleno,smobno,smemo)
    -> values(1,'202115010201','刘嘉宁','111111','女','计算机应用','2000-01-01','河北省石家庄市',
'202115010201@qq.com','0311-88668686','16613212907','备注1');
```

执行结果如图 5-1 所示。结果信息显示“Query OK, 1 row affected (0.06 sec)”，表示数据插入成功。

```
mysql> insert into tb_student
    -> (id,sno,sname,spassword,ssex,sspecialty,sbirthday,shome,semail,steleno,sm
obno,smemo)
    -> values(1,'202115010201','刘嘉宁','111111','女','计算机应用','2000-01-01',
'河北省石家庄市','202115010201@qq.com','0311-88668686','16613212907','备注1');
Query OK, 1 row affected (0.06 sec)
```

图 5-1　向数据表中所有字段插入数据时指定所有字段名

(2) 向数据表 tb_student 中所有字段插入一条数据，插入时完全不指定字段名。插入数据为 (2,'202115010202','王苗苗','111111','女','计算机应用','2000-01-01','河北省石家庄市','202115010202@qq.com','0311-88668686','16713212907','备注 1')。具体语句为

```
mysql> insert into tb_student
    -> values(2,'202115010202','王苗苗','111111','女','计算机应用','2000-01-01','河北省石家庄市',
'202115010202@qq.com','0311-88668686','16713212907','备注1');
```

执行结果如图 5-2 所示。

```
mysql> insert into tb_student
    -> values(2,'202115010202','王苗苗','111111','女','计算机应用','2000-01-01',
'河北省石家庄市','202115010202@qq.com','0311-88668686','16713212907','备注1');
Query OK, 1 row affected (0.15 sec)
```

图 5-2　向数据表中所有字段插入数据时完全不指定所有字段名

小贴士

插入数据时，字符串型和日期型的数据要用英文标点符号单引号或者双引号括起来。

步骤 2：向数据表中部分字段插入数据。

向数据表 tb_student 中插入一条数据 sno='202115010203', sname='李中华', ssex='男'。具体语句为

```
mysql> insert into tb_student(sno,sname,ssex)
    -> values('202115010203','李中华','男');
```

执行结果如图 5-3 所示。

```
mysql> insert into tb_student(sno,sname,ssex)
    -> values('202115010203','李中华','男');
Query OK, 1 row affected (0.04 sec)
```

图 5-3　向数据表中部分字段插入数据

小贴士

(1)在数据表中，某字段设置了 auto_increment 约束，在插入数据时如果没有指定该字段的值，会自动给出相应的编号。

(2) 向数据表中插入数据时，不需要按照数据表定义的顺序插入，只要保证值的顺序与字段的顺序相同即可。

(3) 如果没有插入数据的字段没有设置约束，则该字段的数据为 null。

(4) 如果某字段设置了 not null 约束，该字段必须赋值，否则会报错。

步骤 3：向数据表中插入多条数据。

向数据表 tb_student 中插入两条数据，分别为

① sno='202114010201'，sname=' 刘振业 '，spassword='111111'，ssex=' 男 '，sbirthday='2020-01-01'；

② sno='202114010202'，sname=' 朱丽丽 '，ssex=' 女 '，sbirthday='2000-10-01'。

SQL 语句为

```
mysql> insert into tb_student(sno,sname,spassword,ssex,sbirthday)
    -> values('202114010201','刘振业','111111','男','2020-01-01'),
    -> ('202114010202','朱丽丽','','女','2000-10-01');
```

执行结果如图 5-4 所示。

```
mysql> insert into tb_student(sno,sname,spassword,ssex,sbirthday)
    -> values('202114010201','刘振业','111111','男','2020-01-01'),
    -> ('202114010202','朱丽丽','','女','2000-10-01');
Query OK, 2 rows affected (0.13 sec)
Records: 2  Duplicates: 0  Warnings: 0
```

图 5-4　向数据表中插入多条数据

小贴士

向数据表中插入多条数据时，可以完全不指定字段，只给出字段对应的值也可以指定部分字段及其对应的值。

步骤 4：给数据表中指定字段赋值。

向数据表 tb_student 中插入一条数据，其中，sno='202114010203'，sname=' 朱华华 '，ssex=' 男 '。SQL 语句为

```
mysql> insert into tb_student set sno='202114010203',sname='朱华华',ssex='男';
```

执行结果如图 5-5 所示。

```
mysql> insert into tb_student set sno='202114010203',sname='朱华华',ssex='男';
Query OK, 1 row affected (0.14 sec)
```

图 5-5　给数据表中指定字段赋值

步骤 5：向数据表中插入其他数据表中的数据。

(1) 在数据库中创建一个与 tb_student 表结构相同的数据表 tb_student_new，其具体语句为

```
mysql> create table tb_student_new
    -> (
    -> id int primary key auto_increment,
    -> sno varchar(20) unique not null,
    -> sname varchar(20) not null,
    -> spassword varchar(10) default '000000',
    -> ssex char(4) not null default '男',
    -> sspecialty varchar(20),
    -> sbirthday date,
    -> shome varchar(50),
    -> semail varchar(20),
    -> steleno varchar(20),
    -> smobno varchar(20),
    -> smemo varchar(50)
    -> );
```

执行结果如图 5-6 所示。

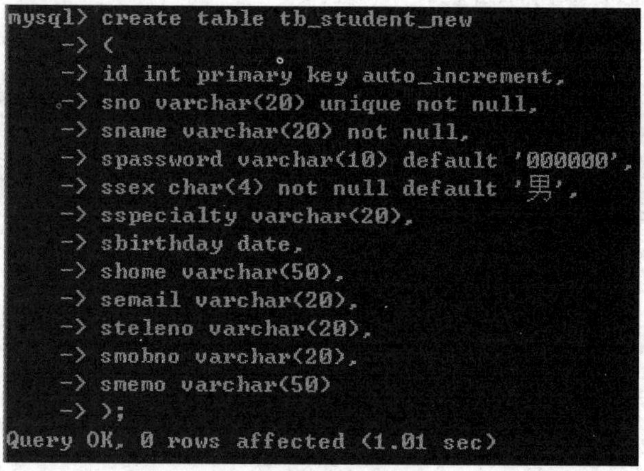

```
mysql> create table tb_student_new
    -> (
    -> id int primary key auto_increment,
    -> sno varchar(20) unique not null,
    -> sname varchar(20) not null,
    -> spassword varchar(10) default '000000',
    -> ssex char(4) not null default '男',
    -> sspecialty varchar(20),
    -> sbirthday date,
    -> shome varchar(50),
    -> semail varchar(20),
    -> steleno varchar(20),
    -> smobno varchar(20),
    -> smemo varchar(50)
    -> );
Query OK, 0 rows affected (1.01 sec)
```

图 5-6 创建数据表 tb_student_new

(2) 将 tb_student 数据表中所有数据插入到数据表 tb_student_new 中，SQL 语句为

```
mysql> insert into tb_student_new select * from tb_student;
```

执行结果如图 5-7 所示。

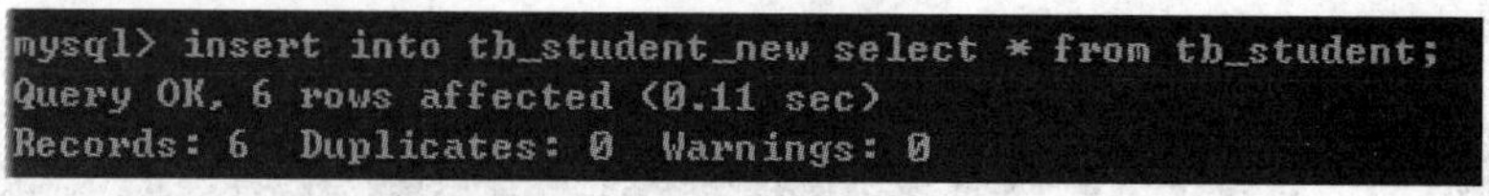

```
mysql> insert into tb_student_new select * from tb_student;
Query OK, 6 rows affected (0.11 sec)
Records: 6  Duplicates: 0  Warnings: 0
```

图 5-7 将 tb_student 数据表中所有数据插入到数据表 tb_student_new 中

步骤 6：查看数据表中的数据。

查看数据表 tb_student 和 tb_student_new 中的数据，对比查询结果，验证上述步骤的执行结果是否正确。

(1) 查看数据表 tb_student 中的数据的语句为

```
mysql> select * from tb_student;
```

执行结果如图 5-8 所示。

```
mysql> select * from tb_student;
+----+--------------+--------+-----------+------+-------------+------------+-------
+------------------------+---------------+-------------+--------+
| id | sno          | sname  | spassword | ssex | sspecialty  | sbirthday  | shome
              | semail                 | steleno       | smobno      | smemo  |
+----+--------------+--------+-----------+------+-------------+------------+-------
+------------------------+---------------+-------------+--------+
|  1 | 202115010201 | 刘嘉宁 | 111111    | 女   | 计算机应用  | 2000-01-01 | 河北省
石家庄市      | 202115010201@qq.com | 0311-88668686 | 16613212907 | 备注1  |
|  2 | 202115010202 | 王苗苗 | 111111    | 女   | 计算机应用  | 2000-01-01 | 河北省
石家庄市      | 202115010202@qq.com | 0311-88668686 | 16713212907 | 备注1  |
|  3 | 202114010201 | 刘振业 | 111111    | 男   | NULL        | 2020-01-01 | NULL
              | NULL                   | NULL          | NULL        | NULL   |
|  4 | 202114010202 | 朱丽丽 |           | 女   | NULL        | 2000-10-01 | NULL
              | NULL                   | NULL          | NULL        | NULL   |
|  5 | 202114010203 | 朱华华 | 000000    | 男   | NULL        | NULL       | NULL
              | NULL                   | NULL          | NULL        | NULL   |
+----+--------------+--------+-----------+------+-------------+------------+-------
+------------------------+---------------+-------------+--------+
5 rows in set (0.00 sec)
```

图 5-8　查看数据表 tb_student 中的数据

(2) 查看数据表 tb_student_new 中的数据的语句为

```
mysql> select * from tb_student_new;
```

执行结果如图 5-9 所示。结果显示，数据表 tb_student_new 中的数据和 tb_student 数据表中的数据完全一样。

```
mysql> select * from tb_student_new;
+----+--------------+--------+-----------+------+-------------+------------+-------
+------------------------+---------------+-------------+--------+
| id | sno          | sname  | spassword | ssex | sspecialty  | sbirthday  | shome
              | semail                 | steleno       | smobno      | smemo  |
+----+--------------+--------+-----------+------+-------------+------------+-------
+------------------------+---------------+-------------+--------+
|  1 | 202115010201 | 刘嘉宁 | 111111    | 女   | 计算机应用  | 2000-01-01 | 河北省
石家庄市      | 202115010201@qq.com | 0311-88668686 | 16613212907 | 备注1  |
|  2 | 202115010202 | 王苗苗 | 111111    | 女   | 计算机应用  | 2000-01-01 | 河北省
石家庄市      | 202115010202@qq.com | 0311-88668686 | 16713212907 | 备注1  |
|  3 | 202114010201 | 刘振业 | 111111    | 男   | NULL        | 2020-01-01 | NULL
              | NULL                   | NULL          | NULL        | NULL   |
|  4 | 202114010202 | 朱丽丽 |           | 女   | NULL        | 2000-10-01 | NULL
              | NULL                   | NULL          | NULL        | NULL   |
|  5 | 202114010203 | 朱华华 | 000000    | 男   | NULL        | NULL       | NULL
              | NULL                   | NULL          | NULL        | NULL   |
+----+--------------+--------+-----------+------+-------------+------------+-------
+------------------------+---------------+-------------+--------+
5 rows in set (0.00 sec)
```

图 5-9　查看数据表 tb_student_new 中的数据

● 任务评价

通过本任务的学习，进行以下自我评价。

评 价 内 容	分值	自我评价
会向数据表中所有字段插入数据	10	
会向数据表中部分字段插入数据	20	
会向数据表中插入多条数据	20	
会给数据表中指定字段赋值	20	
会向数据表中插入其他数据表中的数据	20	
查看数据表中的数据	10	
合计	100	

任务2　修改与删除数据

● 任务描述

在向数据表中插入数据时，可能会出现将错误的数据插入到数据表中的情况。因此，需要根据工作的需求，对数据表中的数据进行修改，或者将错误无效的数据进行删除，并查看数据更新后的结果，具体包括：

(1) 修改数据表中某个或某些字段所有的值。

(2) 根据条件修改字段的部分值。

(3) 根据条件删除数据表中的数据。

(4) 删除所有数据。

(5) 清空数据表。

● 任务目标

(1) 会修改数据表中的数据。

(2) 会删除数据表中的数据。

(3) 会清空数据表。

(4) 培养自学能力，并具备不断独立获取新知识并运用这些知识的能力。

● 任务分析

学习修改和删除数据的基本语句格式；根据具体的需求选择合适的语句，完成修改数据表中某个或某些字段所有的值；根据条件删除数据表中的数据，包括删除一条或多条数据，删除所有数据；完成清空数据表的任务；查看修改或删除数据后数据表中的数据。

● 知识链接

1. 修改数据

在向数据表中添加数据时，可能会遇到将错误的数据插入到数据表中的情况，或者在工作过程中需要对原有数据进行修改。在 MySQL 语句中可以使用 update 语句来修改数据表中的数据，基本语法格式为

```
UPDATE tbl_name
    SET col_name = value[, col_name = value]...
    [WHERE where_condition]
```

语法分析如下：

UPDATE：修改数据表中数据的关键字。

tbl_name：指定要修改数据的数据表的名称。

SET ***col_name*** = ***value*** [, ***col_name*** = ***value***]...：用于指定要修改的字段名及其值。可以是一个字段，也可以是多个字段，字段的值可以是表达式，也可以是默认值，如果指定的是默认值，则用关键字 default 表示字段的值。

WHERE ***where_condition***：指定数据表中要修改的字段。如果不指定，则修改数据表中所有的行。

2. 删除数据

在实际工作过程中，有时需要将错误无效的数据删除，删除数据的基本语法格式为

```
DELETE FROM tbl_name
    [WHERE where_condition]
    [ORDER BY ...]
    [LIMIT row_count]
```

语法分析如下：

DELETE FROM：删除数据表中数据的关键字。

tbl_name：指定要删除数据的数据表的名称。

WHERE ***where_condition***：指定删除操作的限定删除条件。如果不指定，则删除数据表中所有的行。

ORDER BY ...：配合 LIMIT 语句使用，表示删除时，数据表中的各行数据先按照 ORDER BY 字句排序，再删除指定行数的数据。

LIMIT ***row_count***：指定被删除数据的行数。

3. 清空数据

删除数据表中所有数据，还可以使用 truncate 语句，其基本语法格式为

```
TRUNCATE [TABLE] tbl_name
```

语法分析如下：

TRUNCATE [TABLE]：清空数据表中数据的关键字。

tbl_name：指定要清空数据的数据表的名称。

4. delete 语句与 truncate 语句的区别

(1) 受影响的行数不同：delete 语句返回的影响行数是记录数，truncate 语句返回的行数是 0。

(2) 执行的方式不同：delete 语句执行逐行删除，并且将删除操作在日志中保存，因此可以对删除操作进行回溯。truncate 语句可删除数据表中所有数据，并且无法恢复。

● 任务实施

修改和删除数据

步骤 1：修改数据表中某个或某些字段所有的值。

(1) 将数据表 tb_student_new 中 sspecialty 字段的值都修改为“计算机应用”，SQL 语句为

```
mysql> use chjgl_db;
mysql> update tb_student_new set sspecialty='计算机应用';
```

执行结果如图 5-10 所示。结果信息显示“Query OK, 4 rows affected (0.06 sec) Rows matched: 6 Changed: 4 Warnings: 0”，表示数据修改成功。

```
mysql>  update tb_student_new set sspecialty='计算机应用';
Query OK, 4 rows affected (0.06 sec)
Rows matched: 6  Changed: 4  Warnings: 0
```

图 5-10　修改数据表中某个字段所有的值

可以通过 select 查询语句查看数据修改后的结果，语句如下：

```
mysql> select * from tb_student_new;
```

修改后的结果如图 5-11 所示。结果显示，sspecialty 字段的值都修改为“计算机应用”了。

```
mysql> select * from tb_student_new;
+----+--------------+--------+-----------+------+------------+------------+------------
-------------+------------------------+---------------+-------------+---------+
| id | sno          | sname  | spassword | ssex | sspecialty | sbirthday  | shom
e            | semail                 | steleno       | smobno      | smemo   |
+----+--------------+--------+-----------+------+------------+------------+------------
-------------+------------------------+---------------+-------------+---------+
|  1 | 202115010201 | 刘嘉宁 | 111111    | 女   | 计算机应用 | 2000-01-01 | 河北
省石家庄市 | 202115010201@qq.com | 0311-88668686 | 16613212907 | 备注1 |
|  2 | 202115010202 | 王苗苗 | 111111    | 女   | 计算机应用 | 2000-01-01 | 河北
省石家庄市 | 202115010202@qq.com | 0311-88668686 | 16713212907 | 备注1 |
|  3 | 202115010203 | 李中华 | 000000    | 男   | 计算机应用 | NULL       | NULL
             | NULL                   | NULL          | NULL        | NULL    |
|  4 | 202114010201 | 刘振业 | 111111    | 男   | 计算机应用 | 2020-01-01 | NULL
             | NULL                   | NULL          | NULL        | NULL    |
|  5 | 202114010202 | 朱丽丽 |           | 女   | 计算机应用 | 2000-10-01 | NULL
             | NULL                   | NULL          | NULL        | NULL    |
|  6 | 202114010203 | 朱华华 | 000000    | 男   | 计算机应用 | NULL       | NULL
             | NULL                   | NULL          | NULL        | NULL    |
+----+--------------+--------+-----------+------+------------+------------+------------
-------------+------------------------+---------------+-------------+---------+
6 rows in set (0.00 sec)
```

图 5-11　查看修改数据是否成功

(2) 将数据表 tb_student_new 中 steleno 字段的值都改为“0311-12345678”，smemo 字段的值都改为“备注信息”，具体语句为

```
mysql> update chjgl_db.tb_student_new set steleno='0311-12345678',smemo='备注信息';
```

执行结果如图 5-12 所示。结果显示，修改成功，其中 6 条记录被修改。可以使用 select 查询语句来查看修改的结果。

```
mysql> update chjgl_db.tb_student_new set steleno='0311-12345678',smemo='备注信
息';
Query OK, 6 rows affected (0.11 sec)
Rows matched: 6  Changed: 6  Warnings: 0
```

图 5-12　修改数据表中某些字段所有的值

小贴士

(1)修改或删除数据表中的信息后，均可使用 select 查询语句来查看修改或删除数据是否成功。

(2) 如果不指定当前的数据库，可以用“数据库名 . 数据表名”来指定数据表。

步骤 2：根据条件修改字段的部分值。

(1) 修改数据表 tb_student_new 中 sname=“朱华华”的数据，将其 ssex 字段的值修改为“女”，其 SQL 语句为

```
mysql> update chjgl_db.tb_student_new set ssex='女' where sname='朱华华';
```

执行结果如图 5-13 所示。

```
mysql> update chjgl_db.tb_student_new set ssex='女' where sname='朱华华';
Query OK, 1 row affected (0.19 sec)
Rows matched: 1  Changed: 1  Warnings: 0
```

图 5-13　根据条件修改字段的部分值

(2) 修改数据表 tb_student_new 中 ssex=“女”的数据，将其 sbirthday 字段的值修改为默认值。具体命令为

```
mysql> update chjgl_db.tb_student_new set sbirthday=default where ssex='女';
```

执行结果如图 5-14 所示。

```
mysql> update chjgl_db.tb_student_new set sbirthday=default where ssex='女';
Query OK, 3 rows affected (0.36 sec)
Rows matched: 4  Changed: 3  Warnings: 0
```

图 5-14　修改字段的值为默认值

步骤 3：根据条件删除数据表中的数据。

(1) 删除数据表 tb_student_new 中 ssex=“女”的所有数据，语句为

```
mysql> delete from chjgl_db.tb_student_new where ssex='女';
```

执行结果如图 5-15 所示。

```
mysql> delete from chjgl_db.tb_student_new where ssex='女';
Query OK, 4 rows affected (0.16 sec)
```

图 5-15　根据条件删除数据表中的数据

(2) 查看删除数据后 tb_student_new 数据表中的数据，语句为

```
mysql> select * from tb_student_new;
```

执行结果如图 5-16 所示。结果显示，已经将所有 ssex=“女”的记录删除。

```
mysql> select * from tb_student_new;
+----+--------------+--------+-----------+------+-------------+------------+------
--+--------+-------------+-------+----------+
| id | sno          | sname  | spassword | ssex | sspecialty  | sbirthday  | shom
e | semail | steleno     | smobno | smemo    |
+----+--------------+--------+-----------+------+-------------+------------+------
--+--------+-------------+-------+----------+
|  3 | 202115010203 | 李中华 | 000000    | 男   | 计算机应用  | NULL       | NULL
  | NULL   | 0311-12345678 | NULL   | 备注信息 |
|  4 | 202114010201 | 刘振业 | 111111    | 男   | 计算机应用  | 2020-01-01 | NULL
  | NULL   | 0311-12345678 | NULL   | 备注信息 |
+----+--------------+--------+-----------+------+-------------+------------+------
--+--------+-------------+-------+----------+
2 rows in set (0.00 sec)
```

图 5-16　查看 tb_student_new 数据表中的数据

(3) 删除数据表 tb_student_new 中按照字段 sname 进行排序后的第一条数据，并查看删除数据后 tb_student_new 数据表中的数据，具体语句为

```
mysql> delete from tb_student_new order by sname limit 1;
mysql> select * from tb_student_new;
```

执行结果如图 5-17 所示。

```
mysql> delete from tb_student_new order by sname limit 1;
Query OK, 1 row affected (0.12 sec)

mysql> select * from tb_student_new;
+----+--------------+--------+-----------+------+-------------+-----------+------
--+--------+-------------+-------+----------+
| id | sno          | sname  | spassword | ssex | sspecialty  | sbirthday | shome
 | semail | steleno     | smobno | smemo    |
+----+--------------+--------+-----------+------+-------------+-----------+------
--+--------+-------------+-------+----------+
|  3 | 202115010203 | 李中华 | 000000    | 男   | 计算机应用  | NULL      | NULL
 | NULL   | 0311-12345678 | NULL   | 备注信息 |
+----+--------------+--------+-----------+------+-------------+-----------+------
--+--------+-------------+-------+----------+
1 row in set (0.00 sec)
```

图 5-17　删除排序后的第一条数据并查看数据

步骤 4：删除数据表中所有的数据。

(1) 创建一个新的数据表 tb_tmp，数据表结构如表 5-1 所示。

表 5-1　tb_tmp 数据表结构

字段名	数据类型	说　明
id	int	主键，自增
sno	varchar(20)	学号，唯一，不允许为空
sname	varchar(20)	姓名，不允许为空
ssex	char(4)	性别，不允许为空，默认值为“男”

创建数据表 tb_tmp 的语句为

```
mysql> use chjgl_db;
mysql> create table tb_tmp
    -> (
```

```
-> id int primary key auto_increment,
-> sno varchar(20) unique not null,
-> sname varchar(20) not null,
-> ssex char(4) not null default '男'
-> );
```

执行结果如图5-18所示。

```
mysql>  use chjgl_db;
Database changed
mysql> create table tb_tmp
    -> (
    -> id int primary key auto_increment,
    -> sno varchar(20) unique not null,
    -> sname varchar(20) not null,
    -> ssex char(4) not null default '男'
    -> );
Query OK, 0 rows affected (4.42 sec)
```

图5-18　创建tb_tmp数据表

(2) 将tb_student数据表中字段id、sno、sname和ssex的所有值插入到数据表tb_tmp中，语句为

```
mysql> insert into tb_tmp select id,sno,sname,ssex from tb_student;
```

执行结果如图5-19所示。结果显示，数据表tb_tmp中插入了6条记录。

```
mysql> insert into tb_tmp select id,sno,sname,ssex from tb_student;
Query OK, 6 rows affected (0.13 sec)
Records: 6  Duplicates: 0  Warnings: 0
```

图5-19　将tb_student数据表中所有数据插入到数据表tb_tmp中

(3) 删除数据表tb_tmp中所有的数据，并查看执行结果，语句为

```
mysql> delete from tb_tmp;
mysql> select * from tb_tmp;
```

执行结果如图5-20所示。结果显示，数据表tb_tmp中的所有数据已经被删除。

```
mysql> delete from tb_tmp;
Query OK, 6 rows affected (0.14 sec)

mysql> select * from tb_tmp;
Empty set (0.00 sec)
```

图5-20　删除数据表tb_tmp中所有的数据并查看执行结果

步骤5：清空数据表中所有的数据。

清空数据表tb_student_new中所有的数据，并查看执行结果，具体语句为

```
mysql> truncate table tb_student_new;
mysql> select * from tb_student_new;
```

执行结果如图5-21所示。结果显示，数据表tb_student_new中的所有数据已经被清空。

```
mysql> truncate table tb_student_new;
Query OK, 0 rows affected (1.36 sec)

mysql> select * from tb_student_new;
Empty set (0.06 sec)
```

图 5-21 清空数据表 tb_student_new 中所有的数据并查看执行结果

● 任务评价

通过本任务的学习，进行以下自我评价。

评 价 内 容	分值	自我评价
会修改数据表中某个或某些字段所有的值	30	
会根据条件修改字段的部分值	20	
会根据条件删除数据表中的数据	20	
会删除数据表中所有的数据	20	
会清空数据表中所有的数据	10	
合计	100	

思考与练习

一、填空题

1. 插入数据时，__________ 和 __________ 的数据要用英文标点符号单引号或者双引号括起来。

2. 向数据表中插入数据时，如果在数据表中某字段设置了 __________ 约束，在插入数据时如果没有指定该字段的值，会自动给出相应的编号。

3. 向数据表中插入数据时，没有插入数据的字段如果没有设置约束，该字段的数据为__________。

4.__________ 语句通过直接给数据表中的某些字段赋值来完成指定数据的插入，其他未赋值的字段的值为默认值。

5.__________ 语句可以完成向数据表中插入其他数据表中的数据，即将一个数据表中查询结果插入指定的数据表中。

6.__________ 语句是最常用的语句，它可以完成向数据表中插入所有字段或者部分字段的数据，还可以一次向数据表中插入多条数据。

二、选择题

1. 向数据表中插入一条记录的是以下哪一个语句（　　）。

A. create　　　　B. insert

C. save　　　　D. update

2. 以下删除记录正确的是 (　　)。

A. delete from stu where name='tom';

B. delete * from stu where name='tom';

C. drop from stu where name='tom';

D. drop * from stu where name='tom';

3. 用来更新数据表中数据的是以下哪一个语句 (　　)。

A. update　　B. insert into

C. insert　　D. alter

4. (　　) 语句执行逐行删除，并且将删除操作在日志中保存，可以对删除操作进行回溯。

A. truncate　　B. drop

C. delete　　D. alter

5. 修改或删除数据表中的信息后，均可使用 (　　) 语句来查看修改或删除数据是否成功。

A. show view　　B. show tables

C. show databases　　D. select

三、实践操作题

(1) 向数据表 tb_teacher 中插入两条数据。数据分别为 tno='1001'，tname=' 刘明远 '，tpassword='111111'，tsex=' 男 '，tbirthday='1974-01-01'；('2907',' 刘丽 ',' 女 ','111111',' 高级讲师 ','2000-01-01','0311-88668686','16613218888')。

(2) 查看数据表 tb_teacher 中的数据。

(3) 将数据表 tb_teacher 中 tpassword 字段的值都修改为“888888”，并查看修改后数据表中的数据。

(4) 修改数据表 tb_teacher 中 sname=“刘丽”的数据，将其 tbirthday 字段的值修改为 1978-10-12。

(5) 修改数据表 tb_teacher 中 tno=“1001”的数据，将其 tbirthday 字段的值修改为 1978-10-12，professional 字段的值修改为中级讲师。

(6) 删除数据表 tb_teacher 中 ssex=“男”的数据，并查看删除数据后 tb_teacher 数据表中的数据。

(7) 清空数据表 tb_teacher 中所有的数据，并查看执行结果。

项目6　查询数据

查询数据是数据库操作中使用频次最高、最重要的操作。用户可以根据需要，使用不同的查询方式从数据库中获取不同的数据。本项目通过典型任务，介绍简单查询、单条件查询、使用函数查询、多条件查询、查询排序、分组查询、连接查询、子查询、合并查询结果等。

学习目标

(1) 掌握如何在单表上进行数据查询。
(2) 掌握如何进行条件查询。
(3) 掌握模糊查询和使用聚合函数查询。
(4) 掌握多表查询。
(5) 能够将查询结果进行排序和分组。

知识重点

(1) 条件查询。
(2) 模糊查询和使用聚合函数查询。
(3) 查询排序和分组查询。

知识难点

(1) 多表查询。
(2) 子查询。

任务1　简单查询

● 任务描述

对数据表 tb_student 进行查询，获取所需要的字段数据，具体包括：查询数据表中所有字段数据、查询数据表中指定字段数据、为字段指定别名、为数据表指定别名和消除查询结果中的重复记录。

● 任务目标

(1) 会查询数据表中所有字段或指定字段的数据。
(2) 会为字段和数据表指定别名。
(3) 会消除查询结果中的重复记录。
(4) 在自主尝试中探究学习，培养主动学习的习惯。

● 任务分析

学习查询语句的基本语法格式，根据具体的项目需求，在单表上进行数据查询，逐一将要显示的字段名列举在 select 子句后面，完成查询数据表中所有字段数据、查询数据表中指定字段数据的任务。通过 as 关键字为字段和数据表指定别名，通过 distinct 关键字消除查询结果中的重复记录。

● 知识链接

查询数据是数据库操作中使用频次最高、最重要的操作。用户可以根据需要，使用不同的查询方式从数据库中获取不同的数据。在 MySQL 中，可以使用 SELECT 语句来查询数据，基本语法格式为

```
SELECT
    [DISTINCT]
    select_list
    FROM tbl_name [[AS] alias_name],...
    [WHERE where_condition]
    [GROUP BY col_name,...]
    [HAVING where_condition]
    [ORDER BY col_name [ASC|DESC],...]
    [LIMIT {[offset,] row_count |row_count OFFSET offset}]
```

语法分析如下：

SELECT：查询数据的关键字。

DISTINCT：给查询返回的结果集提供一个最基本的过滤，即使结果集中只含非重复行。对关键字 DISTINCT 来说，空值都是相等的，无论有多少 null 值，只选择一个。

select_list：可以包含一项或多项内容，具体为

① “*”，表示按照创建的数据表的顺序排列的所有字段。
② 按照用户所需顺序排列的字段列表，各字段之间要用逗号隔开。
③ 可以在字段名后面使用 as 子句，实现展示查询结果时使用别名来取代字段名。
④ 表达式 (字段名、常量、函数，或以运算符连接的字段名、常量和函数的任何组合)。
⑤ 内部函数或者聚合函数。
⑥ 上述各项的任何一种组合。

FROM ***tbl_name*** [[AS] ***alias_name***],...：指定要查询数据的数据表的列表。如果有多个数据表，用逗号隔开。在关键字 FROM 后面的表的顺序不影响结果。表名可以用 as 子句给出相关别名，以使表达清晰。

WHERE *where_condition*：指定查询数据的查询条件。

GROUP BY *col_name*,...：可以根据一个或多个字段对查询结果进行分组。

HAVING *where_condition*：对分组后的数据进行过滤，支持 WHERE 关键字中所有的查询条件。

ORDER BY *col_name* [ASC|DESC],...：将查询结果中的数据按照一定的顺序进行排序。***col_name*** 表示需要排序的字段名称，多个字段时用逗号隔开。ASC 表示字段按升序排序，DESC 表示字段按降序排序，其中 ASC 为默认值。

LIMIT {[*offset*,] *row_count* | *row_count* OFFSET *offset*}：用于指定查询结果从哪条记录开始显示，一共显示多少条记录。***offset*** 为初始位置，表示从哪条记录开始显示，第一条记录的位置是 0，第二条记录的位置是 1，后面的记录依次类推。***row_count*** 为记录数，表示显示记录的条数。

本任务中只用到最简单的 SELECT 语句，关于 WHERE、GROUP BY、HAVING 等子句，在后面的任务中将详细介绍并应用。

● 任务实施

步骤 1：查询数据表中所有字段数据。

查询数据表 tb_student 中所有字段数据，具体语句为

```
mysql> use chjgl_db;
mysql> select * from tb_student;
```

执行结果如图 6-1 所示。结果显示，使用“*”通配符可以查询数据表中所有字段的数据，查询结果中字段的排列顺序和字段在数据表中定义的顺序一致。

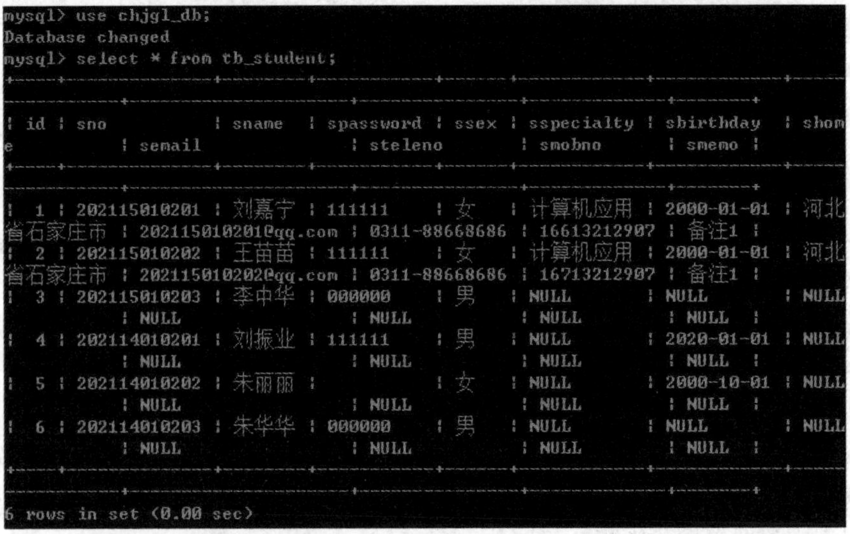

```
mysql> use chjgl_db;
Database changed
mysql> select * from tb_student;
| id | sno          | sname  | spassword | ssex | sspecialty | sbirthday  | shom
e          | semail              | steleno       | smobno      | smemo |
|  1 | 202115010201 | 刘嘉宁 | 111111    | 女   | 计算机应用 | 2000-01-01 | 河北
省石家庄市 | 202115010201@qq.com | 0311-88668686 | 16613212907 | 备注1 |
|  2 | 202115010202 | 王苗苗 | 111111    | 女   | 计算机应用 | 2000-01-01 | 河北
省石家庄市 | 202115010202@qq.com | 0311-88668686 | 16713212907 | 备注1 |
|  3 | 202115010203 | 李中华 | 000000    | 男   | NULL       | NULL       | NULL
           | NULL                | NULL          | NULL        | NULL  |
|  4 | 202114010201 | 刘振业 | 111111    | 男   | NULL       | 2020-01-01 | NULL
           | NULL                | NULL          | NULL        | NULL  |
|  5 | 202114010202 | 朱丽丽 |           | 女   | NULL       | 2000-10-01 | NULL
           | NULL                | NULL          | NULL        | NULL  |
|  6 | 202114010203 | 朱华华 | 000000    | 男   | NULL       | NULL       | NULL
           | NULL                | NULL          | NULL        | NULL  |
6 rows in set (0.00 sec)
```

图 6-1　查询数据表中所有字段

步骤 2：查询数据表中指定字段数据。

查询数据表 tb_student 中 sno、sname 和 ssex 字段数据，语句为

```
mysql> select sno,sname,ssex from tb_student;
```

执行结果如图 6-2 所示。结果显示，只查询了 sno、sname 和 ssex 三个字段的数据。查询结果中字段的排列顺序和 select 语句中指定的顺序一致。

```
mysql> select sno,sname,ssex from tb_student;
+--------------+--------+------+
| sno          | sname  | ssex |
+--------------+--------+------+
| 202115010201 | 刘嘉宁 | 女   |
| 202115010202 | 王苗苗 | 女   |
| 202115010203 | 李中华 | 男   |
| 202114010201 | 刘振业 | 男   |
| 202114010202 | 朱丽丽 | 女   |
| 202114010203 | 朱华华 | 男   |
+--------------+--------+------+
6 rows in set (0.00 sec)
```

图 6-2　查询数据表中指定字段

步骤 3：为字段指定别名。

查询数据表 tb_student 中 sno、sname、ssex 字段数据，为了使显示结果更加直观，为字段 sno、sname、ssex 分别指定别名学号、姓名、性别，具体语句为

```
mysql> select sno as 学号 ,sname as 姓名,ssex as 性别 from tb_student;
```

执行结果如图 6-3 所示。结果显示，字段名显示为指定的别名，其代替了默认的字段名。

```
mysql> select sno as 学号 ,sname as 姓名,ssex as 性别 from tb_student;
+--------------+--------+------+
| 学号         | 姓名   | 性别 |
+--------------+--------+------+
| 202115010201 | 刘嘉宁 | 女   |
| 202115010202 | 王苗苗 | 女   |
| 202115010203 | 李中华 | 男   |
| 202114010201 | 刘振业 | 男   |
| 202114010202 | 朱丽丽 | 女   |
| 202114010203 | 朱华华 | 男   |
+--------------+--------+------+
6 rows in set (0.04 sec)
```

图 6-3　为字段指定别名

步骤 4：为数据表指定别名。

查询数据表 tb_student 中 sno、sname、ssex 字段数据，为数据表 tb_student 指定别名，语句为

```
mysql> select stu.sno,stu.sname,stu.ssex from tb_student as stu;
```

执行结果如图 6-4 所示。在 SQL 语句中，为数据表指定别名后，就可以用这个别名来代替数据表的名称。

```
mysql> select stu.sno,stu.sname,stu.ssex from tb_student as stu;
+--------------+--------+------+
| sno          | sname  | ssex |
+--------------+--------+------+
| 202115010201 | 刘嘉宁 | 女   |
| 202115010202 | 王苗苗 | 女   |
| 202115010203 | 李中华 | 男   |
| 202114010201 | 刘振业 | 男   |
| 202114010202 | 朱丽丽 | 女   |
| 202114010203 | 朱华华 | 男   |
+--------------+--------+------+
6 rows in set (0.06 sec)
```

图 6-4　为数据表指定别名

步骤 5：消除查询结果中的重复记录。

(1) 查询数据表 tb_student 中 ssex 字段数据，为字段 ssex 指定别名为性别，具体语句为

```
mysql> select ssex as 性别 from tb_student;
```

执行结果如图 6-5 所示。结果显示，ssex 字段存在重复的值。

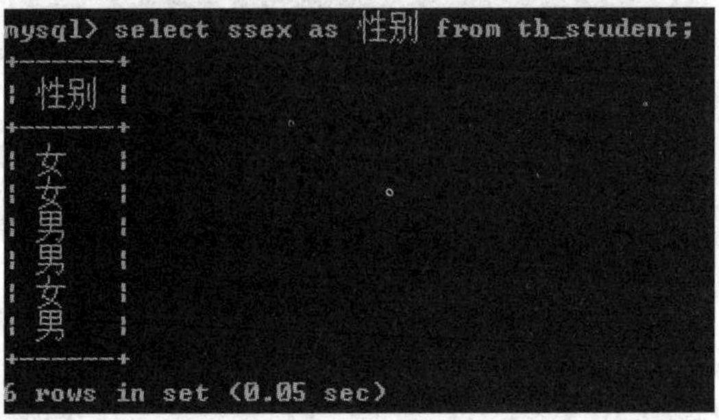

```
mysql> select ssex as 性别 from tb_student;
+------+
| 性别 |
+------+
| 女   |
| 女   |
| 男   |
| 男   |
| 女   |
| 男   |
+------+
6 rows in set (0.05 sec)
```

图 6-5　查询数据表 tb_student 中 ssex 字段数据

(2) 查询数据表 tb_student 中 ssex 字段数据，为字段 ssex 指定别名为性别，消除查询结果中的重复记录，语句为

```
mysql> select distinct ssex as 性别 from tb_student;
```

执行结果如图 6-6 所示。结果显示，使用 distinct 关键字后，ssex 字段只有“男”和“女”两个取值，即消除了重复记录。

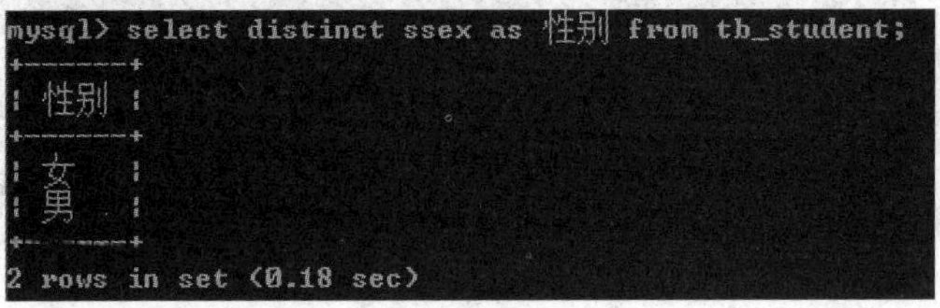

```
mysql> select distinct ssex as 性别 from tb_student;
+------+
| 性别 |
+------+
| 女   |
| 男   |
+------+
2 rows in set (0.18 sec)
```

图 6-6　消除查询结果中的重复记录

步骤 6：限制查询结果的条数。

(1) 查询数据表 tb_student 中 sno、sname、ssex 字段数据，为字段 sno、sname、ssex 分别指定别名学号、姓名、性别，显示查询结果的前两条记录，具体语句为

```
mysql> select sno as 学号 ,sname as 姓名,ssex as 性别 from tb_student limit 2;
```

执行结果如图 6-7 所示。结果显示，查询结果为满足条件的前两条记录。

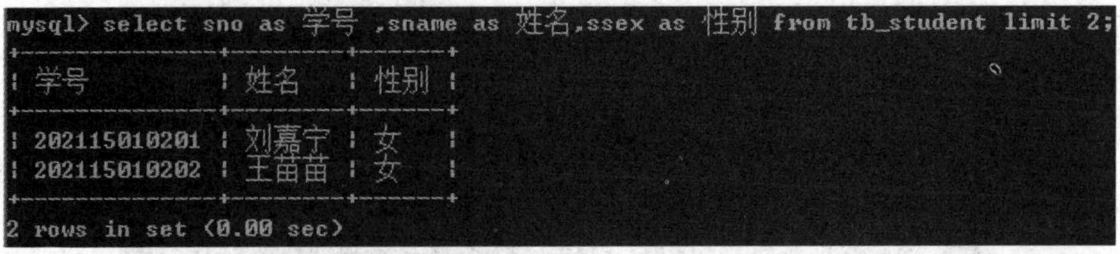

```
mysql> select sno as 学号 ,sname as 姓名,ssex as 性别 from tb_student limit 2;
+--------------+--------+------+
| 学号         | 姓名   | 性别 |
+--------------+--------+------+
| 202115010201 | 刘嘉宁 | 女   |
| 202115010202 | 王苗苗 | 女   |
+--------------+--------+------+
2 rows in set (0.00 sec)
```

图 6-7　显示查询结果的前两条记录

(2) 查询数据表 tb_student 中 sno、sname、ssex 字段数据，为字段 sno、sname、ssex

分别指定别名学号、姓名、性别，显示查询结果的第3～5条记录，具体语句为

```
mysql> select sno as 学号 ,sname as 姓名,ssex as 性别 from tb_student limit 2,3;
```

执行结果如图6-8所示。结果显示，查询结果为满足条件的第3～5条记录。

```
mysql> select sno as 学号 ,sname as 姓名,ssex as 性别 from tb_student limit 2,3;
+--------------+--------+------+
| 学号          | 姓名    | 性别  |
+--------------+--------+------+
| 202115010203 | 李中华  | 男    |
| 202114010201 | 刘振业  | 男    |
| 202114010202 | 朱丽丽  | 女    |
+--------------+--------+------+
3 rows in set (0.00 sec)
```

图6-8 显示查询结果的第3～5条记录

小贴士

“limit 初始位置，记录数”：“初始位置”表示从哪条记录开始显示，第一条记录的位置是0，第二条记录的位置是1，后面的记录位置依次类推。如果“记录数”的值大于查询结果的总记录数，则会显示所有记录。

(3) 查询数据表tb_student中sno、sname、ssex字段数据，为字段sno、sname、ssex分别指定别名学号、姓名、性别，使用limit offset语句显示查询结果中从第3条记录开始的4条记录，具体语句为

```
mysql> select sno as 学号 ,sname as 姓名,ssex as 性别 from tb_student limit 4 offset 2;
```

执行结果如图6-9所示。结果显示，查询结果为满足条件的第3～6条记录，共4条记录。

```
mysql>  select sno as 学号 ,sname as 姓名,ssex as 性别 from tb_student limit 4 offset 2;
+--------------+-----------+---------+
| 学号          | 姓名       | 性别     |
+--------------+-----------+---------+
| 202115010203 | 李中华     | 男       |
| 202114010201 | 刘振业     | 男       |
| 202114010202 | 朱丽丽     | 女       |
| 202114010203 | 朱华华     | 男       |
+--------------+-----------+---------+
4 rows in set (0.00 sec)
```

```
mysql> select sno as 学号 ,sname as 姓名,ssex as 性别 from tb_student limit 4
fset 2;
+--------------+--------+------+
| 学号          | 姓名    | 性别  |
+--------------+--------+------+
| 202115010203 | 李中华  | 男    |
| 202114010201 | 刘振业  | 男    |
| 202114010202 | 朱丽丽  | 女    |
| 202114010203 | 朱华华  | 男    |
+--------------+--------+------+
4 rows in set (0.00 sec)
```

图6-9 显示查询结果中从第3条记录开始的4条记录

● 任务评价

通过本任务的学习，进行以下自我评价。

评 价 内 容	分值	自我评价
会查询数据表中所有字段数据	10	
会查询数据表中指定字段数据	20	
会为字段指定别名	20	
会为数据表指定别名	20	
会消除查询结果中的重复记录	10	
会限制查询结果的条数	20	
合计	100	

任务2 单条件查询

● 任务描述

选择合适的基本查询条件对数据表 tb_student 进行查询，获取需要的数据。按照查询需求，本任务的查询主要包括：带比较运算符的查询、带指定取值范围的查询、空值查询、指定集合查询和模糊查询。

● 任务目标

单条件查询

(1) 会带比较运算符的查询。
(2) 会带指定取值范围的查询。
(3) 会空值查询。
(4) 会指定集合查询。
(5) 会模糊查询。
(6) 适当引导读者对各类查询进行变化演绎，培养举一反三的能力。

● 任务分析

学习查询语句的基本语法格式，根据具体的需求，选择相应的条件。通过使用比较运算符，完成比较运算符的查询；使用 between and/not between and 关键字指定查询范围，完成指定取值范围的查询；使用 is null/is not null 关键字判断某字段的取值是否为空，完成空值查询；使用 in/not in 关键字判断某个字段的值是否在指定的集合中，完成指定集合查询；使用 like/not like 关键字来匹配字符串是否相等，完成模糊查询。

● 知识链接

1. 比较运算符

当使用 select 语句进行查询时，在 where 子句中，MySQL 允许用户对表达式的左边操作数和右边操作数进行比较，比较结果为真则返回 1，比较结果为假则返回 0，比较结果不确定则返回 NULL。MySQL 支持的比较运算符如表 6-1 所示。

表 6-1 MySQL 支持的比较运算符

运算符	功 能
=	等于
!=、<>	不等于
<=	小于等于
>=	大于等于
<	小于
>	大于

2. between and/not between and关键字

between and 用来判断字段的数值是否在指定范围内。between and 需要两个参数，即范围的起始值和终止值。如果字段值在指定的范围内，则这些记录被返回。如果不在指定范围内，则不会被返回。

not between and 表示指定范围之外的值。如果字段值不在指定范围内，则这些记录被返回。

between and/not between and 常用于查询指定范围内的记录。语法格式为

```
[NOT] BETWEEN value1 AND value2
```

其中 ***value1*** 表示范围的起始值，***value2*** 表示范围的终止值。

3. is null/is not null 关键字

is null 用来判断字段的值是否为空值 (null)。空值不等同于 0，也不等同于空字符串。如果字段的值是空值，则满足查询条件，该记录将被查询。如果字段的值不是空值，则不满足查询条件。

is not null 表示字段的值不是空值 (null) 时满足条件。

4. in/not in 关键字

in 用来判断表达式的值是否位于给出的集合中。如果是，则返回值为 1，否则返回值为 0。

not in 的作用和 in 恰好相反，not in 用来判断表达式的值是否不存在于给出的集合中。如果不是，则返回值为 1，否则返回值为 0。

其基本语法格式为

```
[NOT] IN(value1, value2, value3 ... valueN)
```

value1, ***value2***, ***value3*** ... ***valueN*** 表示集合中的值，各值之间用逗号隔开，字符型和日期型的需要加上单引号。

5. like/not like 关键字

like/not like 用于匹配字符串是否相等。

like 在字段中的内容与指定的字符串匹配时满足条件；not like 在字段中的内容与指定的字符串不匹配时满足条件。

其语法格式如下：

```
[NOT] LIKE 'str'
```

str 表示指定用来匹配的字符串，该字符串必须加单引号或者双引号。其可以是一个完整的字符串，也支持百分号“%”和下划线“_”通配符。

通配符是一种特殊语句，主要用于模糊查询。当不知道真正字符或者懒得输入完整名称时，可以使用通配符来代替一个或多个真正的字符。

百分号“%”通配符可以代表任意长度的字符串，字符串的长度可以为 0。

下划线“_”通配符只能表示单个字符，字符的长度不能为 0。

默认情况下，like/not like 关键字匹配字符的时候是不区分大小写的。如果需要区分大小写，则需要加入 binary 关键字。

● 任务实施

步骤 1：带比较运算符的查询。

(1) 查询数据表 tb_student 中性别为“女”的学生的学号、姓名、性别，具体语句为

```
mysql> use chjgl_db;
mysql> select sno as 学号 ,sname as 姓名,ssex as 性别 from tb_student where ssex='女';
```

执行结果如图 6-10 所示。结果显示，查询结果只有性别为“女”的学生的学号、姓名、性别数据。

```
mysql> use chjgl_db;
Database changed
mysql> select sno as 学号 ,sname as 姓名,ssex as 性别 from tb_student where ssex
='女';
+--------------+--------+------+
| 学号         | 姓名   | 性别 |
+--------------+--------+------+
| 202115010201 | 刘嘉宁 | 女   |
| 202115010202 | 王苗苗 | 女   |
| 202114010202 | 朱丽丽 | 女   |
+--------------+--------+------+
3 rows in set (0.05 sec)
```

图 6-10 带比较运算符的查询 1

(2) 查询数据表 tb_student 中 2001 年之前出生的学生的学号、姓名、出生日期，具体语句为

```
mysql> select sno as 学号 ,sname as 姓名,sbirthday as 出生日期 from tb_student where sbirthday<'2001-01-01';
```

执行结果如图 6-11 所示。结果显示，查询结果只有 2001 年 01 月 01 日之前出生的学生的学号、姓名、出生日期数据。

```
mysql> select sno as 学号 ,sname as 姓名,sbirthday as 出生日期 from tb_student w
here sbirthday<'2001-01-01';
+--------------+--------+------------+
| 学号         | 姓名   | 出生日期   |
+--------------+--------+------------+
| 202115010201 | 刘嘉宁 | 2000-01-01 |
| 202115010202 | 王苗苗 | 2000-01-01 |
| 202114010202 | 朱丽丽 | 2000-10-01 |
+--------------+--------+------------+
3 rows in set (0.00 sec)
```

图 6-11 带比较运算符的查询 2

步骤 2：带指定取值范围的查询。

(1) 查询数据表 tb_student 中 2000 年 10 月份出生的学生的学号、姓名、出生日期，具体语句为

mysql> select sno as 学号 ,sname as 姓名,sbirthday as 出生日期 from tb_student where sbirthday between '2000-10-01'and '2000-10-31';

执行结果如图 6-12 所示。结果显示，2000 年 10 月份出生的学生只有“朱丽丽”一位同学。

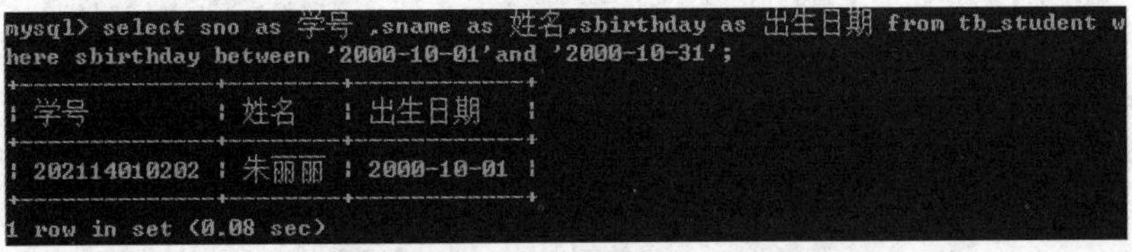

```
mysql> select sno as 学号 ,sname as 姓名,sbirthday as 出生日期 from tb_student w
here sbirthday between '2000-10-01'and '2000-10-31';
+--------------+--------+------------+
| 学号         | 姓名   | 出生日期   |
+--------------+--------+------------+
| 202114010202 | 朱丽丽 | 2000-10-01 |
+--------------+--------+------------+
1 row in set (0.08 sec)
```

图 6-12　带指定取值范围的查询 1

(2) 查询数据表 tb_student 中不是 2000 年 10 月份出生的学生的学号、姓名、出生日期，具体语句为

mysql> select sno as 学号,sname as 姓名,sbirthday as 出生日期 from tb_student where sbirthday not between '2000-10-01'and '2000-10-31';

执行结果如图 6-13 所示。结果显示，查询结果中所有学生的出生日期都不在 2020 年 10 月份之内。

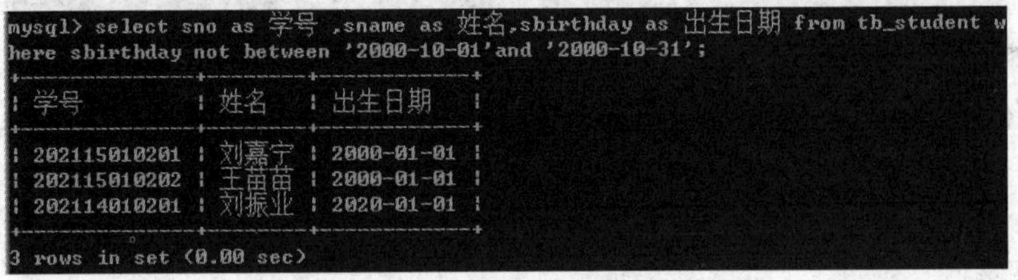

```
mysql> select sno as 学号 ,sname as 姓名,sbirthday as 出生日期 from tb_student w
here sbirthday not between '2000-10-01'and '2000-10-31';
+--------------+--------+------------+
| 学号         | 姓名   | 出生日期   |
+--------------+--------+------------+
| 202115010201 | 刘嘉宁 | 2000-01-01 |
| 202115010202 | 王苗苗 | 2000-01-01 |
| 202114010201 | 刘振业 | 2020-01-01 |
+--------------+--------+------------+
3 rows in set (0.00 sec)
```

图 6-13　带指定取值范围的查询 2

步骤 3：空值查询。

(1) 查询数据表 tb_student 中专业为空值的学生的学号、姓名、专业，具体语句为

mysql> select sno as 学号,sname as 姓名,sspecialty as 专业 from tb_student where sspecialty is null;

执行结果如图 6-14 所示。结果显示，查询结果中专业均为空值。

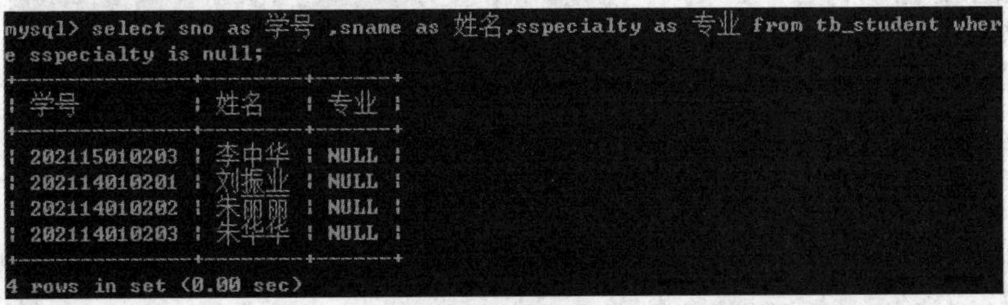

```
mysql> select sno as 学号 ,sname as 姓名,sspecialty as 专业 from tb_student wher
e sspecialty is null;
+--------------+--------+------+
| 学号         | 姓名   | 专业 |
+--------------+--------+------+
| 202115010203 | 李中华 | NULL |
| 202114010201 | 刘振业 | NULL |
| 202114010202 | 朱丽丽 | NULL |
| 202114010203 | 朱华华 | NULL |
+--------------+--------+------+
4 rows in set (0.00 sec)
```

图 6-14　空值查询 1

(2) 查询数据表 tb_student 中专业为非空值的学生的学号、姓名、专业，具体语句为

```
mysql> select sno as 学号 ,sname as 姓名,sspecialty as 专业 from tb_student where sspecialty is not  null;
```

执行结果如图 6-15 所示。结果显示，查询结果中专业均不为空值。

```
mysql> select sno as 学号 ,sname as 姓名,sspecialty as 专业 from tb_student wher
e sspecialty is not  null;
+--------------+--------+------------+
| 学号         | 姓名   | 专业       |
+--------------+--------+------------+
| 202115010201 | 刘嘉宁 | 计算机应用 |
| 202115010202 | 王苗苗 | 计算机应用 |
+--------------+--------+------------+
2 rows in set (0.00 sec)
```

图 6-15　空值查询 2

步骤 4：指定集合查询。

(1) 查询数据表 tb_student 中姓名为李中华、朱丽丽的学生的学号、姓名、专业，具体语句为

```
mysql> select sno as 学号 ,sname as 姓名,sspecialty as 专业 from tb_student where sname in
('李中华','朱丽丽');
```

执行结果如图 6-16 所示。

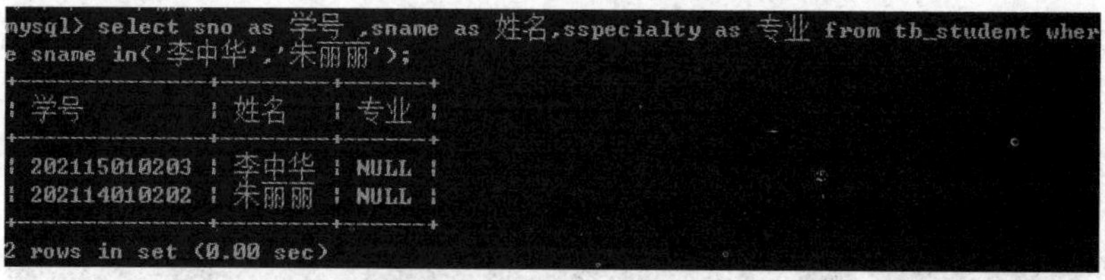

```
mysql> select sno as 学号 ,sname as 姓名,sspecialty as 专业 from tb_student wher
e sname in('李中华','朱丽丽');
+--------------+--------+------+
| 学号         | 姓名   | 专业 |
+--------------+--------+------+
| 202115010203 | 李中华 | NULL |
| 202114010202 | 朱丽丽 | NULL |
+--------------+--------+------+
2 rows in set (0.00 sec)
```

图 6-16　指定集合查询 1

(2) 查询数据表 tb_student 中除李中华、朱丽丽外的其他学生的学号、姓名、专业，具体语句为

```
mysql> select sno as 学号 ,sname as 姓名,sspecialty as 专业 from tb_student where sname not in
('李中华','朱丽丽');
```

执行结果如图 6-17 所示。

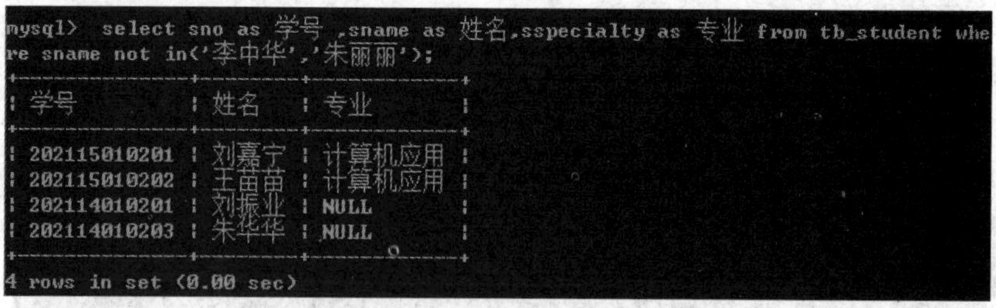

```
mysql>  select sno as 学号 ,sname as 姓名,sspecialty as 专业 from tb_student whe
re sname not in('李中华','朱丽丽');
+--------------+--------+------------+
| 学号         | 姓名   | 专业       |
+--------------+--------+------------+
| 202115010201 | 刘嘉宁 | 计算机应用 |
| 202115010202 | 王苗苗 | 计算机应用 |
| 202114010201 | 刘振业 | NULL       |
| 202114010203 | 朱华华 | NULL       |
+--------------+--------+------------+
4 rows in set (0.00 sec)
```

图 6-17　指定集合查询 2

步骤 5：模糊查询。

(1) 查询数据表 tb_student 中姓“李”的学生的学号、姓名、专业，具体语句为

```
mysql> select sno as 学号 ,sname as 姓名,sspecialty as 专业 from tb_student where sname like '李%';
```

执行结果如图 6-18 所示。

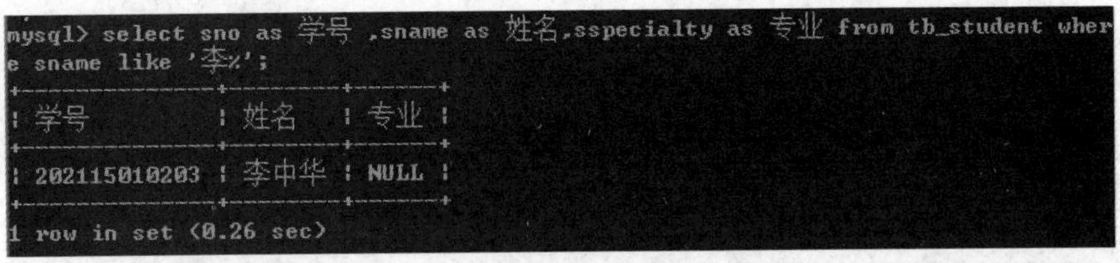

```
mysql> select sno as 学号 ,sname as 姓名,sspecialty as 专业 from tb_student wher
e sname like '李%';
+--------------+--------+------+
| 学号         | 姓名   | 专业 |
+--------------+--------+------+
| 202115010203 | 李中华 | NULL |
+--------------+--------+------+
1 row in set (0.26 sec)
```

图 6-18　模糊查询 1

(2) 查询数据表 tb_student 中所有不姓“李”的学生的学号、姓名、专业，具体语句为

```
mysql> select sno as 学号 ,sname as 姓名,sspecialty as 专业 from tb_student where sname not like '李%';
```

执行结果如图 6-19 所示。

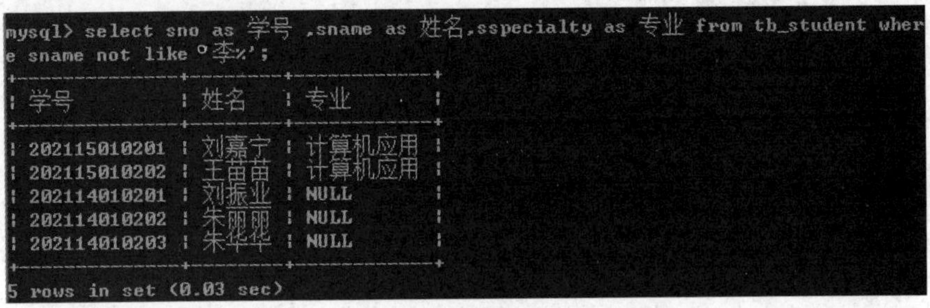

```
mysql> select sno as 学号 ,sname as 姓名,sspecialty as 专业 from tb_student wher
e sname not like '李%';
+--------------+--------+------------+
| 学号         | 姓名   | 专业       |
+--------------+--------+------------+
| 202115010201 | 刘嘉宁 | 计算机应用 |
| 202115010202 | 王苗苗 | 计算机应用 |
| 202114010201 | 刘振业 | NULL       |
| 202114010202 | 朱丽丽 | NULL       |
| 202114010203 | 朱华华 | NULL       |
+--------------+--------+------------+
5 rows in set (0.03 sec)
```

图 6-19　模糊查询 2

(3) 查询数据表 tb_student 中姓“朱”，并且姓名的第 3 个字是“丽”的学生的学号、姓名、专业，具体语句为

```
mysql> select sno as 学号 ,sname as 姓名,sspecialty as 专业 from tb_student where sname like '朱_丽';
```

执行结果如图 6-20 所示。

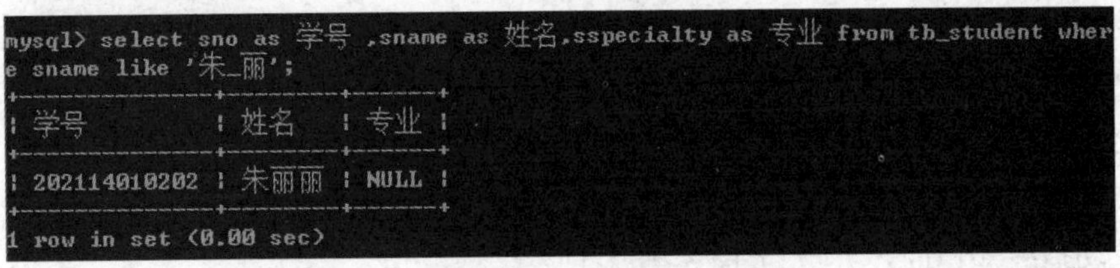

```
mysql> select sno as 学号 ,sname as 姓名,sspecialty as 专业 from tb_student wher
e sname like '朱_丽';
+--------------+--------+------+
| 学号         | 姓名   | 专业 |
+--------------+--------+------+
| 202114010202 | 朱丽丽 | NULL |
+--------------+--------+------+
1 row in set (0.00 sec)
```

图 6-20　模糊查询 3

(4) 查询数据表 tb_student 中 2000 年 01 月份出生的学生的学号、姓名、出生日期，具体语句为

```
mysql> select sno as 学号 ,sname as 姓名,sbirthday as 出生日期 from tb_student where sbirthday like '2000-01%';
```

执行结果如图 6-21 所示。

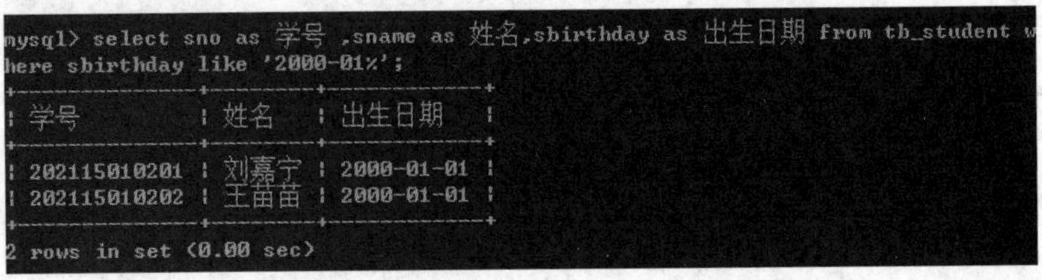

```
mysql> select sno as 学号 ,sname as 姓名,sbirthday as 出生日期 from tb_student w
here sbirthday like '2000-01%';
+--------------+--------+------------+
| 学号         | 姓名   | 出生日期   |
+--------------+--------+------------+
| 202115010201 | 刘嘉宁 | 2000-01-01 |
| 202115010202 | 王苗苗 | 2000-01-01 |
+--------------+--------+------------+
2 rows in set (0.00 sec)
```

图 6-21　模糊查询 4

任务评价

通过本任务的学习，进行以下自我评价。

评 价 内 容	分值	自我评价
会带比较运算符的查询	10	
会带指定取值范围的查询	20	
会空值查询	20	
会指定集合查询	20	
会模糊查询	30	
合计	100	

任务3　使用函数查询

任务描述

在查询数据库时，常常需要对数据进行统计或计算。完成数值型函数、字符串函数、日期和时间函数、聚合函数等常用函数的函数值输出，并统计数据表的记录数量、获取字段的最大值和最小值、计算字段的总和、计算平均值等。

任务目标

(1) 会使用数值型函数。

(2) 会使用字符串函数。

(3) 会使用日期和时间函数。

(4) 会使用聚合函数。

(5) 主动扩展知识面，养成自主学习的习惯。

任务分析

学习MySQL常用函数的功能，根据具体的需求，选择相应的函数。通过输出函数值，掌握数值型函数、字符串函数、日期和时间函数的使用方法。使用count、sum、avg、max和min等聚合函数完成数据的统计与计算。

知识链接

MySQL包含了大量并且丰富的函数，这些函数可以帮助用户更加方便地处理数据表中的数据。每个用户都可以调用已经存在的函数来完成某些功能。

MySQL常用函数包括数值型函数、字符串函数、日期时间函数、聚合函数等。

MySQL支持的常用函数分别如表6-2至表6-5所示。

表 6-2 常用的数值型函数

函数名称	描 述
rand	生成一个 0～1 之间的随机数，传入整数参数，用来产生重复序列
round	round 对所传参数进行四舍五入取整
mod	求余数
abs	求绝对值
sign	返回参数的符号

表 6-3 常用的字符串函数

函数名称	描 述
length	计算字符串长度的函数，返回字符串的字节长度
concat	合并字符串的函数，返回结果为连接参数产生的字符串，参数可以是一个或多个
lower	将字符串中的字母转换为小写
upper	将字符串中的字母转换为大写
left	从左侧截取字符串，返回字符串左边的若干个字符
right	从右侧截取字符串，返回字符串右边的若干个字符
trim	删除字符串左右两侧的空格
insert	替换字符串函数
replace	字符串替换函数，返回替换后的新字符串
substring	截取字符串，返回从指定位置开始的指定长度的字符串
reverse	字符串反转 (逆序) 函数，返回与原始字符串顺序相反的字符串

表 6-4 常用的日期时间函数

函数名称	描 述
curdate	返回当前系统的日期值
curtime	返回当前系统的时间值
now	返回当前系统的日期和时间值
month	获取指定日期中的月份
monthname	获取指定日期中的月份英文名称
dayname	获取指定日期对应的星期几的英文名称
year	获取指定日期中的年份，返回值范围是 1970～2069

表 6-5 常用的聚合函数

函数名称	描　　述
max	查询指定列的最大值
min	查询指定列的最小值
count	统计查询结果的行数
sum	求和，返回指定列的总和
avg	求平均值，返回指定列数据的平均值

● 任务实施

步骤 1：准备工作。

向数据表 tb_grade 中插入多条数据，具体语句为

```
mysql> use chjgl_db;
mysql> insert into tb_grade(sno,cno,tno,usualgrade,termgrade)
    -> values('202115010201','204001','202101',90,98),
    -> ('202115010201','204002','202101',92,95),
    -> ('202115010201','204003','202101',96,95),
    -> ('202115010202','204001','202101',75,70),
    -> ('202115010202','204002','202101',70,72),
    -> ('202115010202','204003','202101',72,69);
```

执行结果如图 6-22 所示。

```
mysql> use chjgl_db;
Database changed
mysql> insert into tb_grade(sno,cno,tno,usualgrade,termgrade)
    -> values('202115010201','204001','202101',90,98),
    -> ('202115010201','204002','202101',92,95),
    -> ('202115010201','204003','202101',96,95),
    -> ('202115010202','204001','202101',75,70),
    -> ('202115010202','204002','202101',70,72),
    -> ('202115010202','204003','202101',72,69);
Query OK, 6 rows affected (0.59 sec)
Records: 6  Duplicates: 0  Warnings: 0
```

图 6-22　向数据表 tb_grade 中插入多条数据

步骤 2：数值型函数。

(1) 输出函数 rand()，round(3.14)，round(3.1415,2)，mod(10,3) 的值，语句为

```
mysql> select rand(),round(3.14),round(3.1415,2),mod(10,3);
```

执行结果如图 6-23 所示。

```
mysql> select rand(),round(3.14),round(3.1415,2),mod(10,3);
+-------------------+-------------+-----------------+-----------+
| rand()            | round(3.14) | round(3.1415,2) | mod(10,3) |
+-------------------+-------------+-----------------+-----------+
| 0.942000675892458 |           3 |            3.14 |         1 |
+-------------------+-------------+-----------------+-----------+
1 row in set (0.00 sec)
```

图 6-23　数值型函数 1

(2) 输出函数 abs(-100)，sign(-100)，sign(100)，sign(0) 的值，语句为

```
mysql> select abs(-100),sign(-100),sign(100),sign(0);
```

执行结果如图 6-24 所示。

```
mysql> select abs(-100),sign(-100),sign(100),sign(0);
+-----------+------------+-----------+---------+
| abs(-100) | sign(-100) | sign(100) | sign(0) |
+-----------+------------+-----------+---------+
|       100 |         -1 |         1 |       0 |
+-----------+------------+-----------+---------+
1 row in set (0.00 sec)
```

图 6-24　数值型函数 2

步骤 3：字符串函数。

(1) 输出函数 length('welcome!')，concat('how',' ','are',' ','you!') 的值，语句为

```
mysql> select length('welcome!'),concat('how',' ','are',' ','you!');
```

执行结果如图 6-25 所示。

```
mysql> select length('welcome!'),concat('how',' ','are',' ','you!');
+--------------------+------------------------------------+
| length('welcome!') | concat('how',' ','are',' ','you!') |
+--------------------+------------------------------------+
|                  8 | how are you!                       |
+--------------------+------------------------------------+
1 row in set (0.00 sec)
```

图 6-25　字符串函数 1

(2) 输出函数 lower('WELCOME TO CHINA!')，upper('hello!') 的值，语句为

```
mysql> select lower('WELCOME TO CHINA!'),upper('hello!');
```

执行结果如图 6-26 所示。

```
mysql> select lower('WELCOME TO CHINA!'),upper('hello!');
+----------------------------+-----------------+
| lower('WELCOME TO CHINA!') | upper('hello!') |
+----------------------------+-----------------+
| welcome to china!          | HELLO!          |
+----------------------------+-----------------+
1 row in set (0.08 sec)
```

图 6-26　字符串函数 2

(3) 输出函数 insert(' 李小静 ',2,1,' 晓 ')，replace('abaab','a','c') 的值，语句为

```
mysql> select insert('李小静',2,1,'晓'),replace('abaab','a','c');
```

执行结果如图 6-27 所示。

```
mysql> select insert('李小静',2,1,'晓'),replace('abaab','a','c');
+---------------------------+--------------------------+
| insert('李小静',2,1,'晓') | replace('abaab','a','c') |
+---------------------------+--------------------------+
| 李晓静                    | cbccb                    |
+---------------------------+--------------------------+
1 row in set (0.00 sec)
```

图 6-27　字符串函数 3

(4) 输出 函 数 substring('welcome',4,2)，substring('welcome',4)，substring('welcome',-4)，

substring('welcome',-4,2) 的值，具体语句为

```
mysql> select substring('welcome',4,2),
    -> substring('welcome',4),
    -> substring('welcome',-4),
    -> substring('welcome',-4,2);
```

执行结果如图 6-28 所示。

```
mysql> select substring('welcome',4,2),
    -> substring('welcome',4),
    -> substring('welcome',-4),
    -> substring('welcome',-4,2);
+--------------------------+------------------------+-------------------------+-
--------------------------+
| substring('welcome',4,2) | substring('welcome',4) | substring('welcome',-4) |
substring('welcome',-4,2) |
+--------------------------+------------------------+-------------------------+-
--------------------------+
| co                       | come                   | come                    |
co                        |
+--------------------------+------------------------+-------------------------+-
--------------------------+
1 row in set (0.00 sec)
```

图 6-28　字符串函数 4

小贴士

(1) substring(s，n，len) 表示返回从字符串 s 第 n 个位置开始，长度为 len 的子字符串。如果 n 为负值，则返回从字符串 s 倒数第 n 个位置开始，长度为 len 的子字符串。

(2) substring(s，n)，表示返回从字符串 s 第 n 个位置开始到字符串结尾的子字符串。如果 n 为负值，则返回从字符串 s 倒数第 n 个位置到字符串结尾的子字符串。

(5) 输出函数 reverse('welcome') 的值，语句为

```
mysql> select reverse('welcome');
```

执行结果如图 6-29 所示。

```
mysql> select reverse('welcome');
+--------------------+
| reverse('welcome') |
+--------------------+
| emoclew            |
+--------------------+
1 row in set (0.01 sec)
```

图 6-29　字符串函数 5

步骤 4：日期和时间函数。

(1) 输出当前系统的日期值，时间值，以及日期和时间值，具体语句为

```
mysql> select curdate(),curtime(),now();
```

执行结果如图 6-30 所示。

```
mysql> select curdate(),curtime(),now();
+------------+-----------+---------------------+
| curdate()  | curtime() | now()               |
+------------+-----------+---------------------+
| 2021-12-26 | 09:27:50  | 2021-12-26 09:27:50 |
+------------+-----------+---------------------+
1 row in set (0.10 sec)
```

图 6-30　日期和时间函数 1

(2) 在数据表 tb_student 中，查询姓名为“王苗苗”的出生年份和出生月份，具体语句为

```
mysql> use chjgl_db;
mysql> select year(sbirthday) as 出生年份,month(sbirthday) as 出生月份 from tb_student where sname=
'王苗苗';
```

执行结果如图 6-31 所示。

```
mysql> use chjgl_db;
Database changed
mysql> select year(sbirthday) as 出生年份,month(sbirthday) as 出生月份 from tb_s
tudent where sname='王苗苗';
+----------+----------+
| 出生年份 | 出生月份 |
+----------+----------+
|     2000 |        1 |
+----------+----------+
1 row in set (0.00 sec)
```

图 6-31　日期和时间函数 2

(3) 在数据表 tb_student 中，查询姓名为“王苗苗”的出生月份的英文名称，以及出生日期对应的星期几的英文名称，语句为

```
mysql> select monthname(sbirthday) ,dayname(sbirthday) from tb_student where sname='王苗苗';
```

执行结果如图 6-32 所示。

```
mysql> select monthname(sbirthday) ,dayname(sbirthday) from tb_student where sna
me='王苗苗';
+----------------------+--------------------+
| monthname(sbirthday) | dayname(sbirthday) |
+----------------------+--------------------+
| January              | Saturday           |
+----------------------+--------------------+
1 row in set (0.11 sec)
```

图 6-32　日期和时间函数 3

步骤 5：聚合函数。

(1) 在数据表 tb_grade 中，按照“综合成绩 = 平时成绩 × 40% + 期末成绩 × 60%”这一公式，修改数据表中综合成绩字段 totalgrade 的值，具体语句为

```
mysql> update tb_grade set totalgrade=(usualgrade*0.4+termgrade*0.6);
```

执行结果如图 6-33 所示。

```
mysql> update tb_grade set totalgrade=(usualgrade*0.4+termgrade*0.6);
Query OK, 6 rows affected (0.15 sec)
Rows matched: 6  Changed: 6  Warnings: 0
```

图 6-33　计算综合成绩

(2) 在数据表 tb_grade 中，查询课程号 cno=“204001”的综合成绩的最高分和最低分，具体语句为

```
mysql> select max(totalgrade),min(totalgrade) from tb_grade where cno='204001';
```

执行结果如图 6-34 所示。

```
mysql> select max(totalgrade),min(totalgrade) from tb_grade where cno='204001';
+-----------------+-----------------+
| max(totalgrade) | min(totalgrade) |
+-----------------+-----------------+
|            94.8 |              72 |
+-----------------+-----------------+
1 row in set (0.00 sec)
```

图 6-34　查询最高分和最低分

(3) 在数据表 tb_grade 中，查询学号 sno=“202115010202”的学生的各科综合成绩的总分，并四舍五入保留 1 位小数，具体语句为

```
mysql> select round(sum(totalgrade),1) from tb_grade where sno='202115010202';
```

执行结果如图 6-35 所示。

```
mysql> select round(sum(totalgrade),1) from tb_grade where sno='202115010202';
+--------------------------+
| round(sum(totalgrade),1) |
+--------------------------+
|                    213.4 |
+--------------------------+
1 row in set (0.00 sec)
```

图 6-35　查询总分

(4) 在数据表 tb_grade 中，查询学号 sno=“202115010202”的学生的各科综合成绩的平均分，并四舍五入保留两位小数，具体语句为

```
mysql> select round(avg(totalgrade),2) from tb_grade where sno='202115010202';
```

执行结果如图 6-36 所示。

```
mysql> select round(avg(totalgrade),2) from tb_grade where sno='202115010202';
+--------------------------+
| round(avg(totalgrade),2) |
+--------------------------+
|                    71.13 |
+--------------------------+
1 row in set (0.00 sec)
```

图 6-36　查询平均分

(5) 在数据表 tb_student 中，查询学生的总人数，语句为

```
mysql> select count(sno) from tb_student;
```

执行结果如图 6-37 所示。

```
mysql> select count(sno) from tb_student;
+------------+
| count(sno) |
+------------+
|          6 |
+------------+
1 row in set (0.10 sec)
```

图 6-37　查询学生的总人数

● 任务评价

通过本任务的学习，进行以下自我评价。

评价内容	分值	自我评价
会使用数值型函数	20	
会使用字符串函数	30	
会使用日期和时间函数	20	
会使用聚合函数	30	
合计	100	

任务4 多条件查询

● 任务描述

在查询数据库时，往往需要同时使用多个查询条件，才可以查询到用户需求的数据。本任务学习记录满足所有查询条件、满足任意一个查询条件、满足其中一个条件并且不满足另一个条件时的多条件数据查询操作。

多条件查询

● 任务目标

(1) 会带 and(&&) 的多条件查询。

(2) 会带 or(||) 的多条件查询。

(3) 会带 xor 的多条件查询。

(4) 按照需求写出恰当的查询条件，培养自主思考、自主解决问题的能力。

● 任务分析

学习 MySQL 逻辑运算符的功能，根据具体的项目需求，依次写出各个查询条件，选择合适的逻辑运算符连接多个查询条件，精确地查询到所需数据。

● 知识链接

1. 多条件查询

在 where 关键词后可以有多个查询条件，这样能够使查询结果更加精确。多个查询条件用逻辑运算符 and(&&)、or(||) 或 xor 隔开。

and(&&)：逻辑“与”，记录满足所有查询条件时，才会被查询出来。

or(||)：逻辑“或”，记录满足任意一个查询条件时，会被查询出来。

xor：逻辑“异或”，记录满足其中一个条件并且不满足另一个条件时，才会被查询出来。

2. 运算符的优先级

运算符的优先级决定了不同的运算符在表达式中计算的先后顺序，MySQL 中的常用运算符及优先级按照由高到低的排列顺序，如表 6-6 所示。一般情况下，级别高的运算符优先进行计算，如果级别相同，MySQL 按表达式的顺序从左到右依次计算。在实际应用过程中，很少有人能将这些优先级熟练记忆，而是使用括号“( )”将需要优先的操作括起来，这样既可以改变优先级，又可以使计算过程更加清晰。

表 6-6　MySQL 中的常用运算符及优先级

优先级顺序	运　算　符
1	=
2	or xor
3	&& and
4	not
5	between
6	= <=> >= > <= < <> like in
7	- +
8	* / % mod

● 任务实施

步骤 1：带 and(&&) 的多条件查询。

(1) 在数据表 tb_grade 中，查询综合成绩在 60 分到 75 分之间的学生的成绩单，具体语句为

```
mysql> use chjgl_db;
mysql> select * from tb_grade where totalgrade>=60 and totalgrade<=75;
```

执行结果如图 6-38 所示。

```
mysql> use chjgl_db;
Database changed
mysql> select * from tb_grade where totalgrade>=60 and totalgrade<=75;
+----+--------------+--------+--------+------------+-----------+------------+
| id | sno          | cno    | tno    | usualgrade | termgrade | totalgrade |
+----+--------------+--------+--------+------------+-----------+------------+
|  4 | 202115010202 | 204001 | 202101 |         75 |        70 |         72 |
|  5 | 202115010202 | 204002 | 202101 |         70 |        72 |       71.2 |
|  6 | 202115010202 | 204003 | 202101 |         72 |        69 |       70.2 |
+----+--------------+--------+--------+------------+-----------+------------+
3 rows in set (0.00 sec)
```

图 6-38　带 and(&&) 的多条件查询 1

(2) 在数据表 tb_student 中，查询计算机应用专业姓“刘”的学生的学号、姓名和专业，具体语句为

```
mysql> select sno as 学号,sname as 姓名,sspecialty as 专业 from tb_student where (sspecialty='计算机应用')
and  (sname like '刘%');
```

执行结果如图 6-39 所示。

```
mysql> select sno as 学号,sname as 姓名,sspecialty as 专业 from tb_student where
 (sspecialty='计算机应用') and  (sname like '刘%');
+--------------+--------+------------+
| 学号         | 姓名   | 专业       |
+--------------+--------+------------+
| 202115010201 | 刘嘉宁 | 计算机应用 |
+--------------+--------+------------+
1 row in set (0.00 sec)
```

图 6-39 带 and(&&) 的多条件查询 2

(3) 在数据表 tb_student 中，查询在 2021 年年龄等于 21 岁的女生的学号、姓名和年龄，具体语句为

```
mysql> select sno as 学号,sname as 姓名,(2021-year(sbirthday)) as 年龄 from tb_student
where (2021-year(sbirthday))=21 and(ssex='女');
```

执行结果如图 6-40 所示。

```
mysql> select sno as 学号,sname as 姓名,(2021-year(sbirthday)) as 年龄  from tb_student wh
ere (2021-year(sbirthday))=21 and (ssex='女');
+--------------+----------+---------+
| 学号         | 姓名     | 年龄    |
+--------------+----------+---------+
| 202115010201 | 刘嘉宁   |      21 |
| 202115010202 | 王苗苗   |      21 |
| 202114010202 | 朱丽丽   |      21 |
+--------------+----------+---------+
3 rows in set (0.00 sec)
```

图 6-40 带 and(&&) 的多条件查询 3

步骤 2：带 or(||) 的多条件查询。

(1) 在数据表 tb_grade 中，查询综合成绩在 95 分以上 (包括 95 分)，或者期末成绩在 98 分以上 (包含 98 分) 的学生的成绩单，具体语句为

```
mysql> select * from tb_grade where totalgrade>=95 or termgrade>=98;
```

执行结果如图 6-41 所示。

```
mysql> select * from tb_grade where totalgrade>=95 or termgrade>=98;
+----+--------------+--------+--------+------------+-----------+------------+
| id | sno          | cno    | tno    | usualgrade | termgrade | totalgrade |
+----+--------------+--------+--------+------------+-----------+------------+
|  1 | 202115010201 | 204001 | 202101 |         90 |        98 |       94.8 |
|  3 | 202115010201 | 204003 | 202101 |         96 |        95 |       95.4 |
+----+--------------+--------+--------+------------+-----------+------------+
2 rows in set (0.00 sec)
```

图 6-41 带 or(||) 的多条件查询 1

(2) 在数据表 tb_student 中，查询姓“刘”和姓“王”的学生的学号、姓名和性别，具体语句为

```
mysql> select sno as 学号,sname as 姓名,ssex as 性别 from tb_student where sname like '刘%' or sname
like '王%';
```

执行结果如图 6-42 所示。

```
mysql> select sno as 学号,sname as 姓名,ssex as 性别 from tb_student where sname
 like '刘%' or sname like '王%';
+--------------+--------+------+
| 学号         | 姓名   | 性别 |
+--------------+--------+------+
| 202115010201 | 刘嘉宁 | 女   |
| 202115010202 | 王苗苗 | 女   |
| 202114010201 | 刘振业 | 男   |
+--------------+--------+------+
3 rows in set (0.00 sec)
```

图 6-42　带 or(||) 的多条件查询 2

步骤 3：带 xor 的多条件查询。

(1) 在数据表 tb_student 中，查询姓“朱”的女生和不姓“朱”的男生的学号、姓名和性别，具体语句为

mysql> select sno as 学号,sname as 姓名,ssex as 性别 from tb_student where sname like '朱%' xor ssex='男';

执行结果如图 6-43 所示。

```
mysql> select sno as 学号,sname as 姓名,ssex as 性别 from tb_student where sname
 like '朱%' xor ssex='男';
+--------------+--------+------+
| 学号         | 姓名   | 性别 |
+--------------+--------+------+
| 202115010203 | 李中华 | 男   |
| 202114010201 | 刘振业 | 男   |
| 202114010202 | 朱丽丽 | 女   |
+--------------+--------+------+
3 rows in set (0.00 sec)
```

图 6-43　带 xor 的多条件查询 1

(2) 在数据表 tb_student 中，给朱丽丽录入固定电话，给朱华华录入移动电话，查询只有固定电话或者只有移动电话的学生的姓名、固定电话和移动电话，具体语句为

mysql> update tb_student set steleno='0310-12345678' where sname='朱丽丽';

mysql> update tb_student set smobno='17712345678' where sname='朱华华';

mysql> select sname as 姓名 ,steleno as 固定电话 ,smobno as 移动电话 from tb_student where steleno is not null xor smobno is not null;

执行结果如图 6-44 所示。结果显示，既有固定电话也有移动电话的学生的信息、固定电话或者移动电话都没有的学生的信息均不在查询结果里。

```
mysql> update tb_student set steleno='0310-12345678' where sname='朱丽丽';
Query OK, 0 rows affected (0.00 sec)
Rows matched: 1  Changed: 0  Warnings: 0

mysql> update tb_student set smobno='17712345678' where sname='朱华华';
Query OK, 0 rows affected (0.00 sec)
Rows matched: 1  Changed: 0  Warnings: 0

mysql> select sname as 姓名,steleno as 固定电话,smobno as 移动电话 from tb_stude
nt where steleno is not null xor smobno is not null;
+--------+---------------+-------------+
| 姓名   | 固定电话      | 移动电话    |
+--------+---------------+-------------+
| 朱丽丽 | 0310-12345678 | NULL        |
| 朱华华 | NULL          | 17712345678 |
+--------+---------------+-------------+
2 rows in set (0.00 sec)
```

图 6-44　带 xor 的多条件查询 2

任务评价

通过本任务的学习，进行以下自我评价。

评 价 内 容	分值	自我评价
会带 and(&&) 的多条件查询	30	
会带 or(||) 的多条件查询	30	
会带 xor 的多条件查询	40	
合计	100	

任务5 查询排序

任务描述

在查询数据库时，查询出来的数据一般都是按照数据最初被添加到数据表中的顺序显示的，可能是无序的，或者其排列顺序不是用户所期望的。在实际工作过程中，经常需要对查询结果按照某一个字段或者多个字段进行升序或者降序排列，从而满足用户的要求。

任务目标

(1) 会将查询结果按升序或降序排列。

(2) 会将查询结果按多个字段排序。

(3) 通过对查询结果进行排序，养成认真做事的良好态度。

查询排序

任务分析

学习 order by 子句的功能，根据具体的需求，按照适当的字段进行升序或降序排列，让查询结果更加有序、清晰地显示。

知识链接

order by 子句主要用来将查询结果中的数据按照一定的顺序进行排序。其语法格式为

```
ORDER BY {col_name | expr}
      [ASC | DESC], ...]
```

语法分析如下：

ORDER BY：用来将查询结果中的数据按照一定的顺序进行排序的关键字。

col_name|expr：字段名或者表达式，表示按照该字段或者表达式进行排序。

ASC| DESC：ASC 表示按照升序进行排列，DESC 表示按照降序进行排列，默认值是 ASC。

任务实施

步骤 1：查询结果按升序排列。

(1) 在数据表 tb_grade 中，查询综合成绩在 90 分以上 (包括 90 分) 的学生的成绩单，

并按照综合成绩升序排列，具体语句为

```
mysql> use chjgl_db;
mysql> select * from tb_grade where totalgrade>=90 order by totalgrade;
```

执行结果如图 6-45 所示。

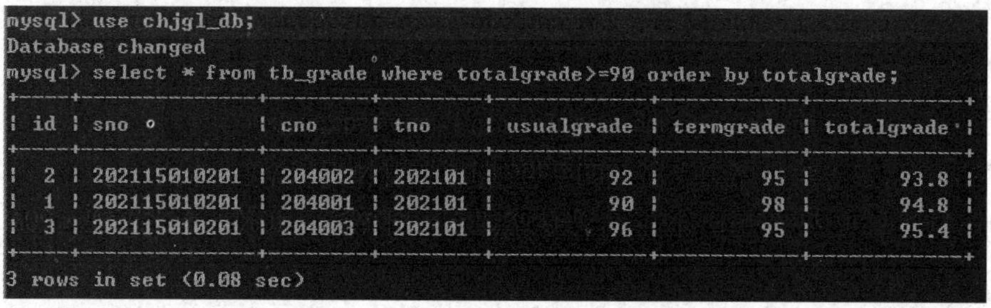

```
mysql> use chjgl_db;
Database changed
mysql> select * from tb_grade where totalgrade>=90 order by totalgrade;
+----+--------------+--------+--------+------------+-----------+------------+
| id | sno          | cno    | tno    | usualgrade | termgrade | totalgrade |
+----+--------------+--------+--------+------------+-----------+------------+
|  2 | 202115010201 | 204002 | 202101 |         92 |        95 |       93.8 |
|  1 | 202115010201 | 204001 | 202101 |         90 |        98 |       94.8 |
|  3 | 202115010201 | 204003 | 202101 |         96 |        95 |       95.4 |
+----+--------------+--------+--------+------------+-----------+------------+
3 rows in set (0.08 sec)
```

图 6-45　查询结果按升序排列 1

(2) 在数据表 tb_student 中，查询学生的学号、姓名和性别，并按照性别进行升序排列，具体语句为

```
mysql> select sno as 学号,sname as 姓名,ssex as 性别 from tb_student order by ssex asc;
```

执行结果如图 6-46 所示。

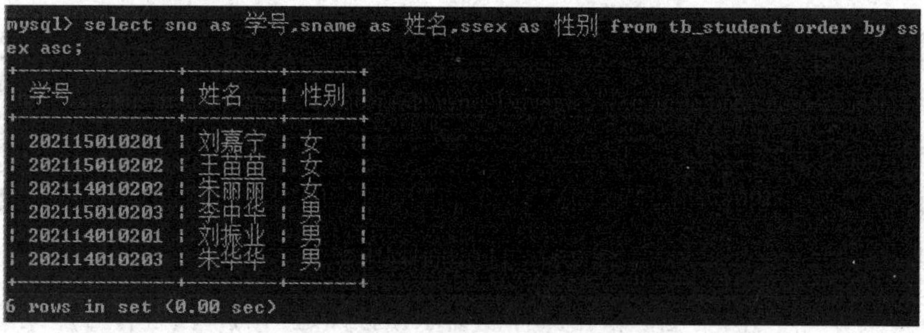

```
mysql> select sno as 学号,sname as 姓名,ssex as 性别 from tb_student order by ss
ex asc;
+--------------+--------+------+
| 学号         | 姓名   | 性别 |
+--------------+--------+------+
| 202115010201 | 刘嘉宁 | 女   |
| 202115010202 | 王苗苗 | 女   |
| 202114010202 | 朱丽丽 | 女   |
| 202115010203 | 李中华 | 男   |
| 202114010201 | 刘振业 | 男   |
| 202114010203 | 朱华华 | 男   |
+--------------+--------+------+
6 rows in set (0.00 sec)
```

图 6-46　查询结果按升序排列 2

步骤 2：查询结果按降序排列。

(1) 在数据表 tb_grade 中，查询综合成绩在 95 分以上 (包括 95 分) 或者期末成绩在 98 分以上 (包括 98 分) 的学生的成绩单，并按照综合成绩降序排列，具体语句为

```
mysql> select * from tb_grade where (totalgrade>=95)or(termgrade>=98) order by totalgrade desc;
```

执行结果如图 6-47 所示。

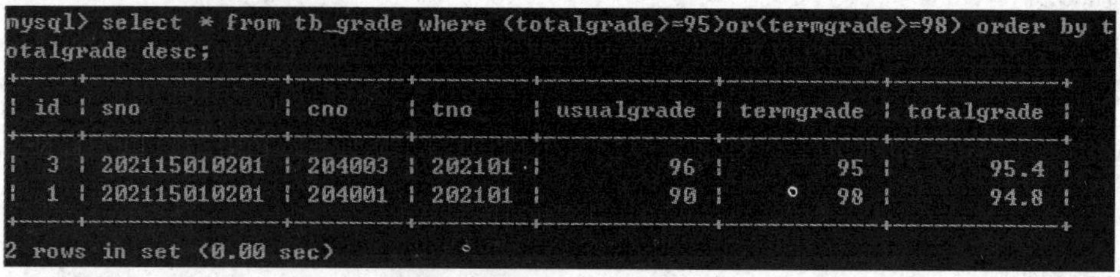

```
mysql> select * from tb_grade where (totalgrade>=95)or(termgrade>=98) order by t
otalgrade desc;
+----+--------------+--------+--------+------------+-----------+------------+
| id | sno          | cno    | tno    | usualgrade | termgrade | totalgrade |
+----+--------------+--------+--------+------------+-----------+------------+
|  3 | 202115010201 | 204003 | 202101 |         96 |        95 |       95.4 |
|  1 | 202115010201 | 204001 | 202101 |         90 |        98 |       94.8 |
+----+--------------+--------+--------+------------+-----------+------------+
2 rows in set (0.00 sec)
```

图 6-47　查询结果按降序排列 1

(2) 在数据表 tb_student 中，查询学生的学号、姓名和出生日期，并按照出生日期进行

降序排列，具体语句为

```
mysql> select sno as 学号,sname as 姓名,sbirthday as 出生日期 from tb_student order by sbirthday desc;
```

执行结果如图6-48所示。

```
mysql> select sno as 学号,sname as 姓名,sbirthday as 出生日期 from tb_student or
der by sbirthday desc;
+--------------+--------+------------+
| 学号         | 姓名   | 出生日期   |
+--------------+--------+------------+
| 202114010201 | 刘振业 | 2020-01-01 |
| 202114010202 | 朱丽丽 | 2000-10-01 |
| 202115010201 | 刘嘉宁 | 2000-01-01 |
| 202115010202 | 王苗苗 | 2000-01-01 |
| 202115010203 | 李中华 | NULL       |
| 202114010203 | 朱华华 | NULL       |
+--------------+--------+------------+
6 rows in set (0.00 sec)
```

图6-48 查询结果按降序排列2

小贴士

按照升序排列时，字段为空值(null)的记录最先显示；按照降序排列时，字段为空值(null)的记录最后显示。即当排序的字段中存在空值(null)时，会将该空值(null)作为最小值来对待。

步骤3：查询结果按多个字段排序。

(1) 在数据表tb_grade中，查询学生的成绩单，并按照学号升序排列，同一学号按照课程编号升序排列，具体语句为

```
mysql> select * from tb_grade order by sno asc,cno asc;
```

执行结果如图6-49所示。

```
mysql> select * from tb_grade order by sno asc,cno asc;
+----+--------------+--------+--------+------------+-----------+------------+
| id | sno          | cno    | tno    | usualgrade | termgrade | totalgrade |
+----+--------------+--------+--------+------------+-----------+------------+
|  1 | 202115010201 | 204001 | 202101 |         90 |        98 |       94.8 |
|  2 | 202115010201 | 204002 | 202101 |         92 |        95 |       93.8 |
|  3 | 202115010201 | 204003 | 202101 |         96 |        95 |       95.4 |
|  4 | 202115010202 | 204001 | 202101 |         75 |        70 |         72 |
|  5 | 202115010202 | 204002 | 202101 |         70 |        72 |       71.2 |
|  6 | 202115010202 | 204003 | 202101 |         72 |        69 |       70.2 |
+----+--------------+--------+--------+------------+-----------+------------+
6 rows in set (0.00 sec)
```

图6-49 查询结果按多个字段排序1

小贴士

按照多个字段进行排序时，MySQL会按照字段的顺序从左到右依次进行排序。

(2) 在数据表tb_student中，将学号开头字符为“20211401”的学生的专业字段设置为“工程测量”，并查询学生的学号、姓名和专业，并按照专业进行降序排列，同一专业的按照学号升序排列，具体语句为

```
mysql> update tb_student set sspecialty='工程测量' where sno like'20211401%';
mysql> select sno as 学号,sname as 姓名,sspecialty as 专业 from tb_student order by sspecialty desc,sno asc;
```

执行结果如图 6-50 所示。

```
mysql> update tb_student set sspecialty='工程测量' where sno like'20211401%';
Query OK, 3 rows affected (0.10 sec)
Rows matched: 3  Changed: 3  Warnings: 0

mysql>  select sno as 学号,sname as 姓名,sspecialty as 专业 from tb_student orde
r by sspecialty desc,sno asc;
+--------------+--------+------------+
| 学号         | 姓名   | 专业       |
+--------------+--------+------------+
| 202115010201 | 刘嘉宁 | 计算机应用 |
| 202115010202 | 王苗苗 | 计算机应用 |
| 202114010201 | 刘振业 | 工程测量   |
| 202114010202 | 朱丽丽 | 工程测量   |
| 202114010203 | 朱华华 | 工程测量   |
| 202115010203 | 李中华 | NULL       |
+--------------+--------+------------+
6 rows in set (0.00 sec)
```

图 6-50　查询结果按多个字段排序 2

● 任务评价

通过本任务的学习，进行以下自我评价。

评 价 内 容	分值	自我评价
会将查询结果按升序排列	30	
会将查询结果按降序排列	30	
会将查询结果按多个字段排序	40	
合计	100	

任务6　分 组 查 询

● 任务描述

在查询数据库时，经常需要根据一个或多个字段对查询结果进行分组或者分组统计。请依据具体的需求，完成数据分组查询、分组统计和对分组后的数据进行过滤等。

● 任务目标

(1) 会将查询结果按一个或多个字段进行分组。

(2) 会将 group by 分别与 group_concat()、聚合函数、with rollup 一起使用。

(3) 会对分组后的数据进行过滤。

(4) 通过逐一地学习各个关键字，并加以综合应用，提升分析问题、解决问题的能力。

分组查询

● 任务分析

学习 group by 子句的功能和基本语法格式，分析具体的需求。根据一个或多个字段对查询结果进行分组或者分组统计；选择 group by 与 group_concat()、聚合函数、with rollup 共同使用；完成数据的分组统计；通过 having 子句对查询结果数据进行过滤。

● 知识链接

1. group by 子句

group by 子句主要用来将查询结果按照某个字段或者多个字段进行分组。其语法格式为

```
GROUP BY {col_name | expr}, ... [WITH ROLLUP]]
    [HAVING having_condition]
```

语法分析：

GROUP BY：关键字，表示根据一个或多个字段对查询结果进行分组。

col_name|expr：字段名或者表达式，表示按照该字段或者表达式进行分组。

WITH ROLLUP：关键字，用来在所有记录的最后加上一条记录，这条记录是之前所有记录的总和。

HAVING ***having_condition***：用于选择满足条件的分组数据。HAVING 查询条件中可以使用聚合函数，也可以使用字段别名。

2. group by 关键字与聚合函数

在数据统计时，group by 关键字经常和聚合函数一起使用。常用的聚合函数包括 COUNT()，SUM()，AVG()，MAX() 和 MIN()。其中，COUNT() 用来统计记录的条数；SUM() 用来计算字段值的总和；AVG() 用来计算字段值的平均值；MAX() 用来查询字段的最大值；MIN() 用来查询字段的最小值。

3. group by 子句与 group_concat 函数

group by 关键字可以和 group_concat 函数一起使用。group_concat() 函数用于将每个分组中指定的字段值全部显示出来。

● 任务实施

步骤 1：group by 关键字单独使用。

在数据表 tb_student 中，根据性别进行分组查询，具体语句为

```
mysql> use chjgl_db;
mysql> select ssex from tb_student group by ssex;
```

执行结果如图 6-51 所示。结果只显示了两条记录，这两条记录的 ssex 字段的值分别为“女”和“男”。

```
mysql> use chjgl_db;
Database changed
mysql> select ssex from tb_student group by ssex;
+------+
| ssex |
+------+
| 女   |
| 男   |
+------+
2 rows in set (0.00 sec)
```

图 6-51 group by 关键字单独使用

步骤 2：group by 与 group_concat() 一起使用。

(1) 在数据表 tb_student 中，根据性别进行分组查询，并且将每个分组的学生姓名都显示出来，具体语句为

```
mysql> select ssex,group_concat(sname) from tb_student group by ssex;
```

执行结果如图 6-52 所示。结果显示，查询结果分为“女”和“男”两组，并且每组的学生姓名都显示出来了。

```
mysql> select ssex,group_concat(sname) from tb_student group by ssex;
+------+----------------------+
| ssex | group_concat(sname)  |
+------+----------------------+
| 女   | 刘嘉宁,王苗苗,朱丽丽 |
| 男   | 李中华,刘振业,朱华华 |
+------+----------------------+
2 rows in set (0.11 sec)
```

图 6-52 group by 与 group_concat() 一起使用 1

(2) 在数据表 tb_grade 中，根据学号进行分组查询，并且将每个分组的学生选修的课程编号、综合成绩都显示出来，具体语句为

```
mysql> select sno,group_concat(cno),group_concat(totalgrade) from tb_grade group by sno;
```

执行结果如图 6-53 所示。

```
mysql> select sno,group_concat(cno),group_concat(totalgrade) from tb_grade group
 by sno;
+--------------+----------------------+--------------------------+
| sno          | group_concat(cno)    | group_concat(totalgrade) |
+--------------+----------------------+--------------------------+
| 202115010201 | 204001,204002,204003 | 94.8,93.8,95.4           |
| 202115010202 | 204001,204002,204003 | 72,71.2,70.2             |
+--------------+----------------------+--------------------------+
2 rows in set (0.00 sec)
```

图 6-53 group by 与 group_concat() 一起使用 2

步骤 3：group by 与聚合函数一起使用。

(1) 在数据表 tb_student 中，统计查询男女生的总数，并分组显示出男女生的姓名，具体语句为

```
mysql> select ssex as 性别,count(ssex) as 人数,group_concat(sname) as 姓名 from tb_student group by ssex;
```

执行结果如图 6-54 所示。由结果可以看到，查询结果分为“女”和“男”两组，并且每组的总人数和学生姓名都显示出来了。

```
mysql> select ssex as 性别,count(ssex) as 人数,group_concat(sname) as 姓名 from
tb_student group by ssex;
+------+------+--------------------+
| 性别 | 人数 | 姓名               |
+------+------+--------------------+
| 女   |    3 | 刘嘉宁,王苗苗,朱丽丽 |
| 男   |    3 | 李中华,刘振业,朱华华 |
+------+------+--------------------+
2 rows in set (0.02 sec)
```

图 6-54　group by 与聚合函数一起使用 1

(2) 在数据表 tb_grade 中，统计查询每位学生所有科目综合成绩的总分和平均分，取两位小数，具体语句为

```
mysql> select sno as 学号,round(sum(totalgrade),2) as 总分,round(avg(totalgrade),2) as 平均分 from
tb_grade group by sno;
```

执行结果如图 6-55 所示。

```
mysql> select sno as 学号,round(sum(totalgrade),2) as 总分,round(avg(totalgrade)
,2) as 平均分 from tb_grade group by sno;
+--------------+-------+--------+
| 学号         | 总分  | 平均分 |
+--------------+-------+--------+
| 202115010201 |   284 |  94.67 |
| 202115010202 | 213.4 |  71.13 |
+--------------+-------+--------+
2 rows in set (0.06 sec)
```

图 6-55　group by 与聚合函数一起使用 2

(3) 在数据表 tb_grade 中，查询各科综合成绩的最高分和最低分，具体语句为

```
mysql> select cno as 课程号,max(totalgrade) as 最高分,min(totalgrade) as 最低分from tb_grade group by cno;
```

执行结果如图 6-56 所示。

```
mysql> select cno as 课程号,max(totalgrade) as 最高分,min(totalgrade) as 最低分
from tb_grade group by cno;
+--------+--------+--------+
| 课程号 | 最高分 | 最低分 |
+--------+--------+--------+
| 204001 |   94.8 |     72 |
| 204002 |   93.8 |   71.2 |
| 204003 |   95.4 |   70.2 |
+--------+--------+--------+
3 rows in set (0.02 sec)
```

图 6-56　group by 与聚合函数一起使用 3

步骤 4：按照多个字段进行分组。

(1) 准备工作。

①在数据表 tb_grade 中，添加 202102 学期内学生的各科平时成绩和期末成绩。具体语句为

```
mysql> insert into tb_grade(sno,cno,tno,usualgrade,termgrade)
    -> values('202115010201','204004','202102',80,98),
    -> ('202115010201','204005','202102',75,95),
    -> ('202115010201','204006','202102',96,100),
    -> ('202115010202','204004','202102',60,82),
    -> ('202115010202','204005','202102',60,52),
    -> ('202115010202','204006','202102',75,89);
```

执行结果如图 6-57 所示。

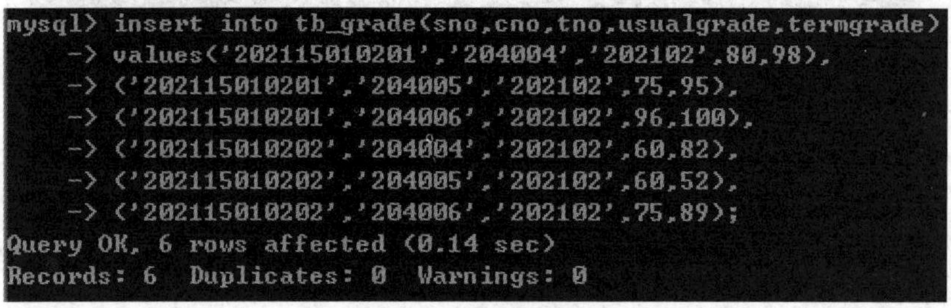

```
mysql> insert into tb_grade(sno,cno,tno,usualgrade,termgrade)
    -> values('202115010201','204004','202102',80,98),
    -> ('202115010201','204005','202102',75,95),
    -> ('202115010201','204006','202102',96,100),
    -> ('202115010202','204004','202102',60,82),
    -> ('202115010202','204005','202102',60,52),
    -> ('202115010202','204006','202102',75,89);
Query OK, 6 rows affected (0.14 sec)
Records: 6  Duplicates: 0  Warnings: 0
```

图 6-57　添加数据

②在数据表 tb_grade 中，计算出 202102 学期学生的综合成绩，具体语句为

```
mysql>update tb_grade set totalgrade=round((usualgrade*0.4+termgrade*0.6),2) where tno='202102';
```

执行结果如图 6-58 所示。

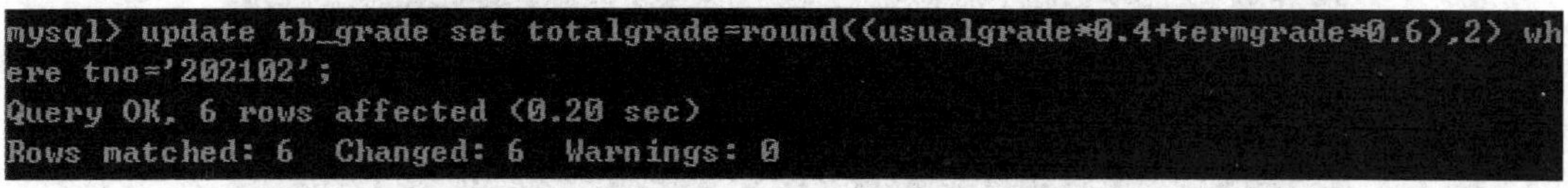

```
mysql> update tb_grade set totalgrade=round((usualgrade*0.4+termgrade*0.6),2) wh
ere tno='202102';
Query OK, 6 rows affected (0.20 sec)
Rows matched: 6  Changed: 6  Warnings: 0
```

图 6-58　修改数据

(2) 在数据表 tb_grade 中，统计查询各学期每位学生综合成绩的最高分和最低分，具体语句为

```
mysql> select tno as 学期,sno as 学号,max(totalgrade) as 最高分,min(totalgrade) as 最低分 from tb_grade
group by tno,sno;
```

执行结果如图 6-59 所示。由结果可以看到，分组过程中，依次按照学期和学号进行分组。

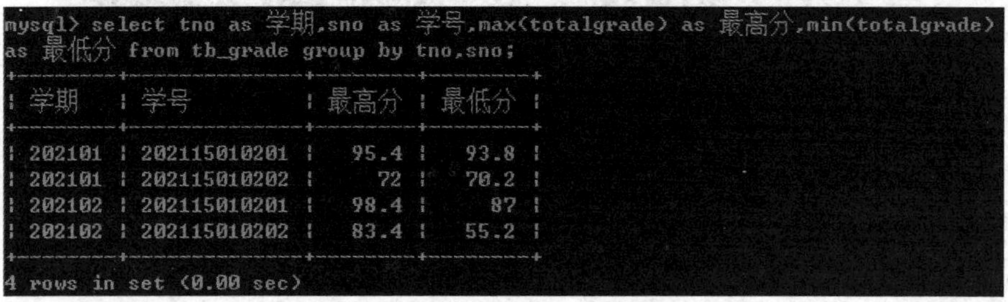

```
mysql> select tno as 学期,sno as 学号,max(totalgrade) as 最高分,min(totalgrade)
as 最低分 from tb_grade group by tno,sno;
+--------+--------------+--------+--------+
| 学期   | 学号         | 最高分 | 最低分 |
+--------+--------------+--------+--------+
| 202101 | 202115010201 |   95.4 |   93.8 |
| 202101 | 202115010202 |     72 |   70.2 |
| 202102 | 202115010201 |   98.4 |     87 |
| 202102 | 202115010202 |   83.4 |   55.2 |
+--------+--------------+--------+--------+
4 rows in set (0.00 sec)
```

图 6-59　按照多个字段进行分组

步骤 5：group by 与 with rollup 一起使用。

(1) 在数据表 tb_student 中，统计查询男女生的总数、分组显示出男女生的姓名，并统计学生的总数和所有学生姓名，具体语句为

```
mysql> select ssex as 性别,count(ssex) as 人数,group_concat(sname) as 姓名 from tb_student group by
ssex with rollup;
```

执行结果如图 6-60 所示。由结果可以看到，查询结果分为“女”“男”和“NULL”三组，并且每组的记录总数和学生姓名都显示出来了。

```
mysql> select ssex as 性别,count(ssex) as 人数,group_concat(sname) as 姓名 from
tb_student group by ssex with rollup;
+------+------+------------------------------------------+
| 性别 | 人数 | 姓名                                     |
+------+------+------------------------------------------+
| 女   |    3 | 刘嘉宁,王苗苗,朱丽丽                     |
| 男   |    3 | 李中华,刘振业,朱华华                     |
| NULL |    6 | 刘嘉宁,王苗苗,朱丽丽,李中华,刘振业,朱华华 |
+------+------+------------------------------------------+
3 rows in set (0.02 sec)
```

图 6-60 group by 与 with rollup 一起使用 1

(2) 在数据表 tb_grade 中，统计查询每位学生参加考试的所有课程号及综合成绩平均分，具体语句为

mysql> select sno as 学号,group_concat(cno) as 课程号,round(avg(totalgrade)) as平均分 from tb_grade group by sno with rollup;

执行结果如图 6-61 所示。

```
mysql> select sno as 学号,group_concat(cno) as 课程号,round(avg(totalgrade)) as
平均分 from tb_grade group by sno with rollup;
+--------------+------------------------------------------------------------------------
-------------------------+--------+
| 学号         | 课程号
                         | 平均分 |
+--------------+------------------------------------------------------------------------
-------------------------+--------+
| 202115010201 | 204001,204002,204003,204004,204005,204006
                         |     93 |
| 202115010202 | 204001,204002,204003,204004,204005,204006
                         |     71 |
| NULL         | 204001,204002,204003,204004,204005,204006,204001,204002,204003,
204004,204005,204006     |     82 |
+--------------+------------------------------------------------------------------------
-------------------------+--------+
3 rows in set (0.04 sec)
```

图 6-61 group by 与 with rollup 一起使用 2

步骤 6：group by 与 having 一起使用。

在数据表 tb_grade 中，统计查询各学期综合成绩的平均分高于 90 分的学生，具体语句为

mysql> select tno as 学期,sno as 学号,round(avg(totalgrade),2)as 平均分 from tb_grade group by tno, sno having avg(totalgrade)>90;

执行结果如图 6-62 所示。

```
mysql> select tno as 学期,sno as 学号,round(avg(totalgrade),2)as 平均分 from tb_
grade group by tno,sno having avg(totalgrade)>90;
+--------+--------------+--------+
| 学期   | 学号         | 平均分 |
+--------+--------------+--------+
| 202101 | 202115010201 |  94.67 |
| 202102 | 202115010201 |  92.07 |
+--------+--------------+--------+
2 rows in set (0.08 sec)
```

图 6-62 group by 与 having 一起使用

● 任务评价

通过本任务的学习，进行以下自我评价。

评 价 内 容	分值	自我评价
会将查询结果按一个字段进行分组	10	
会将查询结果按多个字段进行分组	10	
会将 group by 与 group_concat() 一起使用	20	
会将 group by 与聚合函数一起使用	30	
会将 group by 与 with rollup 一起使用	10	
会对分组后的数据进行过滤	20	
合计	100	

任务7 连 接 查 询

● 任务描述

如果需要查询的数据来自多个数据表，则经常用到多表连接查询。有时需要获取两表共有的记录，有时需要获取左表（右表）的所有记录，并将右表（左表）对应的数据进行拼接。根据实际需求选择合适的多表连接方式，完成多表数据的查询操作，并总结三种连接查询的区别。设置合适的条件，完成对多表连接查询结果的数据过滤。

● 任务目标

(1) 会使用内连接、左连接、右连接及复合条件连接查询。

(2) 实践操作过程中，培养细心、耐心的素质，成为“有心人”。

● 任务分析

学习连接查询的基本语法格式，通过内连接、左连接、右连接完成多表连接查询，观察多表查询返回数据的特点，总结三种连接查询的区别，使用 where 或者 having 子句对多表连接查询结果数据进行过滤。

● 知识链接

1. 连接查询

在关系型数据库中，表与表之间是有联系的，所以在实际应用中，经常使用连接查询。连接查询就是将两个或两个以上的表按照某个条件连接起来，同时从多个表中查询需要的数据。在 MySQL 中，常用的连接查询有内连接、左连接和右连接查询，其语法格式为

```
SELECT select_list FROM tbl_name1 [INNER|LEFT|RIGHT]JOIN tbl_name2
ON tbl_name1.col_name=tbl_name2.col_name
```

语法分析如下：

SELECT：查询数据的关键字。

select_list：查询数据列表。

FROM ***tbl_name1*** [INNER|LEFT|RIGHT]JOIN ***tbl_name2***：指定要查询数据的多个数据表，其中，***tbl_name*** 为数据表名；INNER JOIN 为内连接，内连接中可以省略 INNER 关键字，只用关键字 JOIN；LEFT JOIN 为左连接，RIGHT JOIN 为右连接。多个表连接时，连续使用 [INNER|LEFT|RIGHT]JOIN 即可。

ON ***tbl_name1.col_name=tbl_name2.col_name***：用来设置连接条件，数据表名和字段名之间用符号“.”来表示字段属于哪个表。

2.三种连接查询的区别

内连接查询是最常用的连接查询。内连接查询的结果都是符合连接条件的记录。

左连接查询时，可以查询出左表中的所有记录和右表中匹配连接条件的记录，如果左表的某行在右表中没有匹配记录，则在返回结果中，右表的字段值均为空值 (null)。

右连接查询时，可以查询出右表中的所有记录和左表中匹配连接条件的记录，如果右表的某行在左表中没有匹配记录，则在返回结果中，左表的字段值均为空值 (null)。

● 任务实施

步骤 1：内连接查询。

在数据表 tb_student 和 tb_grade 中，使用内连接查询学生的学号、姓名、课程编号和综合成绩，具体语句为

```
mysql> use chjgl_db;
mysql> select s.sno,s.sname,g.cno,g.totalgrade from tb_student s inner join tb_grade g on s.sno=g.sno;
```

执行结果如图 6-63 所示。

```
mysql> use chjgl_db;
Database changed
mysql> select s.sno,s.sname,g.cno,g.totalgrade from tb_student s inner join tb_g
rade g on s.sno=g.sno;
+--------------+--------+--------+------------+
| sno          | sname  | cno    | totalgrade |
+--------------+--------+--------+------------+
| 202115010201 | 刘嘉宁 | 204001 |       94.8 |
| 202115010201 | 刘嘉宁 | 204002 |       93.8 |
| 202115010201 | 刘嘉宁 | 204003 |       95.4 |
| 202115010202 | 王苗苗 | 204001 |         72 |
| 202115010202 | 王苗苗 | 204002 |       71.2 |
| 202115010202 | 王苗苗 | 204003 |       70.2 |
| 202115010201 | 刘嘉宁 | 204004 |       90.8 |
| 202115010201 | 刘嘉宁 | 204005 |         87 |
| 202115010201 | 刘嘉宁 | 204006 |       98.4 |
| 202115010202 | 王苗苗 | 204004 |       73.2 |
| 202115010202 | 王苗苗 | 204005 |       55.2 |
| 202115010202 | 王苗苗 | 204006 |       83.4 |
+--------------+--------+--------+------------+
12 rows in set (0.00 sec)
```

图 6-63　内连接查询

步骤 2：左连接查询。

在数据表 tb_student 和 tb_grade 中，使用左连接查询学生的学号、姓名、课程编号和

综合成绩，具体语句为

```
mysql> select s.sno,s.sname,g.cno,g.totalgrade from tb_student s left join tb_grade g on s.sno=g.sno;
```

执行结果如图 6-64 所示。

```
mysql> select s.sno,s.sname,g.cno,g.totalgrade from tb_student s left join tb_gr
ade g on s.sno=g.sno;
+--------------+--------+--------+------------+
| sno          | sname  | cno    | totalgrade |
+--------------+--------+--------+------------+
| 202115010201 | 刘嘉宁 | 204006 |       98.4 |
| 202115010201 | 刘嘉宁 | 204005 |         87 |
| 202115010201 | 刘嘉宁 | 204004 |       90.8 |
| 202115010201 | 刘嘉宁 | 204003 |       95.4 |
| 202115010201 | 刘嘉宁 | 204002 |       93.8 |
| 202115010201 | 刘嘉宁 | 204001 |       94.8 |
| 202115010202 | 王苗苗 | 204006 |       83.4 |
| 202115010202 | 王苗苗 | 204005 |       55.2 |
| 202115010202 | 王苗苗 | 204004 |       73.2 |
| 202115010202 | 王苗苗 | 204003 |       70.2 |
| 202115010202 | 王苗苗 | 204002 |       71.2 |
| 202115010202 | 王苗苗 | 204001 |         72 |
| 202115010203 | 李中华 | NULL   |       NULL |
| 202114010201 | 刘振业 | NULL   |       NULL |
| 202114010202 | 朱丽丽 | NULL   |       NULL |
| 202114010203 | 朱华华 | NULL   |       NULL |
+--------------+--------+--------+------------+
16 rows in set (0.00 sec)
```

图 6-64　左连接查询

步骤 3：右连接查询。

在数据表 tb_student 和 tb_grade 中，使用右连接查询学生的学号、姓名、课程编号和综合成绩，具体语句为

```
mysql> select s.sno,s.sname,g.cno,g.totalgrade from tb_student s right join tb_grade g on s.sno=g.sno;
```

执行结果如图 6-65 所示。

```
mysql> select s.sno,s.sname,g.cno,g.totalgrade from tb_student s right join tb_g
rade g on s.sno=g.sno;
+--------------+--------+--------+------------+
| sno          | sname  | cno    | totalgrade |
+--------------+--------+--------+------------+
| 202115010201 | 刘嘉宁 | 204001 |       94.8 |
| 202115010201 | 刘嘉宁 | 204002 |       93.8 |
| 202115010201 | 刘嘉宁 | 204003 |       95.4 |
| 202115010202 | 王苗苗 | 204001 |         72 |
| 202115010202 | 王苗苗 | 204002 |       71.2 |
| 202115010202 | 王苗苗 | 204003 |       70.2 |
| 202115010201 | 刘嘉宁 | 204004 |       90.8 |
| 202115010201 | 刘嘉宁 | 204005 |         87 |
| 202115010201 | 刘嘉宁 | 204006 |       98.4 |
| 202115010202 | 王苗苗 | 204004 |       73.2 |
| 202115010202 | 王苗苗 | 204005 |       55.2 |
| 202115010202 | 王苗苗 | 204006 |       83.4 |
+--------------+--------+--------+------------+
12 rows in set (0.00 sec)
```

图 6-65　右连接查询

步骤 4：复合条件连接查询。

(1) 在数据表 tb_student 和 tb_grade 中，查询综合成绩大于 90 分的学生的学号、姓名、课程编号和综合成绩，具体语句为

```
mysql> select s.sno,s.sname,g.cno,g.totalgrade from tb_student s join tb_grade g on s.sno=g.sno where g.totalgrade>90;
```

执行结果如图 6-66 所示。

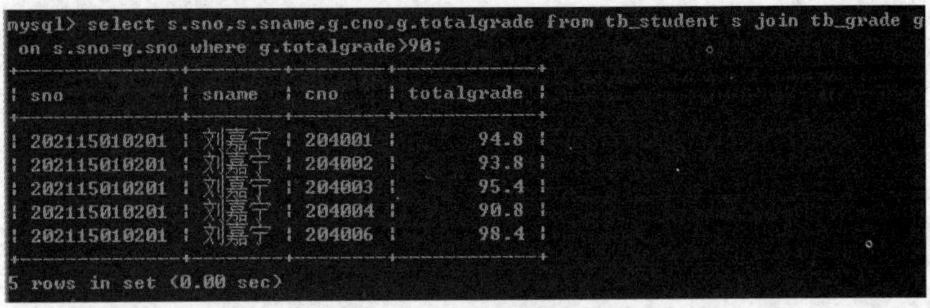

```
mysql> select s.sno,s.sname,g.cno,g.totalgrade from tb_student s join tb_grade g
 on s.sno=g.sno where g.totalgrade>90;
+--------------+--------+--------+------------+
| sno          | sname  | cno    | totalgrade |
+--------------+--------+--------+------------+
| 202115010201 | 刘嘉宁 | 204001 |       94.8 |
| 202115010201 | 刘嘉宁 | 204002 |       93.8 |
| 202115010201 | 刘嘉宁 | 204003 |       95.4 |
| 202115010201 | 刘嘉宁 | 204004 |       90.8 |
| 202115010201 | 刘嘉宁 | 204006 |       98.4 |
+--------------+--------+--------+------------+
5 rows in set (0.00 sec)
```

图 6-66　复合条件连接查询 1

(2) 在数据表 tb_student 和 tb_grade 中，查询综合成绩平均分大于 90 分的学生的学号、姓名和平均分，具体语句为

```
mysql> select s.sno as 学号,s.sname as 姓名,round(avg(g.totalgrade)) as 平均分 from tb_student s join tb_grade g on s.sno=g.sno group by s.sno having avg(g.totalgrade)>90;
```

执行结果如图 6-67 所示。

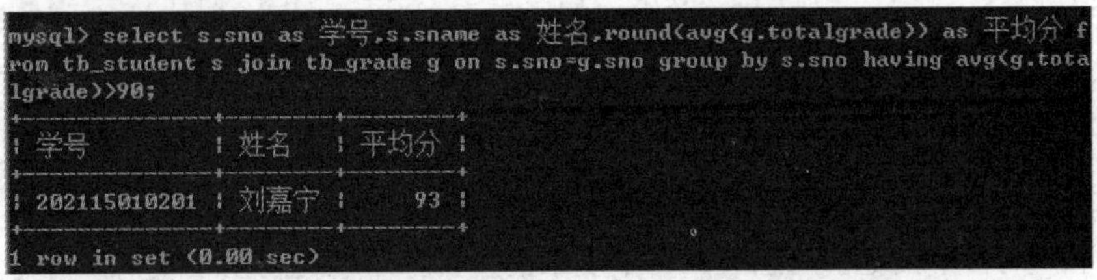

```
mysql> select s.sno as 学号,s.sname as 姓名,round(avg(g.totalgrade)) as 平均分 f
rom tb_student s join tb_grade g on s.sno=g.sno group by s.sno having avg(g.tota
lgrade)>90;
+--------------+--------+--------+
| 学号         | 姓名   | 平均分 |
+--------------+--------+--------+
| 202115010201 | 刘嘉宁 |     93 |
+--------------+--------+--------+
1 row in set (0.00 sec)
```

图 6-67　复合条件连接查询 2

(3) 在数据表 tb_student 和 tb_grade 中，查询各学期综合成绩平均分大于 90 分的学生，并显示出学期、学号、姓名和平均分，具体语句为

```
mysql> select g.tno as 学期,s.sno as 学号,s.sname as 姓名,round(avg(g.totalgrade)) as 平均分 from tb_student s join tb_grade g on s.sno=g.sno group by g.tno,s.sno having avg(g.totalgrade)>90;
```

执行结果如图 6-68 所示。

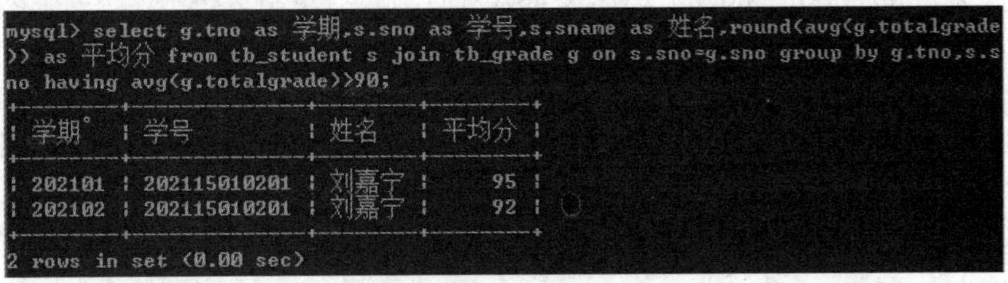

```
mysql> select g.tno as 学期,s.sno as 学号,s.sname as 姓名,round(avg(g.totalgrade
)) as 平均分 from tb_student s join tb_grade g on s.sno=g.sno group by g.tno,s.s
no having avg(g.totalgrade)>90;
+--------+--------------+--------+--------+
| 学期   | 学号         | 姓名   | 平均分 |
+--------+--------------+--------+--------+
| 202101 | 202115010201 | 刘嘉宁 |     95 |
| 202102 | 202115010201 | 刘嘉宁 |     92 |
+--------+--------------+--------+--------+
2 rows in set (0.00 sec)
```

图 6-68　复合条件连接查询 3

● 任务评价

通过本任务的学习，进行以下自我评价。

评 价 内 容	分值	自我评价
会使用内连接查询	20	
会使用左连接查询	20	
会使用右连接查询	20	
会复合条件连接查询	40	
合计	100	

任务8 子 查 询

● 任务描述

在完成较复杂的数据查询的过程中，经常会出现一种情况即一个查询语句的条件来自另一个查询语句的查询结果，这时候就需要通过子查询来实现。根据实际需求，选择恰当的比较运算符和 in、not in、exists、not exists、any、all 等关键字，完成多个数据表的子查询。

● 任务目标

(1) 会带 in、exists、any、all 等关键字的子查询。

(2) 会带比较运算符的子查询。

(3) 通过子查询语句的学习，培养脚踏实地的处事态度。

子查询

● 任务分析

学习子查询各个关键字的意义，对于复杂的查询，可以先写出子查询，再写父查询。

● 知识链接

1. 子查询

子查询是指将一个查询语句嵌套在另一个查询语句中，又称为嵌套查询，是 MySQL 中比较常用的查询方法，通过子查询可以实现多表查询。子查询可以在 select、update 和 delete 语句中使用，并且可以进行多层嵌套。在实际开发时，子查询经常出现在 where 子句中。子查询中常包括 in、not in、exists、not exists、any、all 等关键字，还可能包含 =、>、<、<> 等比较运算符。

一般来说，表连接都可以用子查询替换，但有的子查询不能用表连接来替换。相对表连接而言，子查询更灵活、方便、形式多样，适合作为查询的筛选条件，而表连接更适合查看连接表的数据。

2. 带 in 关键字的子查询

当表达式与子查询返回的结果集内的某个值相等时，返回 true，否则返回 false；若使用关键字 not in，则返回值正好相反。

3. 带 exists 关键字的子查询

用于判断子查询的结果集是否为空，若子查询的结果集不为空，返回 true，否则返回

false；若使用关键字 not exists，则返回的值正好相反。

4. 带 any 关键字的子查询

只要满足子查询语句返回结果集内的任何一个结果，就可以通过该条件来执行父查询语句。

5. 带 all 关键字的子查询

只有满足子查询语句返回的所有结果，才可以执行父查询语句。

6. 带比较运算符的子查询

比较运算符在子查询中使用非常广泛，常用的比较运算符包括 =、<>(!=)、>=、<=、>、< 等。

● 任务实施

步骤 1：带 in 关键字的子查询。

(1) 在数据表 tb_student 和 tb_grade 中，查询参加课程编号为 204001 课程考试的学生的姓名，具体语句为

```
mysql> use chjgl_db;
mysql> select sname from tb_student
    -> where sno in(select sno from tb_grade where cno='204001');
```

执行结果如图 6-69 所示。

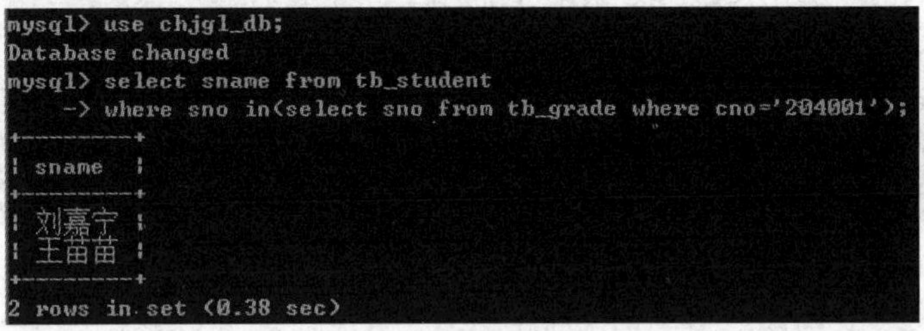

```
mysql> use chjgl_db;
Database changed
mysql> select sname from tb_student
    -> where sno in(select sno from tb_grade where cno='204001');
+--------+
| sname  |
+--------+
| 刘嘉宁 |
| 王苗苗 |
+--------+
2 rows in set (0.38 sec)
```

图 6-69　带 in 关键字的子查询 1

(2) 在数据表 tb_student 和 tb_grade 中，查询没有考试成绩的学生的姓名，具体语句为

```
mysql> select sname from tb_student
    -> where sno not in(select sno from tb_grade);
```

执行结果如图 6-70 所示。

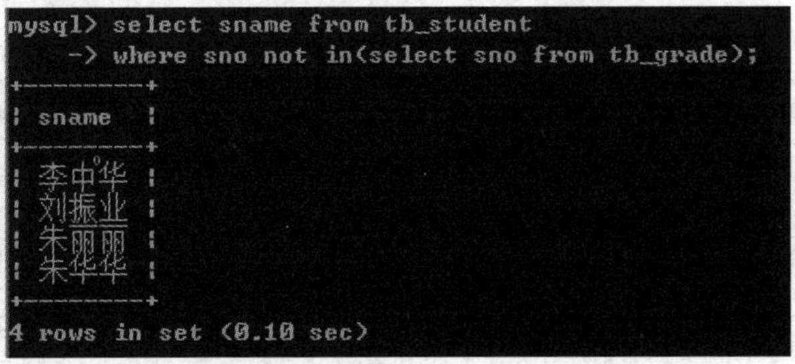

```
mysql> select sname from tb_student
    -> where sno not in(select sno from tb_grade);
+--------+
| sname  |
+--------+
| 李中华 |
| 刘振业 |
| 朱丽丽 |
| 朱华华 |
+--------+
4 rows in set (0.10 sec)
```

图 6-70　带 in 关键字的子查询 2

步骤 2：带 exists 关键字的子查询。

(1) 在数据表 tb_student 和 tb_grade 中，如果存在期末成绩不及格的学生，就显示出所有学生的姓名、性别，具体语句为

```
mysql> select sname as 姓名,ssex as 性别 from tb_student
    -> where exists(select sno from tb_grade where termgrade<60);
```

执行结果如图 6-71 所示。

```
mysql> select sname as 姓名,ssex as 性别 from tb_student
    -> where exists(select sno from tb_grade where termgrade<60);
+--------+------+
| 姓名   | 性别 |
+--------+------+
| 刘嘉宁 | 女   |
| 王苗苗 | 女   |
| 李中华 | 男   |
| 刘振业 | 男   |
| 朱丽丽 | 女   |
| 朱华华 | 男   |
+--------+------+
6 rows in set (0.06 sec)
```

图 6-71 带 exists 关键字的子查询 1

(2) 在数据表 tb_student 和 tb_grade 中，如果不存在期末成绩不及格的学生，就显示出所有学生的姓名、性别，具体语句为

```
mysql> select sname as 姓名,ssex as 性别 from tb_student
    -> where not exists(select sno from tb_grade where termgrade<60);
```

执行结果如图 6-72 所示。可以看出，运行结果和带 exists 关键字的子查询 1(见图 6-71) 刚好相反。

```
mysql> select sname as 姓名,ssex as 性别 from tb_student
    -> where not exists(select sno from tb_grade where termgrade<60);
Empty set (0.04 sec)
```

图 6-72 带 exists 关键字的子查询 2

步骤 3：带 any 关键字的子查询。

(1) 在数据表 tb_student 中，查询计算机应用专业的学生中是否存在比工程测量专业所有学生的年龄都大的学生，如果存在，显示她们的学号、姓名和出生日期，具体语句为

```
mysql> select sno as 学号,sname as 姓名,sbirthday as 出生日期 from tb_student
    -> where sspecialty='计算机应用' and sbirthday<any(select sbirthday from tb_student where
sspecialty='工程测量');
```

执行结果如图 6-73 所示。

```
mysql> select sno as 学号,sname as 姓名,sbirthday as 出生日期 from tb_student
    -> where sspecialty='计算机应用' and sbirthday<any(select sbirthday from tb_
student where sspecialty='工程测量');
+--------------+--------+------------+
| 学号         | 姓名   | 出生日期   |
+--------------+--------+------------+
| 202115010201 | 刘嘉宁 | 2000-01-01 |
| 202115010202 | 王苗苗 | 2000-01-01 |
+--------------+--------+------------+
2 rows in set (0.00 sec)
```

图 6-73 带 any 关键字的子查询 1

小贴士

出生日期值越小，年龄越大。

(2) 在数据表 tb_student 中，查询计算机应用专业和工程测量专业的学生中是否存在密码相同的学生，如果存在，显示她们的学号、姓名和密码。具体语句为

```
mysql> select sno as 学号,sname as 姓名,spassword as 密码 from tb_student
    -> where sspecialty='计算机应用' and spassword=any(select spassword from tb_student where sspecialty='工程测量');
```

执行结果如图 6-74 所示。

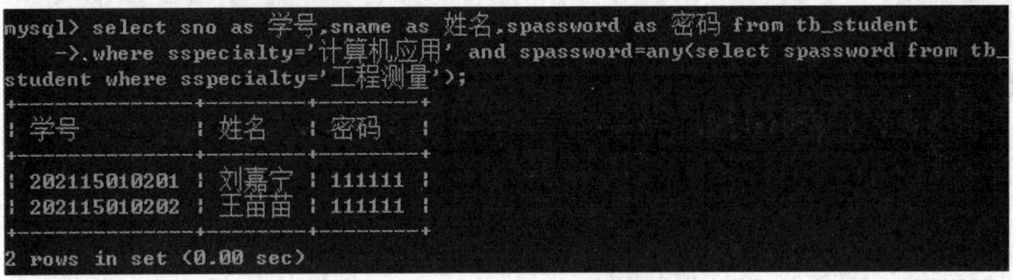

```
mysql> select sno as 学号,sname as 姓名,spassword as 密码 from tb_student
    -> where sspecialty='计算机应用' and spassword=any(select spassword from tb_
student where sspecialty='工程测量');
+--------------+--------+--------+
| 学号         | 姓名   | 密码   |
+--------------+--------+--------+
| 202115010201 | 刘嘉宁 | 111111 |
| 202115010202 | 王苗苗 | 111111 |
+--------------+--------+--------+
2 rows in set (0.00 sec)
```

图 6-74　带 any 关键字的子查询 2

步骤 4：带 all 关键字的子查询。

在数据表 tb_student 中，查询年龄比计算机应用专业的学生的年龄都小的学生的学号、姓名和出生日期，具体语句为

```
mysql> select sno as 学号,sname as 姓名,sbirthday as 出生日期 from tb_student
    -> where sbirthday>all(select sbirthday from tb_student where sspecialty='计算机应用');
```

执行结果如图 6-75 所示。

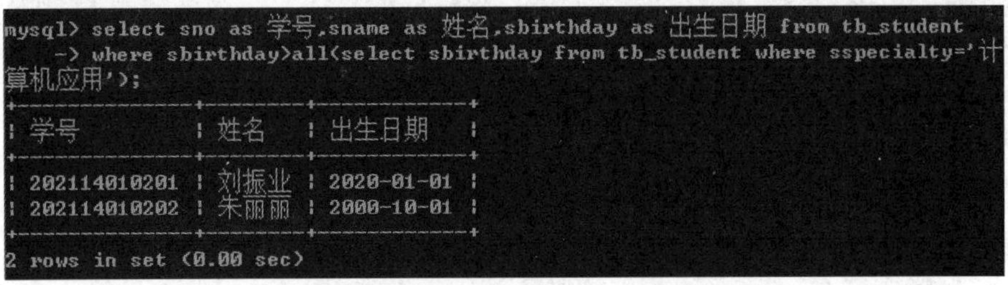

```
mysql> select sno as 学号,sname as 姓名,sbirthday as 出生日期 from tb_student
    -> where sbirthday>all(select sbirthday from tb_student where sspecialty='计
算机应用');
+--------------+--------+------------+
| 学号         | 姓名   | 出生日期   |
+--------------+--------+------------+
| 202114010201 | 刘振业 | 2020-01-01 |
| 202114010202 | 朱丽丽 | 2000-10-01 |
+--------------+--------+------------+
2 rows in set (0.00 sec)
```

图 6-75　带 all 关键字的子查询

步骤 5：带比较运算符的子查询。

在数据表 tb_grade 中，查询综合成绩低于平均成绩的学生的学号、课程编号和综合成绩，具体语句为

```
mysql> select sno as 学号,cno as 课程编号,totalgrade as 综合成绩 from tb_grade
    -> where totalgrade<(select avg(totalgrade) from tb_grade);
```

执行结果如图 6-76 所示。

```
mysql> select sno as 学号,cno as 课程编号,totalgrade as 综合成绩 from tb_grade
    -> where totalgrade<(select avg(totalgrade) from tb_grade);
+--------------+----------+----------+
| 学号         | 课程编号 | 综合成绩 |
+--------------+----------+----------+
| 202115010202 | 204001   |       72 |
| 202115010202 | 204002   |     71.2 |
| 202115010202 | 204003   |     70.2 |
| 202115010202 | 204004   |     73.2 |
| 202115010202 | 204005   |     55.2 |
+--------------+----------+----------+
5 rows in set (0.00 sec)
```

图 6-76 带比较运算符的子查询

● 任务评价

通过本任务的学习，进行以下自我评价。

评 价 内 容	分值	自我评价
会带 in 关键字的子查询	20	
会带 exists 关键字的子查询	20	
会带 any 关键字的子查询	20	
会带 all 关键字的子查询	20	
会带比较运算符的子查询	20	
合计	100	

任务9 合并查询结果

● 任务描述

在执行较复杂的数据查询的过程中，经常会需要一次性查询多条 SQL 语句，并将每一条 select 查询的结果合并成一个结果集返回。这时候就需要用到 union 操作符，将多个 select 语句组合起来。本任务根据项目需求，完成合并查询结果的操作。

● 任务目标

(1) 会使用 union 查询。

(2) 会使用 union all 查询。

(3) 会在合并查询结果中区分多表。

(4) 会在 union 子句或整句中使用 order by。

(5) 通过学习如何完成合并查询结果，培养勇于探究与实践的科学精神。

● 任务分析

学习 union 查询的使用方法以及注意事项，完成合并查询结果的操作。

● 知识链接

1. union语法

union 用于把来自多个 select 语句的结果组合到一个结果集中。在多个 select 语句中，对应的列应该具有相同的字段属性，且第一个 select 语句中被使用的字段名称也被用于结果的字段名称。union 基本语法格式为

```
SELECT column,......FROM tables
UNION [ALL]
SELECT column,......FROM tables
```

语法分析：

column：要检索的列。

tables：要检索的数据表。

[ALL]：可选项，返回所有结果集，包含重复数据。若省略该选项，则默认删除结果集中重复的数据。

2. union 区分多表

在实际应用过程中，经常需要在合并查询结果时区分该条记录来自哪张表，此时可以通过在 select 语句中添加一个区别数据表的字段来实现。

3. union 结果排序

(1) 在 union 子句中使用 order by，即将 select 子句的结果先排序，然后再把这些子句查询的结果进行集合。在子句中使用 order by，考虑到优先级问题，需要将整个子句加圆括号括起来。

(2) 在 union 整句中使用 order by，对全部 union 结果进行分类或限制，则应对单个 select 语句加圆括号括起来，并把 order by 放到最后一个 select 语句的后面。

● 任务实施

步骤 1：准备工作。

(1) 创建新的数据表 tb_student_man，其表结构和数据表 tb_student 相同，记录数据表 tb_student 中性别为“男”的学生记录，具体语句为

```
mysql> use chjgl_db;
mysql> create table tb_student_man as select * from tb_student where tb_student.ssex="男";
```

执行结果如图 6-77 所示。

```
mysql> use chjgl_db;
Database changed
mysql> create table tb_student_man as select * from tb_student where tb_student.
ssex="男";
Query OK, 3 rows affected (0.65 sec)
Records: 3  Duplicates: 0  Warnings: 0
```

图 6-77　创建新的数据表 1

(2) 创建新的数据表 tb_student_woman，其表结构和数据表 tb_student 相同，记录数据

表 tb_student 中性别为“女”的学生记录，具体语句为

```
mysql> create table tb_student_woman as select * from tb_student where tb_student.ssex="女";
```

执行结果如图 6-78 所示。

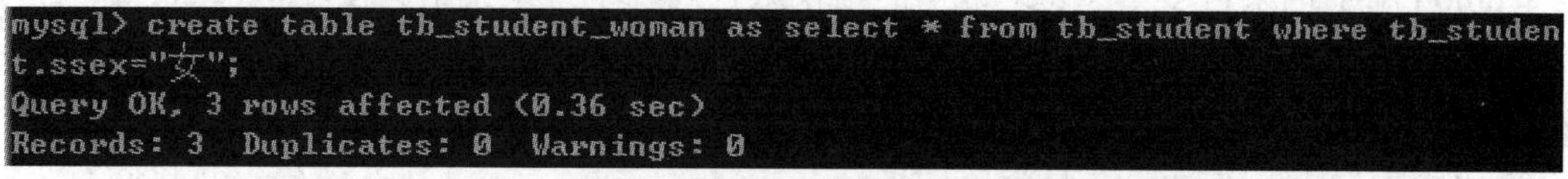

```
mysql> create table tb_student_woman as select * from tb_student where tb_studen
t.ssex="女";
Query OK, 3 rows affected (0.36 sec)
Records: 3  Duplicates: 0  Warnings: 0
```

图 6-78 创建新的数据表 2

步骤 2：使用 union 查询。

(1) 查询两个数据表 tb_student_man 和 tb_student_woman 中的出生日期字段数据，并去掉重复记录，具体语句为

```
mysql> select sbirthday from tb_student_man union select sbirthday from tb_student_woman;
```

执行结果如图 6-79 所示。

```
mysql> select sbirthday from tb_student_man union select sbirthday from tb_stude
nt_woman;
+------------+
| sbirthday  |
+------------+
| NULL       |
| 2020-01-01 |
| 2000-01-01 |
| 2000-10-01 |
+------------+
4 rows in set (0.11 sec)
```

图 6-79 多表 union 查询

(2) 查询数据表 tb_student 中所有女生的和所有计算机应用专业学生的出生日期字段，并去掉重复记录，具体语句为

```
mysql> select sbirthday from tb_student where ssex="女" union select sbirthday from tb_student where
sspecialty=" 计算机应用";
```

执行结果如图 6-80 所示。

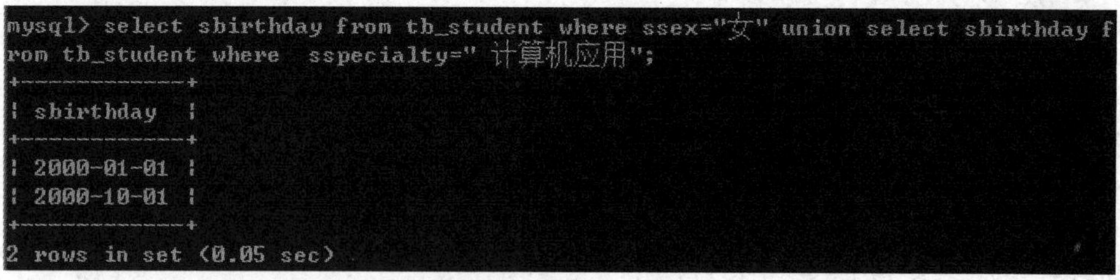

```
mysql> select sbirthday from tb_student where ssex="女" union select sbirthday f
rom tb_student where  sspecialty=" 计算机应用";
+------------+
| sbirthday  |
+------------+
| 2000-01-01 |
| 2000-10-01 |
+------------+
2 rows in set (0.05 sec)
```

图 6-80 单表 union 查询

步骤 3：使用 union all 查询。

(1) 查询 tb_student_man 和 tb_student_woman 两个数据表中的出生日期字段，并返回所有记录，具体语句为

```
mysql> select sbirthday from tb_student_man union all select sbirthday from tb_student_woman;
```

执行结果如图 6-81 所示。

```
mysql> select sbirthday from tb_student_man union all select sbirthday from tb_s
tudent_woman;
+------------+
| sbirthday  |
+------------+
| NULL       |
| 2020-01-01 |
| NULL       |
| 2000-01-01 |
| 2000-01-01 |
| 2000-10-01 |
+------------+
6 rows in set (0.05 sec)
```

图 6-81　多表 union all 查询

(2) 查询数据表 tb_student 中所有女生和所有计算机应用专业学生的出生日期字段，并返回所有记录，具体语句为

```
mysql> select sbirthday from tb_student where ssex="女" union all select sbirthday from tb_student where
sspecialty=" 计算机应用";
```

执行结果如图 6-82 所示。

```
mysql> select sbirthday from tb_student where ssex="女" union all select sbirthd
ay from tb_student where  sspecialty=" 计算机应用";
+------------+
| sbirthday  |
+------------+
| 2000-01-01 |
| 2000-01-01 |
| 2000-10-01 |
+------------+
3 rows in set (0.00 sec)
```

图 6-82　单表 union all 查询

步骤 4：区分多表。

查询 tb_student_man 和 tb_student_woman 两个数据表中的姓名、出生日期字段，返回所有记录并使用字段 tb_name 字段记录该条记录来源于哪个表，具体语句为

```
mysql> select sname,sbirthday,'tb_student_man' as tb_name  from tb_student_man union all select sname,
sbirthday,'tb_student_woman' as tb_name from tb_student_woman;
```

执行结果如图 6-83 所示。

```
mysql> select sname,sbirthday,'tb_student_man' as tb_name  from tb_student_man u
nion all select sname,sbirthday,'tb_student_woman' as tb_name from tb_student_wo
man;
+--------+------------+------------------+
| sname  | sbirthday  | tb_name          |
+--------+------------+------------------+
| 李中华 | NULL       | tb_student_man   |
| 刘振业 | 2020-01-01 | tb_student_man   |
| 朱华华 | NULL       | tb_student_man   |
| 刘嘉宁 | 2000-01-01 | tb_student_woman |
| 王苗苗 | 2000-01-01 | tb_student_woman |
| 朱丽丽 | 2000-10-01 | tb_student_woman |
+--------+------------+------------------+
6 rows in set (0.00 sec)
```

图 6-83　区分多表

步骤 5：在 union 子句中使用 order by。

查询 tb_student_man 和 tb_student_woman 两个数据表中的姓名、出生日期字段，返回所有记录并使用字段 tb_name 字段记录该条记录来源于哪个表。将 select 子句的结果先排

序，再进行集合，具体语句为

mysql> (select sname,sbirthday,'tb_student_man' as tb_name from tb_student_man order by sname) union all (select sname,sbirthday,'tb_student_woman' as tb_name from tb_student_woman order by sname);

执行结果如图 6-84 所示。

```
mysql> (select sname,sbirthday,'tb_student_man' as tb_name  from tb_student_man
order by sname) union all (select sname,sbirthday,'tb_student_woman' as tb_name
from tb_student_woman order by sname);
+-----------+------------+------------------+
| sname     | sbirthday  | tb_name          |
+-----------+------------+------------------+
| 李中华    | NULL       | tb_student_man   |
| 刘振业    | 2020-01-01 | tb_student_man   |
| 朱华华    | NULL       | tb_student_man   |
| 刘嘉宁    | 2000-01-01 | tb_student_woman |
| 王苗苗    | 2000-01-01 | tb_student_woman |
| 朱丽丽    | 2000-10-01 | tb_student_woman |
+-----------+------------+------------------+
6 rows in set (0.49 sec)
```

图 6-84 在 union 子句中使用 order by

步骤 6：在 union 整句中使用 order by。

查询 tb_student_man 和 tb_student_woman 两个数据表中的姓名、出生日期字段，返回所有记录并使用字段 tb_name 字段记录该条记录来源于哪个表。对全部 union 结果进行排序，具体语句为

mysql> (select sname,sbirthday,'tb_student_man' as tb_name from tb_student_man) union all (select sname,sbirthday,'tb_student_woman' as tb_name from tb_student_woman) order by sname;

执行结果如图 6-85 所示。

```
mysql> (select sname,sbirthday,'tb_student_man' as tb_name  from tb_student_man)
 union all (select sname,sbirthday,'tb_student_woman' as tb_name from tb_student
_woman) order by sname;
+-----------+------------+------------------+
| sname     | sbirthday  | tb_name          |
+-----------+------------+------------------+
| 刘嘉宁    | 2000-01-01 | tb_student_woman |
| 刘振业    | 2020-01-01 | tb_student_man   |
| 朱丽丽    | 2000-10-01 | tb_student_woman |
| 朱华华    | NULL       | tb_student_man   |
| 李中华    | NULL       | tb_student_man   |
| 王苗苗    | 2000-01-01 | tb_student_woman |
+-----------+------------+------------------+
6 rows in set (0.17 sec)
```

图 6-85 在 union 整句中使用 order by

● 任务评价

通过本任务的学习，进行以下自我评价。

评 价 内 容	分值	自我评价
会使用 union 查询	30	
会使用 union all 查询	30	
会在合并查询结果中区分多表	20	
会在 union 语句中使用 order by	20	
合计	100	

思考与练习

一、填空题

1. 语句 select replace(' 计算机技术 ',' 计算机 ',' 计算机网络 '); 的显示结果是 ________。

2. 语句 select "1+2"; 的显示结果是 ________。

3. select mod(9,3); 的结果是 ________。

4. 用 select 进行模糊查询时，可以使用匹配符，但要在条件值中使用 ________ 或 % 等通配符来配合查询。

5. ________ 运算符用来判断表达式的值是否位于给出的集合中；如果是，返回值为 ________，否则返回值为 ________。

6. 多个查询条件用逻辑运算符 ________ 连接起来的作用是当记录满足其中一个条件并且不满足另一个条件时，才会被查询出来。

7. 右外连接从表与主表不匹配的字段值会被设置为 ________。

二、选择题

1. select 语句的完整语法较复杂，但至少包括的部分是 (　　)。

A. 仅 select　　B. select，from
C. select，group　　D. select，into

2. 在 select 查询语句中，定位第一条记录上的子句是 (　　)。

A. limit 1　　B. go bottom
C. go　　D. limit 1,1

3. 在 select 查询语句中，去掉重复记录的子句是 (　　)。

A. limit　　B. distinct
C. delete　　D. drop

4. 返回当前日期的函数是 (　　)。

A. curtime()　　B. adddate()
C. curnow()　　D. curdate()

5. 合并字符串的函数是 (　　)。

A. substring()　　B. trim()
C. sum()　　D. concat()

6. 返回字符串长度的函数是 (　　)。

A. len()　　B. length()
C. left()　　D. concat()

7. 下面关于 decimal(5,3) 的说法中，正确的是 (　　)。

A. 它不可以存储小数

B. 5 表示数据的长度，3 表示数据的精度

C. 5 表示整数位数，3 表示小数点后的位数

D. 以上说法都正确

8. 与 where age between 60 and 100 子句等价的子句是 (　　)。

A. where age>60 and age<100　　B. where age>=60 and age<100

C. where age>60 and age<=100　　D. where age>=60 and age<=100

9. 查找条件 in(10,20,30) 表示 (　　)。

A. 在 10 到 30 之间　　B. 在 10 到 20 之间

C. 10 或者 20 或者 30　　D. 在 30 到 40 之间

10. 查找条件为姓名不是 null 的记录 (　　)。

A. where name !null　　B. where name not null

C. where name is not null　　D. where name !=null

11. where 子句的条件表达式中，可以匹配 0 个到多个字符的通配符是 (　　)。

A. *　　B. %

C. -　　D. ?

12. 以下哪个子句是将查询结果中的数据按照一定的顺序进行排序的 (　　)。

A. order by　　B. ordered by

C. group by　　D. grouped by

13. 按照姓名降序排列的子句是 (　　)。

A. order by desc name　　B. order by name desc

C. order by name asc　　D. order by asc name

14. 使用 SQL 语句进行分组检索时，为了去掉不满足条件的分组，应当 (　　)。

A. 使用 where 子句

B. 先使用 where 子句，再使用 having 子句

C. 在 group by 后面使用 having 子句

D. 先使用 having 子句，再使用 where 子句

15. 有订单表 order，包含用户信息 uid，商品信息 gid，以下 (　　) 语句能够返回至少被购买两次的商品 id。

A. select gid from order where count(gid)>1;

B. select gid from order where max(gid)>1;

C. select gid from order group by gid having count(gid)>1;

D. select gid from order group by gid where count(gid)>1;

16. 下面对“order by sno,sname”描述正确的是 (　　)。

A. 先按 sname 全部升序排列后，再按照 sno 升序排列

B. 先按 sname 全部升序排列后，相同的 sname 再按照 sno 升序排列

C. 先按 sno 全部升序排列后，再按照 sname 升序排列

D. 先按 sno 全部升序排列后，相同的 sno 再按照 sname 升序排列

17. group_concat() 函数的作用是 (　　)。

A. 将每组的结果字符串连接起来

B. 将每组的结果累加

C. 统计每组的记录数

D. 统计每组的平均值

18. 以下聚合函数中求数据总和的是（　　）。

A. max　　B. sum

C. count　　D. avg

19. 左连接查询时，使用（　　）来设置主表和从表连接的条件。

A. on　　B. where

C. with　　D. having

20. （　　）只有完全符合给定的判断条件才返回真。

A. 带 any 关键字的子查询　　B. 带 all 关键字的子查询

C. 带 in 关键字的子查询　　D. 以上说法都不正确

三、实践操作题

(1) 在数据表 tb_student 中查询所有女生的姓名、性别。

(2) 在数据表 tb_student 中，查询年龄大于 18 岁的学生名单。

(3) 在数据表 tb_student 中，查询姓“王”的学生的姓名、性别。

(4) 在数据表 tb_student 中，查询男女生的人数。

(5) 在数据表 tb_student 中，按照性别进行分组，查询每个分组中年龄最小和最大的出生日期。

(6) 在数据表 tb_student 和 tb_grade 中，查询只在 tb_student 表中出现过，而在 tb_grade 中未出现过的学生的姓名。

(7) 在数据表 tb_student 和 tb_grade 中，查询所有学生的成绩，要求显示学号、姓名、课程编号和综合成绩，并按照综合成绩由高到低进行排序。

(8) 利用 in 和 or 两种方式，查询姓名为刘嘉宁、王苗苗的成绩单。

项目7　创建与管理索引和视图

索引是提高数据库性能的重要方式，它由数据表中的一列或多列组合而成，用来提高数据查询的速度。

视图是一种虚拟存在的数据表。视图可以从原有的数据表上选取对用户有用的信息，那些对用户没用或者用户没有权限了解的信息，视图都可以直接屏蔽掉。这既保障了数据的安全性，又大大提高了查询效率。

本项目通过典型任务，介绍如何创建索引、查看索引和删除索引，以及如何创建视图、查看视图、修改视图、更新视图中的数据和删除视图。

学习目标

(1) 掌握如何创建索引、查看索引和删除索引。
(2) 掌握如何创建视图、查看视图和修改视图。
(3) 掌握如何更新视图中的数据和删除视图。

知识重点

(1) 创建索引。
(2) 创建视图。

知识难点

(1) 修改视图。
(2) 更新视图中的数据。

任务1　创建和删除索引

● 任务描述

为提高数据库的查询速度，经常需要对数据表创建索引，可以在创建数据表时直接创建索引，也可以在已经存在的数据表上创建索引。根据实际需求，选择合适的语句，完成索引的创建、查看。然而索引在提高查询速度的同时也会降低数据表的更新速度，从而影响数据库的性能，因此对不用的索引要及时进行删除。

● 任务目标

创建和删除索引

(1) 会在已存在的数据表上创建索引。

(2) 会在创建数据表时创建索引。

(3) 会查看索引。

(4) 会删除索引。

(5) 通过创建索引的学习，开拓提高工作效率的思路。

● 任务分析

学习创建索引、查看索引和删除索引的语句，选择合适的相关语句，完成索引的创建、查看和删除操作。

● 知识链接

1. 索引

索引是一种特殊的数据库结构，由数据表中的一列或多列组合而成。具体来说，索引是根据数据表中的一列或多列按照一定顺序建立的列值与记录行之间的对应关系表，即索引列的列值与原表中记录行之间一一对应关系的有序表。索引是 MySQL 数据库性能调优技术的基础，常用于实现数据的快速检索。在 MySQL 中，所有的数据类型都可以被索引。MySQL 索引主要包括普通索引、唯一索引、全文索引和空间索引。

(1) 普通索引。普通索引是 MySQL 中的基本索引类型，由 index 或 key 定义，它没有任何限制，可以在任何数据类型中创建，普通索引允许在定义索引的字段中插入重复值和空值。

(2) 唯一索引。唯一索引是由 unique 定义的索引，唯一索引字段的值必须唯一，允许有一个空值。如果是组合索引，则字段值的组合必须唯一。

(3) 全文索引。全文索引是由 fulltext 定义的索引，主要用来查找文本中的关键字，只能在 char、varchar 或 text 类型的字段上创建。全文索引允许在索引字段中插入重复值和空值。

(4) 空间索引。空间索引是由 spatial 定义的、对空间数据类型的字段建立的索引。支持的数据类型有 4 种，分别是 geometry、point、linestring 和 polygon。创建空间索引的字段必须将其声明为 not null。

使用索引时，需要综合考虑索引的优点和缺点。

索引具有以下优点：

(1) 通过创建唯一索引可以保证数据表中每一行数据的唯一性。

(2) 可以大大提高数据查询的速度，这是使用索引最主要的原因。

(3) 在实现数据的参考完整性方面，可以加强数据表与数据表之间的连接。

(4) 在使用分组和排序子句进行数据查询时，使用索引可以显著减少查询中分组和排序的时间。

索引具有以下缺点：

(1) 创建和维护索引要耗费时间。

(2) 索引需要占磁盘空间。

(3) 当对表中的数据进行增加、删除和修改时，对索引也要动态维护，从而降低了数据的维护速度。

2. 创建索引

MySQL 提供了三种创建索引的方法，分别为在创建数据表时创建索引，使用 create index 语句在已存在的数据表上创建索引，使用 alter table 语句在已存在的数据表上创建索引。

(1) 在创建数据表时创建索引。

在创建数据表时创建索引的具体语法如下：

```
CREATE  TABLE tbl_name(col_name column_definition,
    [UNIQUE | FULLTEXT | SPATIAL]{INDEX|KEY}  [index_name][index_type]
({col_name [(length)] | (expr)} [ASC| DESC],...))
```

语法分析如下：

CREATE TABLE：创建数据表的关键字。

tbl_name：数据表名。

col_name：字段名。

column_definition：由字段的数据类型、可能的空值说明、完整性约束或数据表索引组成。

[UNIQUE | FULLTEXT | SPATIAL]：索引类型，其中 UNIQUE 表示唯一索引，FULLTEXT 表示全文索引，SPATIAL 表示空间索引，省略表示普通索引。

{INDEX|KEY}：创建索引关键字，KEY 是 INDEX 的同义词。

index_name：索引名。

index_type：索引类型，包括 BTREE 索引和 HASH 索引两种类型。

{***col_name*** [(***length***)] | (***expr***)}：字段名(长度 | 表达式)。

[ASC| DESC]：索引字段排列顺序，ASC 表示升序排列，DESC 表示降序排列。

(2) 使用 create index 语句在已存在的数据表上创建索引。

使用 create index 语句在已存在的数据表上创建索引的具体语法如下：

```
CREATE [UNIQUE | FULLTEXT | SPATIAL] INDEX index_name
    [index_type]
    ON tbl_name ({col_name [(length)] | (expr)} [ASC | DESC],...)
```

语法分析如下：

CREATE [UNIQUE | FULLTEXT | SPATIAL] INDEX：创建索引关键字，[UNIQUE | FULLTEXT | SPATIAL] 表示索引类型，其中 UNIQUE 表示唯一索引，FULLTEXT 表示全文索引，SPATIAL 表示空间索引，省略表示普通索引。

index_name：索引名。

index_type：索引类型，包括 BTREE 索引和 HASH 索引两种类型。

tbl_name：数据表名。

{***col_name*** [(***length***)] | (***expr***)}：字段名 (长度 | 表达式)。

[ASC| DESC]：索引字段排列顺序，ASC 表示升序排列，DESC 表示降序排列。

(3) 使用 alter table 语句在已存在的数据表上创建索引。

使用 alter table 语句创建索引的具体语法如下：

```
ALTER TABLE tbl_name
ADD [UNIQUE | FULLTEXT | SPATIAL]{INDEX|KEY} [index_name]  [index_type]
({col_name [(length)] | (expr)}[ASC | DESC],...)
```

语法分析如下：

ALTER TABLE：修改数据表的关键字。

tbl_name：数据表名。

ADD [UNIQUE | FULLTEXT | SPATIAL]{INDEX|KEY}：创建索引关键字，[UNIQUE | FULLTEXT | SPATIAL] 表示索引类型，其中 UNIQUE 表示唯一索引，FULLTEXT 表示全文索引，SPATIAL 表示空间索引，省略表示普通索引。KEY 是 INDEX 的同义词。

index_name：索引名。

index_type：索引类型，包括 BTREE 索引和 HASH 索引两种类型。

{***col_name*** [(***length***)] | (***expr***)}：字段名 (长度 | 表达式)。

[ASC| DESC]：索引字段排列顺序，ASC 表示升序排列，DESC 表示降序排列。

3.查看索引

查看索引的语法为

```
SHOW INDEX FROM  tbl_name [FROM db_name]
```

语法分析如下：

SHOW INDEX FROM：查看索引关键字。

tbl_name：数据表名。

db_name：数据库名。

4.删除索引

删除索引是指将表中已经存在的索引删除掉。索引会降低数据表的更新速度，影响数据库的性能，因此对于不用的索引，应该将其删除。具体语法为

```
DROP INDEX index_name ON tbl_name
```

语法分析如下：

DROP INDEX：删除索引关键字。

index_name：索引名。

tbl_name：数据表名。

● 任务实施

步骤 1：在已存在的数据表上创建索引。

(1) 使用 create index 语句，在数据表 tb_student 的 sname 字段上创建普通索引 index_

sname，具体语句为

```
mysql> use chjgl_db;
mysql> create index index_sname on tb_student(sname);
```

执行结果如图 7-1 所示。

```
mysql> use chjgl_db;
Database changed
mysql> create index index_sname on tb_student(sname);
Query OK, 0 rows affected (0.45 sec)
Records: 0  Duplicates: 0  Warnings: 0
```

图 7-1　在已存在的数据表上创建索引 1

(2) 使用 create index 语句，在数据表 tb_student 的 sno 字段上创建普通索引 index_sno，并且索引按照降序排列，具体语句为

```
mysql> create index index_sno on tb_student(sno desc);
```

执行结果如图 7-2 所示。

```
mysql> create index index_sno on tb_student(sno desc);
Query OK, 0 rows affected (0.49 sec)
Records: 0  Duplicates: 0  Warnings: 0
```

图 7-2　在已存在的数据表上创建索引 2

(3) 使用 alter table 语句，在数据表 tb_grade 的 sno、cno 字段上创建唯一索引 index_sno_grade，具体语句为

```
mysql> alter table tb_grade add unique index index_sno_grade(sno,cno);
```

执行结果如图 7-3 所示。

```
mysql> alter table tb_grade add unique index index_sno_grade(sno,cno);
Query OK, 0 rows affected (0.52 sec)
Records: 0  Duplicates: 0  Warnings: 0
```

图 7-3　在已存在的数据表上创建索引 3

步骤 2：创建数据表时创建索引。

(1) 创建数据表 tb_index。在该数据表中的 name 字段上创建普通索引 index_name，具体语句为

```
mysql> create table tb_index (id int primary key auto_increment,
    -> name char(10) not null,
    -> index(name)
    -> );
```

执行结果如图 7-4 所示。

```
mysql> USE chjgl_db;
Database changed
mysql> create table tb_index(id int primary key auto_increment,
    -> name char(10) not null,
    -> index(name)
    -> );
Query OK, 0 rows affected (0.09 sec)

mysql>
```

图 7-4　创建数据表时创建索引 1

小贴士

创建索引时，如果不指定索引的名称，则默认索引的名称为索引字段的名称。

(2) 创建数据表 tb_index1。在该数据表的 id 字段上创建唯一索引 index_id，具体语句为

```
mysql> create table tb_index1
    -> (
    -> id int primary key auto_increment,
    -> name char(10) not null,
    -> unique index index_no(id)
    -> );
```

执行结果如图 7-5 所示。

```
mysql> create table tb_index1
    -> (
    -> id int primary key auto_increment,
    -> name char(10) not null,
    -> unique index index_no(id)
    -> );
Query OK, 0 rows affected (0.55 sec)
```

图 7-5　创建数据表时创建索引 2

步骤 3：查看索引。

查看数据表 tb_index1 中的索引信息，具体语句为

```
mysql> show index from tb_index1\G;
```

执行结果如图 7-6 所示。其中主要参数的说明见表 7-1。

```
mysql> show index from tb_index1\G;
*************************** 1. row ***************************
        Table: tb_index1
   Non_unique: 0
     Key_name: PRIMARY
 Seq_in_index: 1
  Column_name: id
    Collation: A
  Cardinality: 0
     Sub_part: NULL
       Packed: NULL
         Null:
   Index_type: BTREE
      Comment:
Index_comment:
      Visible: YES
   Expression: NULL
*************************** 2. row ***************************
        Table: tb_index1
   Non_unique: 0
     Key_name: index_no
 Seq_in_index: 1
  Column_name: id
```

图 7-6　查看数据表的索引信息

表 7-1　索引信息主要参数说明表

主要参数	说　明
Table	创建索引的数据表名
Non_unique	表示该索引是不是唯一索引。若不是唯一索引，则该列的值为 1；若是唯一索引，则该列的值为 0
Key_name	索引的名称
Seq_in_index	该列在索引中的位置，如果索引是单列的，则该列的值为 1；如果索引是组合索引，则该列的值为各列在索引定义中的顺序
Column_name	定义索引的列字段
Collation	表示列以何种顺序存储在索引中。升序显示值为“A”（升序），若显示为 NULL，则表示无分类
Index_type	显示索引使用的类型和方法 (BTREE、FULLTEXT、HASH、RTREE)

步骤 4：删除索引。

(1) 使用 drop index 语句删除数据表 tb_index1 中名称为 index_no 的索引，具体语句为

```
mysql> drop index index_no on tb_index1;
```

执行结果如图 7-7 所示。

```
mysql> drop index index_no on tb_index1;
Query OK, 0 rows affected (0.17 sec)
Records: 0  Duplicates: 0  Warnings: 0
```

图 7-7　删除数据表的索引 1

(2) 使用 alter table 语句删除数据表 tb_index 中名称为 name 的索引，具体语句为

```
mysql> alter table tb_index
    -> drop index name;
```

执行结果如图 7-8 所示。

```
mysql> alter table tb_index
    -> drop index name;
Query OK, 0 rows affected (0.17 sec)
Records: 0  Duplicates: 0  Warnings: 0
```

图 7-8　删除数据表的索引 2

小贴士

修改索引，也可以通过删除原索引，再根据需要创建一个同名的索引实现。

● 任务评价

通过本任务的学习，进行以下自我评价。

评 价 内 容	分值	自我评价
会在已存在的数据表上创建索引	30	
会在创建数据表时创建索引	30	
会查看索引	20	
会删除索引	20	
合计	100	

任务2　创建和管理视图

● 任务描述

在数据查询过程中，经常需要隐藏一些数据，或者使复杂的查询易于理解和使用，这时需要创建视图。根据实际需求，完成创建视图、查看视图、修改视图、更新视图中的数据和删除视图等任务。

● 任务目标

(1) 会创建并查看视图。

(2) 会修改视图的结构。

(3) 会更新视图中的数据。

(4) 会删除视图。

(5) 通过创建视图的学习，提高信息安全意识。

创建和管理视图

● 任务分析

视图的基本操作同数据表类似，本任务要求学习创建视图、查看视图、修改视图、更新视图和删除视图的语句，并完成视图的各种操作。

● 知识链接

1.视图

视图是一种虚拟存在的表，数据库中只存放视图的定义，并没有存放视图中的数据。视图中的数据存放在定义视图时所引用的基本数据表中，它们是在使用视图时动态生成的。

视图中的数据依赖于基本数据表，一旦基本数据表中的数据发生改变，那么这种变化也将自动地反映到视图中。同样地，当对视图中的数据进行修改时，相对应的基本数据表中的数据也会发生变化。

视图的建立和删除只影响视图本身，不影响其对应的基本数据表。

视图是查看数据表的一种方法，视图可以从基本数据表上选取对用户有用的信息，那些对用户没用或者用户没有权限了解的信息，都可以直接屏蔽掉。用户使用视图时可以不接触数据表，不知道数据表的结构，这样可以简化数据操作，同时提高了数据的安全性。

2. 创建视图

创建视图是指基于已经存在的 MySQL 数据表或者视图建立视图。视图可以建立在一张数据表或者源视图中，也可以建立在多张数据表或者源视图上。创建视图的基本语法格式为

```
CREATE VIEW view_name [(column_list)]
    AS select_statement
```

语法分析如下：

CREATE VIEW：创建视图的关键字。

view_name：要创建的视图名称。

column_list：字段列表，指定视图中各个字段的名称。默认情况下，与 select 语句中查询的字段名称相同。

AS：指定视图要执行的操作。

select_statement：指定创建视图的 select 语句，可用于查询多个基本数据表或者源视图。

3. 查看视图结构

1) 查看视图的基本结构语句

查看视图基本结构的语句与查看数据表基本结构的语句一样，都使用了 DESCRIBE 关键字。基本语法格式为

```
DESCRIBE view_name
```

语法分析如下：

DESCRIBE：查看视图基本结构的命令，DESCRIBE 命令的简写形式是 DESC。

view_name：必选项，指定要查看的视图的名称。

2) 查看视图创建语句的 SQL 信息

查看视图创建语句的 SQL 信息的基本语法格式为

```
SHOW CREATE VIEW view_name\G
```

语法分析如下：

SHOW CREATE VIEW：查看视图创建语句的 SQL 信息的命令。

view_name：必选项，指定要查看的视图的名称。

\G：使显示结果格式统一化，如果不用 \G，显示的结果会比较混乱。

4. 修改视图

修改视图是指修改数据库中已经存在的视图。当基本数据表的某些字段发生变化时，可以通过修改视图来保持与基本数据表的一致性，其基本语法格式为

```
ALTER VIEW view_name [(column_list)]
    AS select_statement
```

语法分析如下：

ALTER VIEW：修改视图的关键字。

view_name：表示要修改的视图名称。

column_list：字段列表。

select_statement：指定修改视图的 select 语句，可用于查询多个基本数据表或者源视图。

5. 更新视图中的数据

更新视图是指插入、更新、删除视图中的数据，可以使用 insert、update 和 delete 语句来完成。视图是一个虚拟表，实际的数据来自基本数据表，所以通过插入、修改和删除操作更新视图中数据的实质是更新视图所引用的基本数据表中的数据。

视图如果包含以下结构中的任何一种，就不可以被更新。

(1) 在定义视图的 select 语句后的字段列表中使用了聚合函数 sum( )、min( )、max( )、count( ) 等。

(2) 在定义视图的 select 语句中使用了 distinct、group by、having、union 或 union all 子句。

(3) 在定义视图的 select 语句中包含子查询。

(4) from 子句中的不可更新视图或 from 子句包含多个数据表。

(5) where 子句中的子查询引用了 from 子句中的数据表。

6. 删除视图

删除视图是指删除数据库中已存在的视图。删除视图时，只能删除定义的视图，不会删除数据。删除视图的基本语法格式为

```
DROP VIEW [IF EXISTS] view_name[, view_name] ......
```

语法分析如下：

DROP VIEW：删除视图关键字。

[IF EXISTS]：可选项，用于防止删除视图时，在视图不存在的情况下发生错误。

view_name：必选项，指定要删除的视图的名称。

● 任务实施

步骤 1：创建视图、查看视图。

(1) 在 tb_grade 数据表上创建一个名为 view_grade 的视图，视图字段包括 tb_grade 数据表的所有字段，具体语句为

```
mysql> use chjgl_db;
mysql> create view view_grade as select * from tb_grade;
```

执行结果如图 7-9 所示。

```
mysql> use chjgl_db;
Database changed
mysql> create view view_grade as select * from tb_grade;
Query OK, 0 rows affected (0.32 sec)
```

图 7-9 创建视图 1

(2) 查看视图 view_grade 的结构的 SQL 语句为

```
mysql> desc view_grade;
```

执行结果如图 7-10 所示。可以看出，默认情况下创建的视图和基本数据表的字段是

一样的。

```
mysql> desc view_grade;
+------------+-------------+------+-----+---------+-------+
| Field      | Type        | Null | Key | Default | Extra |
+------------+-------------+------+-----+---------+-------+
| id         | int         | NO   |     | 0       |       |
| sno        | varchar(20) | YES  |     | NULL    |       |
| cno        | varchar(20) | YES  |     | NULL    |       |
| tno        | varchar(20) | YES  |     | NULL    |       |
| usualgrade | float       | YES  |     | NULL    |       |
| termgrade  | float       | YES  |     | NULL    |       |
| totalgrade | float       | YES  |     | NULL    |       |
+------------+-------------+------+-----+---------+-------+
7 rows in set (0.15 sec)
```

图 7-10　查看视图 1

(3) 在 tb_grade 数据表上创建一个名为 view_grade1 的视图，并指定视图的字段名称。其中，视图的字段包括 id、sno、cno 和 totalgrade，对应的字段名称分别为 v_id、v_sno、v_cno 和 v_totalgrade，数据为综合成绩高于 90 分的记录。具体语句为

```
mysql> create view view_grade1
    -> (v_id,v_sno,v_cno,v_totalgrade)
    -> as select id,sno,cno,totalgrade
    -> from tb_grade where totalgrade>90;
```

执行结果如图 7-11 所示。

```
mysql> create view view_grade1
    -> (v_id,v_sno,v_cno,v_totalgrade)
    -> as select id,sno,cno,totalgrade
    -> from tb_grade where totalgrade>90;
Query OK, 0 rows affected (0.17 sec)
```

图 7-11　创建视图 2

(4) 查看视图 view_grade1 中的数据，具体 SQL 语句为

```
mysql> select * from view_grade1;
```

执行结果如图 7-12 所示。从结果可以看出，创建视图时，可以指定字段的名称，视图的字段名可以和基本数据表的字段不同，但是视图的数据却来源于基本数据表。因此，在使用视图时，用户可以不了解基本数据表的结构、不接触实际数据表中的数据，这在一定程度上保证了数据库的安全。

```
mysql> select * from view_grade1;
+------+--------------+--------+--------------+
| v_id | v_sno        | v_cno  | v_totalgrade |
+------+--------------+--------+--------------+
|    1 | 202115010201 | 204001 |         94.8 |
|    2 | 202115010201 | 204002 |         93.8 |
|    3 | 202115010201 | 204003 |         95.4 |
|   13 | 202115010201 | 204004 |         90.8 |
|   15 | 202115010201 | 204006 |         98.4 |
+------+--------------+--------+--------------+
5 rows in set (0.05 sec)
```

图 7-12　查看视图中的数据

(5) 查看视图 view_grade1 的详细结构，具体 SQL 语句为

```
mysql> show create view view_grade1\G;
```

执行结果如图 7-13 所示。

```
mysql> show create view view_grade1\G;
*************************** 1. row ***************************
                View: view_grade1
         Create View: CREATE ALGORITHM=UNDEFINED DEFINER=`root`@`localhost` SQL
SECURITY DEFINER VIEW `view_grade1` (`v_id`,`v_sno`,`v_cno`,`v_totalgrade`) AS s
elect `tb_grade`.`id` AS `id`,`tb_grade`.`sno` AS `sno`,`tb_grade`.`cno` AS `cno
`,`tb_grade`.`totalgrade` AS `totalgrade` from `tb_grade` where (`tb_grade`.`tot
algrade` > 90)
character_set_client: gbk
collation_connection: gbk_chinese_ci
1 row in set (0.00 sec)
```

图 7-13　查看视图的详细结构

步骤 2：修改视图的结构。

修改视图 view_grade 的结构，只包括学号、课程编号和综合成绩字段，具体语句为

```
mysql> alter view view_grade as select sno,cno,totalgrade from tb_grade;
```

执行结果如图 7-14 所示。

```
mysql> alter view view_grade as select sno,cno,totalgrade from tb_grade;
Query OK, 0 rows affected (0.35 sec)
```

图 7-14　修改视图 1

小贴士

修改视图的结构，除了可以通过 alter view 语句，还可以使用 drop view 语句先删除视图，再使用 create view 语句创建新的视图来实现。

步骤 3：更新视图中的数据。

(1) 向视图 view_grade 插入一条记录，具体 SQL 语句为

```
mysql> insert into view_grade values('202115010203','202107',100);
```

执行结果如图 7-15 所示。

```
mysql> insert into view_grade values('202115010203','202107',100);
Query OK, 1 row affected (0.20 sec)
```

图 7-15　更新视图中的数据

(2) 分别在视图 view_grade 和基本数据表 tb_grade 中查看“步骤 3：(1)”中插入的记录，具体语句为

```
mysql> select * from view_grade where totalgrade=100;
mysql> select * from tb_grade where totalgrade=100;
```

执行结果如图 7-16 所示。从查看到的数据结果来看，对视图增加记录，实际上是对基本数据表增加记录。

```
mysql> select * from view_grade where totalgrade=100;
+--------------+--------+------------+
| sno          | cno    | totalgrade |
+--------------+--------+------------+
| 202115010203 | 202107 |        100 |
+--------------+--------+------------+
1 row in set (0.05 sec)

mysql> select * from tb_grade where totalgrade=100;
+----+--------------+--------+------+------------+-----------+------------+
| id | sno          | cno    | tno  | usualgrade | termgrade | totalgrade |
+----+--------------+--------+------+------------+-----------+------------+
| 19 | 202115010203 | 202107 | NULL |       NULL |      NULL |        100 |
+----+--------------+--------+------+------------+-----------+------------+
1 row in set (0.00 sec)
```

图 7-16　查看视图和基本数据表

步骤 4：删除视图。

删除视图 view_grade 的 SQL 语句为

```
mysql> drop view view_grade;
```

执行结果如图 7-17 所示。

```
mysql> drop view view_grade;
Query OK, 0 rows affected (0.18 sec)
```

图 7-17　删除视图

任务评价

通过本任务的学习，进行以下自我评价。

评 价 内 容	分值	自我评价
会创建视图	30	
会查看视图	10	
会修改视图的结构	30	
会更新视图中的数据	20	
会删除视图	10	
合计	100	

思考与练习

一、填空题

1. 使用 _______、_______ 语句可以在已存在的数据表上创建索引。
2. 创建索引时，如果不指定索引的名称，默认索引的名称为 _______。
3. 创建索引会 (提高 / 降低) _______ 数据表的更新速度，影响数据库的性能。
4. 查看索引的关键字是 _______。
5. 删除索引的语句是 _______。
6. 视图的建立和删除 (影响 / 不影响) _______ 对应的基本数据表。

7. 查看视图基本结构的语句与查看数据表的基本结构的语句一样，都使用了 ______ 关键字。

二、选择题

1. 为数据表创建索引的目的是 (　　)。

A. 提高查询的检索性能　　B. 归类

C. 创建唯一索引　　D. 创建主键

2. unique 唯一索引的作用是 (　　)。

A. 保证各行在该索引上的值都不得重复

B. 保证各行在该索引上的值都不得为 null

C. 保证参加唯一索引的各列不得再参加其他的索引

D. 保证唯一索引不能被删除

3. 可以在创建表时用 (　　) 来创建唯一索引，也可以用 (　　) 来创建唯一索引。

A. create table，create index　　B. 设置主键约束，设置唯一约束

C. 设置主键约束，create index　　D. 以上都可以

4. 视图是一个“虚拟表”，视图的创建基于 (　　)。

A. 基本数据表　　B. 源视图

C. 基本数据表或源视图　　D. 数据字典

5. 在 MySQL 中，删除视图的命令是 (　　)。

A. drop schema　　B. create view

C. drop index　　D. drop view

6. 在视图上不能完成的操作是 (　　)。

A. 更新视图　　B. 查询

C. 在视图上定义新的基本表　　D. 在视图上定义新视图

7. 删除一个视图的语句是 (　　)。

A. remove view　　B. clear view

C. delete view　　D. drop view

三、实践操作题

(1) 使用 create index 语句，在数据表 tb_grade 的 sno 字段创建普通索引 index_grade_sno，索引按照降序排列。

(2) 在数据表 tb_student 的 sno、sname 字段创建唯一索引 index_student。

(3) 查看数据表 tb_student 的索引信息。

(4) 删除数据表 tb_student 中创建的索引 index_student。

(5) 在数据表 tb_student 上创建一个名为 view_sname 的视图，视图字段包括 sname，字段名为 v_sname。

(6) 查看视图 view_grade1 中的数据。

(7) 删除视图 view_sname。

项目 8　创建与管理存储过程

存储过程是一组为了完成特定功能的 SQL 语句集，这些语句集经编译后存储在数据库中。用户通过指定存储过程的名字并给定参数（如果该存储过程带有参数）来调用或执行该存储过程。

游标就是从数据中提取出与指定要求相应的数据集，然后逐条进行数据处理。

本项目通过典型任务，介绍存储过程的创建、查看、调用、修改和删除操作，复杂的存储过程的编写，以及创建游标、使用游标循环遍历查询到的结果集。

学习目标

(1) 掌握如何创建无参数、有参数存储过程。
(2) 掌握如何查看、调用、修改和删除存储过程。
(3) 掌握复杂的存储过程的编写。
(4) 掌握如何创建游标、使用游标循环遍历查询到的结果集。

知识重点

(1) 创建无参数、有参数存储过程。
(2) 查看、调用、修改和删除存储过程。

知识难点

(1) 复杂的存储过程的编写。
(2) 声明游标、打开游标、读取游标和关闭游标。

任务1　创建、调用和管理存储过程

● 任务描述

在实际工作中，数据库开发人员经常需要重复编写相同的 SQL 语句，通过创建存储过程，将这些相同的 SQL 语句封装成一个代码块，然后直接调用这些存储过程来执行已经定义好的 SQL 语句，可以减少数据库开发人员的工作量，提高工作效率。另外，存储过程是在 MySQL 服务器中存储和执行的，可以减少客户端和服务器端的数据传输。本任务要求根据项目需求，完成存储过程的创建、查看、调用、修改和删除操作。

● 任务目标

创建、调用和管理存储过程

(1) 会创建无参数存储过程。

(2) 会创建带 in、out、inout 参数的存储过程。

(3) 会查看、调用存储过程。

(4) 会修改、删除存储过程。

(5) 通过使用存储过程，培养提高工作效率的意识。

● 任务分析

学习使用存储过程的场景，学习创建、查看、调用、修改和删除存储过程的语句，并完成无参数存储过程、有参数存储过程的创建，以及查看、调用、修改和删除存储过程等各种操作。

● 知识链接

1.存储过程

存储过程是一组为了完成特定功能的 SQL 语句集。使用存储过程的目的是将常用或复杂的工作预先用 SQL 语句写好并指定一个名称，再经编译和优化后存储在数据库服务器中，当以后需要数据库提供与已定义好的存储过程的功能相同的服务时，只需调用存储过程即可自动完成。

存储过程在数据库中创建并保存，一般由 SQL 语句和一些特殊的控制结构组成，在不同的应用程序或平台上执行相同的特定功能时调用。

2. 存储过程的优点

(1) 一次创建，多次调用：存储过程可以重复使用，从而可以减少开发人员的工作量。

(2) 减少网络流量：存储过程存储在数据库服务器中，调用的时候只需要传递存储过程的名称以及参数，因此降低了网络传输的数据流量。

(3) 很强的灵活性：存储过程可以使用流控制语句编写，有很强的灵活性，且可以完成复杂的判断和较复杂的运算。

3. 创建存储过程

创建存储过程的具体语法为

```
CREATE PROCEDURE sp_name ([[ IN | OUT | INOUT ] param_name type[,...]])
    [characteristic...] routine_body
```

语法分析如下：

CREATE PROCEDURE：创建存储过程关键字。

sp_name：要创建的存储过程名称。

[IN | OUT | INOUT] ***param_name type***：表示存储过程的参数。其中，IN 表示输入参

数；OUT 表示输出参数；INOUT 表示既可以是输入参数，又可以是输出参数；***param_name*** 表示存储过程参数名称，***type*** 指定存储过程的参数的数据类型。存储过程也可以不加参数，但是存储过程名称后面的括号是不可以省略的。

characteristic：指定存储过程的特性。有以下几种情况：

(1) COMMENT '***string***'：表明存储过程的注释信息，注释信息要写到单引号里，且只能写单行注释。

(2) LANGUAGE SQL：声明存储过程中使用的语言，默认是 SQL。

(3) [NOT] DETERMINISTIC：指明存储过程执行的结果是否确定。其中，DETERMINISTIC 表示结果是确定的，即每次执行存储过程时，相同的输入会得到相同的输出；NOT DETERMINISTIC 表示结果是不确定的，即相同的输入得到的输出可能不同。如果不指定任意一个值，默认为 NOT DETERMINISTIC。

(4) { CONTAINS SQL | NO SQL | READS SQL DATA | MODIFIES SQL DATA }：指明子程序使用 SQL 语句的限制。其中，CONTAINS SQL 表明子程序包含 SQL 语句，但是不包含读写数据的语句；NO SQL 表明子程序不包含 SQL 语句；READS SQL DATA 说明子程序包含读数据的语句；MODIFIES SQL DATA 表明子程序包含写数据的语句。默认情况下，系统会指定为 CONTAINS SQL。

(5) SQL SECURITY { DEFINER | INVOKER }：指明谁有权限来执行存储过程。其中，DEFINER 表示只有存储过程的定义者才能够执行存储过程；INVOKER 表示存储过程的调用者可以执行。

routine_body：存储过程体，是 SQL 语句的内容。用“begin...end”来标注 SQL 语句的开始和结束。若存储过程体中只有一条 SQL 语句，则可以省略“begin...end”标志。

4. delimiter 语句

MySQL 中，服务器处理 SQL 语句时默认以分号为语句结束标志。然而，在创建存储过程时，存储过程体可能包含多条 SQL 语句。这些 SQL 语句如果仍以分号为语句结束符，那么 MySQL 服务器在处理语句时会以遇到的第一条 SQL 语句结尾处的分号为整个程序的结束标志，而不再去处理存储过程体中后面的 SQL 语句，这样显然不行。delimiter 语句的作用就是将 MySQL 语句的结束标志修改为其他的符号，其语法格式为

```
DELEMITER $$
```

$$ 为用户定义的结束标志。

5. 查看存储过程

查看存储过程的语法为

```
SHOW PROCEDURE STATUS [LIKE 'pattern' ]
```

语法分析如下：

SHOW PROCEDURE STATUS：查看存储过程关键字。

LIKE '***pattern***'：用来匹配存储过程名称。

6. 调用存储过程

调用存储过程的语法为

```
CALL sp_name ([ parameter[, ...]])
```

语法分析如下：

CALL：调用存储过程关键字。

sp_name：表示存储过程名称。

parameter：表示存储过程的参数。

7. 修改存储过程

MySQL 针对存储过程的修改功能只提供了修改存储过程特性，不提供修改存储过程体。如果需要修改存储过程，则需要先删除存储过程，再创建同名的存储过程。修改存储过程的基本语法为

```
ALTER PROCEDURE sp_name [characteristic...]
characteristic:
    COMMENT 'string'
  | LANGUAGE SQL
  | { CONTAINS SQL | NO SQL | READS SQL DATA | MODIFIES SQL DATA }
  | SQL SECURITY { DEFINER | INVOKER }
```

语法分析如下：

PROCEDURE：修改存储过程关键字。

sp_name：存储过程名。

characteristic：指定存储过程的特性。

8. 删除存储过程

删除存储过程的语法为

```
DROP PROCEDURE [IF EXISTS] sp_name
```

语法分析如下：

DROP PROCEDURE：删除存储过程关键字。

[IF EXISTS]：如果存储过程不存在，删除时可以防止发生错误。

sp_name：表示要删除的存储过程的名称。

● 任务实施

步骤 1：创建无参数存储过程。

(1) 创建一个存储过程，名称为 pro_stu，功能为完成在 tb_student 数据表中查询计算机应用专业的学生的学号、姓名和专业的操作，具体语句为

```
mysql> use chjgl_db;
mysql> delimiter //
mysql> create procedure pro_stu()
```

```
    -> begin
    -> select sno as 学号,sname as 姓名,sspecialty as 专业 from tb_student where sspecialty='计算机应用';
    -> end //
mysql> delimiter ;
```

执行结果如图 8-1 所示。

```
mysql> use chjgl_db;
Database changed
mysql> delimiter //
mysql> create procedure pro_stu()
    -> begin
    -> select sno as 学号,sname as 姓名,sspecialty as 专业 from tb_student where
 sspecialty='计算机应用';
    -> end //
Query OK, 0 rows affected (0.12 sec)

mysql> delimiter ;
```

图 8-1　创建存储过程

小贴士

在创建存储过程时，一般先使用 delimiter 命令临时将语句结束标志修改为其他字符，比如，执行“delimiter //”这条命令后，SQL 语句的结束标志符就换成了双斜杠符号“//”了，在存储过程创建之后再将语句结束符修改为默认的“;”。

(2) 调用存储过程 pro_stu，SQL 语句为

```
mysql> call pro_stu;
```

执行结果如图 8-2 所示。

```
mysql> call pro_stu;
+--------------+--------+------------+
| 学号         | 姓名   | 专业       |
+--------------+--------+------------+
| 202115010201 | 刘嘉宁 | 计算机应用 |
| 202115010202 | 王苗苗 | 计算机应用 |
+--------------+--------+------------+
2 rows in set (0.28 sec)

Query OK, 0 rows affected (0.36 sec)
```

图 8-2　调用存储过程

步骤 2：创建带 in 参数的存储过程。

(1) 创建一个存储过程，名称为 pro_grade，输入参数为指定的分数，功能为完成在 tb_grade 数据表中查询综合成绩大于指定分数的学生的成绩单的操作，具体语句为

```
mysql> delimiter //
mysql> create procedure pro_grade(in score float)
    -> begin
    -> select * from tb_grade where totalgrade>score;
    -> end //
mysql> delimiter ;
```

执行结果如图 8-3 所示。

```
mysql> delimiter //
mysql> create procedure pro_grade(in score float)
    -> begin
    -> select * from tb_grade where totalgrade>score;
    -> end //
Query OK, 0 rows affected (0.10 sec)

mysql> delimiter ;
```

图 8-3　创建带 in 参数的存储过程

(2) 调用存储过程 pro_grade，SQL 语句为

```
mysql> call pro_grade(95);
```

执行结果如图 8-4 所示。

```
mysql> call pro_grade(95);
+----+--------------+--------+--------+------------+-----------+------------+
| id | sno          | cno    | tno    | usualgrade | termgrade | totalgrade |
+----+--------------+--------+--------+------------+-----------+------------+
|  3 | 202115010201 | 204003 | 202101 |         96 |        95 |       95.4 |
| 15 | 202115010201 | 204006 | 202102 |         96 |       100 |       98.4 |
| 19 | 202115010203 | 202107 | NULL   |       NULL |      NULL |        100 |
+----+--------------+--------+--------+------------+-----------+------------+
3 rows in set (0.06 sec)

Query OK, 0 rows affected (0.10 sec)
```

图 8-4　调用带 in 参数的存储过程

步骤 3：创建带 out 参数的存储过程。

(1) 创建一个存储过程，名称为 pro_grade1，输入参数为指定的分数，功能为在 tb_grade 数据表中查询综合成绩低于指定分数的学生的人数，符合条件的学生人数通过存储过程的 out 参数返回，具体语句为

```
mysql> delimiter //
mysql> create procedure pro_grade1(in score float,out total int)
    -> begin
    -> select count( *) into total from tb_grade where totalgrade<score;
    -> end //
mysql> delimiter ;
```

执行结果如图 8-5 所示。

```
mysql> delimiter //
mysql> create procedure pro_grade1(in score float,out total int)
    -> begin
    -> select count( *) into total from tb_grade where totalgrade<score;
    -> end //
Query OK, 0 rows affected (0.16 sec)

mysql> delimiter ;
```

图 8-5　创建带 out 参数的存储过程

(2) 调用存储过程 pro_grade1，其语句为

```
mysql> call pro_grade1(80,@total);
mysql> select @total;
```

执行结果如图 8-6 所示。

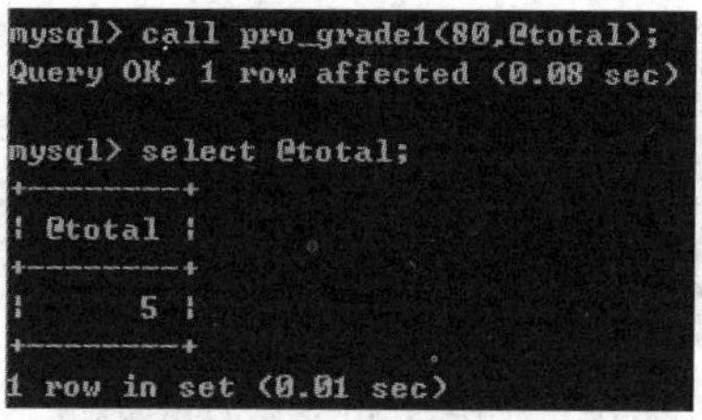

```
mysql> call pro_grade1(80,@total);
Query OK, 1 row affected (0.08 sec)

mysql> select @total;
+--------+
| @total |
+--------+
|      5 |
+--------+
1 row in set (0.01 sec)
```

图 8-6　调用带 out 参数的存储过程

步骤 4：创建带 inout 参数的存储过程。

(1) 创建一个存储过程，名称为 pro_stu1，输入参数为专业名称、需要增加的人数，并在该专业学生的人数上加上需要增加的人数，返回增加后的人数，具体语句为

```
mysql> delimiter //
mysql> create procedure pro_stu1(in specialty varchar(20),inout total int)
    -> begin
    -> select count( *)+total into total from tb_student where sspecialty=specialty;
    -> end //
mysql> delimiter ;
```

执行结果如图 8-7 所示。

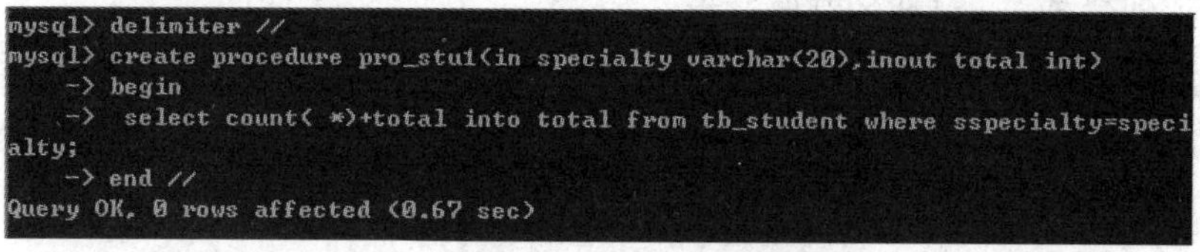

```
mysql> delimiter //
mysql> create procedure pro_stu1(in specialty varchar(20),inout total int)
    -> begin
    ->  select count( *)+total into total from tb_student where sspecialty=speci
alty;
    -> end //
Query OK, 0 rows affected (0.67 sec)
```

图 8-7　创建带 inout 参数的存储过程

(2) 调用存储过程 pro_stu1，具体语句为

```
mysql> set @total=10;
mysql> call pro_stu1('计算机应用',@total);
mysql> select @total;
```

执行结果如图 8-8 所示。

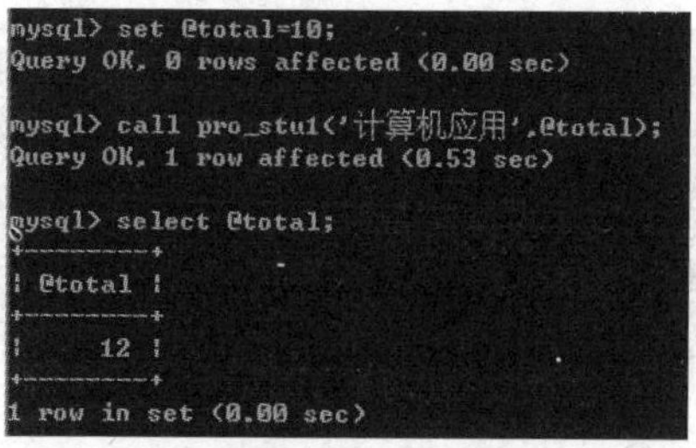

```
mysql> set @total=10;
Query OK, 0 rows affected (0.00 sec)

mysql> call pro_stu1('计算机应用',@total);
Query OK, 1 row affected (0.53 sec)

mysql> select @total;
+--------+
| @total |
+--------+
|     12 |
+--------+
1 row in set (0.00 sec)
```

图 8-8　调用带 inout 参数的存储过程

步骤 5：查看存储过程。

(1) 查看存储过程 pro_stu 的状态，具体语句为

```
mysql> show procedure status like 'pro_stu'\G;
```

执行结果如图 8-9 所示。

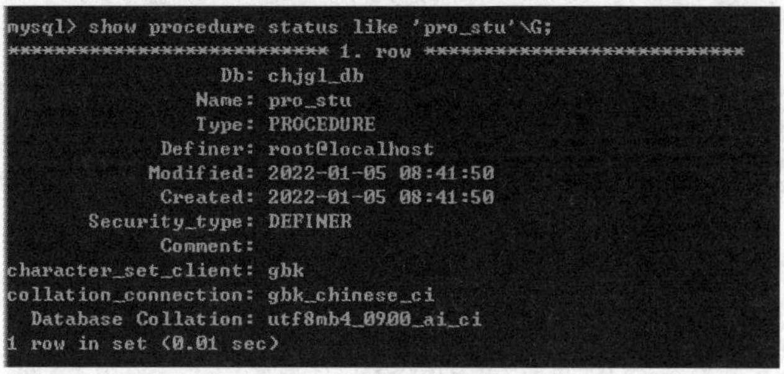

```
mysql> show procedure status like 'pro_stu'\G;
*************************** 1. row ***************************
                  Db: chjgl_db
                Name: pro_stu
                Type: PROCEDURE
             Definer: root@localhost
            Modified: 2022-01-05 08:41:50
             Created: 2022-01-05 08:41:50
       Security_type: DEFINER
             Comment:
character_set_client: gbk
collation_connection: gbk_chinese_ci
  Database Collation: utf8mb4_0900_ai_ci
1 row in set (0.01 sec)
```

图 8-9　查看存储过程的状态

(2) 查看存储过程 pro_stu 的定义，具体语句为

```
mysql> show create procedure pro_stu\G;
```

执行结果如图 8-10 所示。

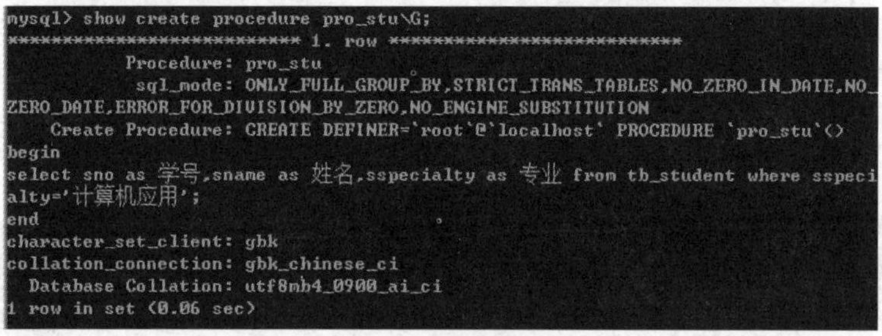

```
mysql> show create procedure pro_stu\G;
*************************** 1. row ***************************
           Procedure: pro_stu
            sql_mode: ONLY_FULL_GROUP_BY,STRICT_TRANS_TABLES,NO_ZERO_IN_DATE,NO_
ZERO_DATE,ERROR_FOR_DIVISION_BY_ZERO,NO_ENGINE_SUBSTITUTION
    Create Procedure: CREATE DEFINER=`root`@`localhost` PROCEDURE `pro_stu`()
begin
select sno as 学号,sname as 姓名,sspecialty as 专业 from tb_student where sspeci
alty='计算机应用';
end
character_set_client: gbk
collation_connection: gbk_chinese_ci
  Database Collation: utf8mb4_0900_ai_ci
1 row in set (0.06 sec)
```

图 8-10　查看存储过程的定义

步骤 6：修改存储过程。

修改存储过程 pro_stu 的定义，将读写权限修改为 MODIFIES SQL DATA，并查看修改后的结果，具体语句为

```
mysql> alter procedure pro_stu modifies sql data;
mysql> show create procedure pro_stu\G;
```

执行结果如图 8-11 所示。

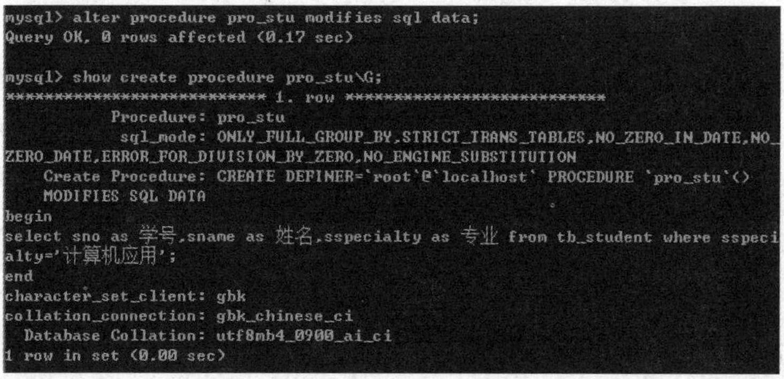

```
mysql> alter procedure pro_stu modifies sql data;
Query OK, 0 rows affected (0.17 sec)

mysql> show create procedure pro_stu\G;
*************************** 1. row ***************************
           Procedure: pro_stu
            sql_mode: ONLY_FULL_GROUP_BY,STRICT_TRANS_TABLES,NO_ZERO_IN_DATE,NO_
ZERO_DATE,ERROR_FOR_DIVISION_BY_ZERO,NO_ENGINE_SUBSTITUTION
    Create Procedure: CREATE DEFINER=`root`@`localhost` PROCEDURE `pro_stu`()
    MODIFIES SQL DATA
begin
select sno as 学号,sname as 姓名,sspecialty as 专业 from tb_student where sspeci
alty='计算机应用';
end
character_set_client: gbk
collation_connection: gbk_chinese_ci
  Database Collation: utf8mb4_0900_ai_ci
1 row in set (0.00 sec)
```

图 8-11　修改存储过程

步骤 7：删除存储过程。

删除存储过程 pro_grade1，具体语句为

```
mysql> drop procedure if exists pro_grade1;
```

执行结果如图 8-12 所示。

```
mysql> drop procedure if exists pro_grade1;
Query OK, 0 rows affected, 1 warning (0.11 sec)
```

图 8-12　删除存储过程

● 任务评价

通过本任务的学习，进行以下自我评价。

评 价 内 容	分值	自我评价
会创建无参数的存储过程	20	
会创建带参数的存储过程	30	
会查看存储过程	20	
会调用存储过程	20	
会删除存储过程	10	
合计	100	

任务2　存储过程的高级应用

● 任务描述

在实际工作过程中，使用存储过程的场合一般有比较复杂的业务逻辑，需要使用流程控制语句来控制的流程。MySQL 中的流程控制语句有 if 语句、case 语句、loop 语句、leave 语句、iterate 语句、repeat 语句和 while 语句等。根据项目需求，完成复杂的存储过程的编写。

● 任务目标

(1) 会定义变量。

(2) 会为变量赋值。

(3) 会使用条件语句 (if 语句、case 语句)。

(4) 会使用循环语句 (loop 语句、repeat 语句和 while 语句等)。

(5) 通过完成复杂的存储过程的编写，培养用系统思考的方法分析解决复杂问题的能力。

● 任务分析

学习 MySQL 变量的定义与赋值，掌握 if 语句、case 语句、loop 语句、leave 语句、iterate 语句、repeat 语句和 while 语句等流程控制语句的基本语法格式，完成复杂的存储过程

程的编写。

● 知识链接

1. 定义变量

在创建存储过程时，有时会使用变量来保存数据处理过程中的值。MySQL 中可以使用 DECLARE 关键字来定义变量，其基本语法格式为

```
DECLARE var_name [, var_name] ... type [DEFAULT value]
```

语法分析如下：

DECLARE：定义变量关键字。

var_name：变量名。

type：变量的数据类型。

[DEFAULT ***value***]：定义变量的默认值。在没有使用 DEFAULT 子句时，默认值为 NULL。

2. 为变量赋值

MySQL 中可以使用 SET 关键字来为变量赋值。一个 SET 语句可以同时为多个变量赋值，各个变量的赋值语句之间用逗号隔开，其基本语法格式为

```
SET variable = expr [, variable = expr] ...
```

语法分析如下：

SET：为变量赋值关键字。

variable：变量名。

expr：赋值表达式。

3. 条件语句

(1) if 语句。

根据是否满足条件 (可包含多个条件) 会执行不同的语句，if 语句是流程控制中最常用的条件判断语句，可用来进行条件判断，其基本语法格式为

```
IF search_condition THEN statement_list
    [ELSEIF search_condition THEN statement_list] ...
    [ELSE statement_list]
END IF
```

语法分析如下：

search_condition：表示条件判断语句，如果返回值为 TRUE，相应的 ***statement_list*** 中的语句被执行；如果返回值为 FALSE，则 ELSE 关键字后面 ***statement_list*** 中的语句被执行。

statement_list：SQL 语句列表，可以包括一个或多个语句。

(2)case 语句。

case 语句也是用来进行条件判断的，它提供了多个条件进行选择，可以实现比 if 语句更复杂的条件判断。case 语句有两种语法格式，其第一种基本语法格式为

```
CASE case_value
```

```
    WHEN when_value THEN statement_list
    [WHEN when_value THEN statement_list] ...
    [ELSE statement_list]
END CASE
```

语法分析如下：

case_value：表示条件判断的变量，决定了哪一个 WHEN 子句会被执行；

when_value：表示变量的取值。如果某个 ***when_value*** 的值与 ***case_value*** 变量的值相同，则执行对应的 THEN 关键字后的 ***statement_list*** 中的语句；如果没有条件匹配，则 ELSE 子句里的语句被执行。

statement_list：SQL 语句列表，可以包括一个或多个语句。

case 语句都要使用 END CASE 结束。

case 语句的第二种基本语法格式为

```
CASE
    WHEN search_condition THEN statement_list
    [WHEN search_condition THEN statement_list] ...
    [ELSE statement_list]
END CASE
```

语法分析如下：

search_condition：表示条件判断语句。

statement_list：SQL 语句列表，可以包括一个或多个语句。该语句中的 WHEN 语句将被逐个执行，直到某个 ***search_condition*** 表达式为真，则执行对应 THEN 关键字后面的 ***statement_list*** 中的语句。如果没有条件匹配，则 ELSE 子句里的语句被执行。

4. 循环语句

(1) while 语句。

while 语句是有条件控制的循环语句。当满足条件时，执行循环内的语句，否则退出循环。其基本语法格式为

```
WHILE search_condition DO
    statement_list
END WHILE
```

语法分析如下：

search_condition：表示循环执行的条件，满足该循环条件时执行。

statement_list：循环的 SQL 执行语句。

while 语句需要使用 END WHILE 来结束。

(2) repeat 语句。

repeat 语句是有条件控制的循环语句。每次语句执行完毕后，会对条件表达式进行判断，如果表达式返回值为 TRUE，则循环结束，否则重复执行循环中的语句。其基本语法

格式为

```
REPEAT
    statement_list
UNTIL search_condition
END REPEAT
```

语法分析如下：

statement_list：循环的 SQL 执行语句。

search_condition：表示结束循环的条件，满足该条件时循环结束。

(3) loop 语句。

loop 语句使某些特定的语句重复执行。loop 语句只实现一个简单的循环，并不进行条件判断。loop 语句本身没有停止循环的语句，必须使用 LEAVE 语句等才能停止循环，跳出循环过程。loop 语句基本语法格式为

```
[begin_label:] LOOP
    statement_list
END LOOP [end_label]
```

语法分析如下：

begin_label 和 ***end_label***：循环开始和结束的标志，这两个标志必须相同，而且都可以省略。

statement_list：表示需要循环执行的语句。

(4) leave 语句。

leave 语句主要用于跳出循环控制，其基本语法格式为

```
LEAVE label
```

语法分析如下：

label：循环的标志。

(5) iterate 语句。

iterate 是"再次循环"的意思，用来跳出本次循环，直接进入下一次循环。其基本语法格式为

```
ITERATE label
```

label：循环的标志。

小贴士

leave 语句和 iterate 语句都是用来跳出循环的语句，但两者的功能是不一样的。leave 语句是先跳出整个循环，然后执行循环后面的程序。而 iterate 语句是先跳出本次循环，然后进入下一次循环。

● 任务实施

步骤 1：存储过程的条件语句。

(1) 创建存储过程 pro_stuavg，查询某专业学生的综合成绩的平均分。如果平均分大于等于 80 分，输出“本次考试成绩优秀”，否则输出“本次考试成绩一般”。调用存储过程，输入参数“计算机应用”进行测试。具体的语句为

```
mysql> use chjgl_db;
mysql> delimiter //
mysql> create procedure pro_stuavg(in specialty varchar(20))
    -> begin
    -> declare gavg float;
    -> select round(avg(g.totalgrade),2) into @gavg from tb_student s inner join
 tb_grade g on s.sno=g.sno where s.sspecialty=specialty;
    -> If (@gavg>=80) then
    -> select '本次考试成绩优秀' as grade;
    -> else
    -> select '本次考试成绩一般' as grade;
    -> end if;
    -> end //
mysql> delimiter ;
mysql> call pro_stuavg('计算机应用');
```

执行结果如图 8-13 所示。

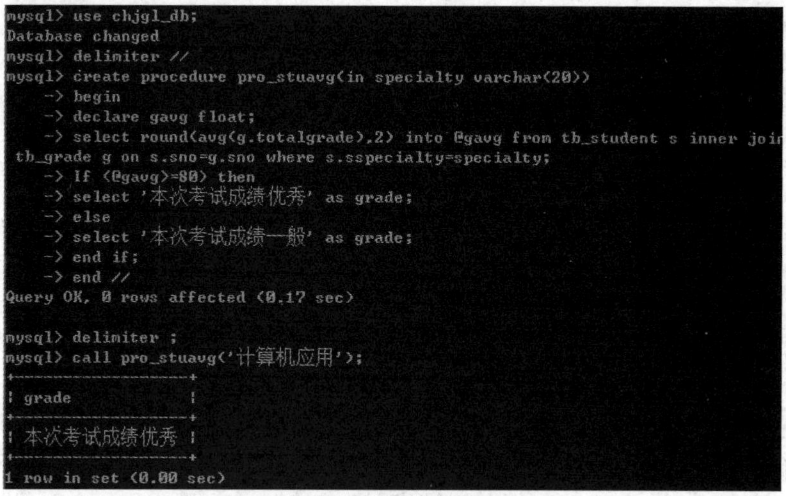

```
mysql> use chjgl_db;
Database changed
mysql> delimiter //
mysql> create procedure pro_stuavg(in specialty varchar(20))
    -> begin
    -> declare gavg float;
    -> select round(avg(g.totalgrade),2) into @gavg from tb_student s inner joi
 tb_grade g on s.sno=g.sno where s.sspecialty=specialty;
    -> If (@gavg>=80) then
    -> select '本次考试成绩优秀' as grade;
    -> else
    -> select '本次考试成绩一般' as grade;
    -> end if;
    -> end //
Query OK, 0 rows affected (0.17 sec)

mysql> delimiter ;
mysql> call pro_stuavg('计算机应用');
+------------------+
| grade            |
+------------------+
| 本次考试成绩优秀 |
+------------------+
1 row in set (0.00 sec)
```

图 8-13　存储过程的条件语句 1

(2) 创建存储过程 pro_level，统计各专业学生的综合成绩的平均成绩为优秀 (90 ～ 100 分)、良好 (76 ～ 89 分)、及格 (60 ～ 75 分) 和不及格 (0 ～ 59 分) 的人数。调用存储过程，输入参数“良好”进行测试。具体语句为

```
mysql> delimiter //
mysql> create procedure pro_level(in level varchar(20))
    -> begin
```

```
        -> case level
        -> when '优秀' then
        -> select s.sspecialty as 专业,count(*) as 优秀人数 from tb_student s inner join tb_grade g on s.sno=
g.sno group by s.sspecialty having avg(g.totalgrade)>=90;
        -> when '良好' then
        -> select s.sspecialty as 专业,count(*) as 良好人数 from tb_student s inner join tb_grade g on s.sno=
g.sno group by s.sspecialty having avg(g.totalgrade)<90 and avg(g.totalgrade)>75;
        -> when '及格' then
        -> select s.sspecialty as 专业,count(*) as 及格人数 from tb_student s inner join tb_grade g on s.sno=
g.sno group by s.sspecialty having avg(g.totalgrade)<=75 and avg(g.totalgrade)>60;
        -> when '不及格' then
        -> select s.sspecialty as 专业,count(*) as 不及格人数 from tb_student s inner join tb_grade g on s.sno=
g.sno group by s.sspecialty having avg(g.totalgrade)<60;
        -> end case;
        -> end //
    mysql> delimiter ;
    mysql> call pro_level('良好');
```

执行结果如图 8-14 所示。

```
mysql> create procedure pro_level(in level varchar(20))
    -> begin
    -> case level
    -> when '优秀' then
    -> select s.sspecialty as 专业,count(*) as 优秀人数 from tb_student s inner
join tb_grade g on s.sno=g.sno group by s.sspecialty having avg(g.totalgrade)>=9
0;
    -> when '良好' then
    -> select s.sspecialty as 专业,count(*) as 良好人数 from tb_student s inner
join tb_grade g on s.sno=g.sno group by s.sspecialty having avg(g.totalgrade)<90
 and avg(g.totalgrade)>75;
    -> when '及格' then
    -> select s.sspecialty as 专业,count(*) as 及格人数 from tb_student s inner
join tb_grade g on s.sno=g.sno group by s.sspecialty having avg(g.totalgrade)<=7
5 and avg(g.totalgrade)>60;
    -> when '不及格' then
    -> select s.sspecialty as 专业,count(*) as 不及格人数 from tb_student s inne
r join tb_grade g on s.sno=g.sno group by s.sspecialty having avg(g.totalgrade)<
60;
    -> end case;
    -> end //
Query OK, 0 rows affected (0.12 sec)

mysql> delimiter ;
mysql> call pro_level('良好');
+------------+----------+
| 专业       | 良好人数 |
+------------+----------+
| 计算机应用 |       12 |
+------------+----------+
1 row in set (0.00 sec)

Query OK, 0 rows affected (0.00 sec)
```

图 8-14　存储过程的条件语句 2

步骤 2：存储过程的循环语句。

(1) 创建存储过程 pro_while，使用 while 循环语句，计算 n！，并调用存储过程进行验证，具体语句为

```
mysql> delimiter //
mysql> create procedure pro_while(in n int,out result int)
    -> begin
    -> set result=1;
    -> while n>1 do
    -> set result=n*result;
    -> set n=n-1;
    -> end while;
    -> end//
mysql> delimiter ;
mysql> call pro_while(5,@result);
mysql> select '5!=',@result;
```

执行结果如图 8-15 所示。

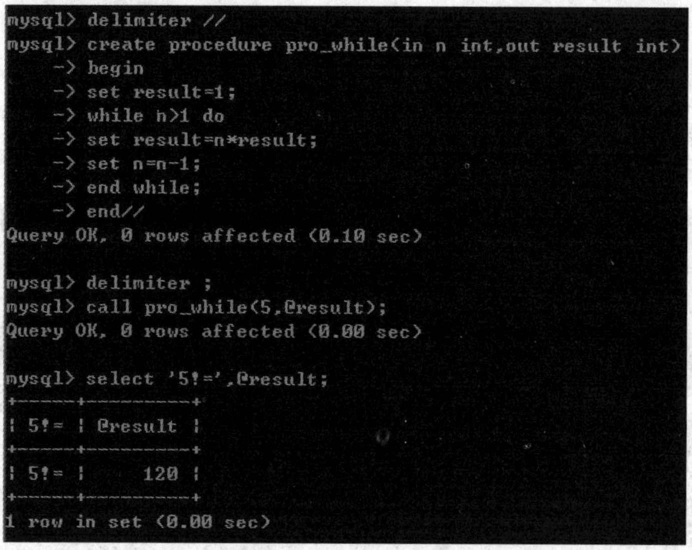

```
mysql> delimiter //
mysql> create procedure pro_while(in n int,out result int)
    -> begin
    -> set result=1;
    -> while n>1 do
    -> set result=n*result;
    -> set n=n-1;
    -> end while;
    -> end//
Query OK, 0 rows affected (0.10 sec)

mysql> delimiter ;
mysql> call pro_while(5,@result);
Query OK, 0 rows affected (0.00 sec)

mysql> select '5!=',@result;
+------+---------+
| 5!=  | @result |
+------+---------+
| 5!=  |     120 |
+------+---------+
1 row in set (0.00 sec)
```

图 8-15　while 循环语句

(2) 创建存储过程 pro_repeat，使用 repeat 循环语句，计算 n！，并调用存储过程进行验证，具体语句为

```
mysql> delimiter //
mysql> create procedure pro_repeat(in n int,out result int)
    -> begin
    -> set result=1;
    -> repeat
    -> set result=n*result;
    -> set n=n-1;
    -> until n<=1
    -> end repeat;
```

```
-> end//
mysql> delimiter ;
mysql> call pro_repeat(6,@result);
mysql> select '6!=',@result;
```

执行结果如图 8-16 所示。

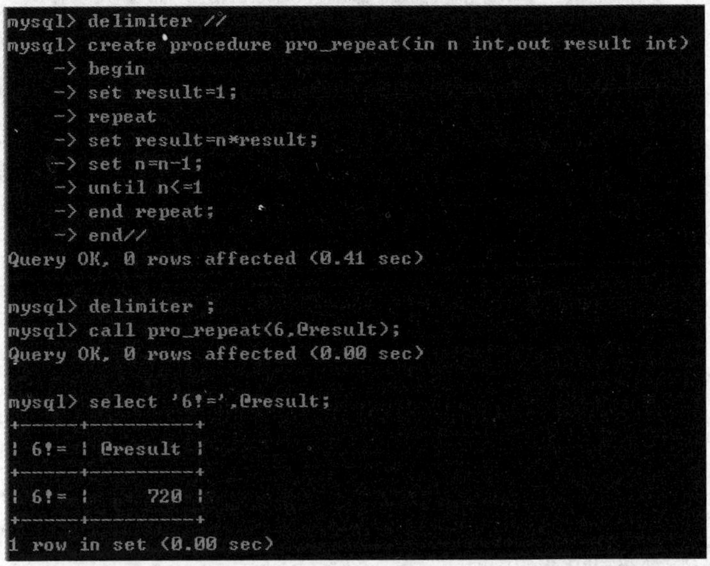

```
mysql> delimiter //
mysql> create procedure pro_repeat(in n int,out result int)
    -> begin
    -> set result=1;
    -> repeat
    -> set result=n*result;
    -> set n=n-1;
    -> until n<=1
    -> end repeat;
    -> end//
Query OK, 0 rows affected (0.41 sec)

mysql> delimiter ;
mysql> call pro_repeat(6,@result);
Query OK, 0 rows affected (0.00 sec)

mysql> select '6!=',@result;
+------+---------+
| 6!=  | @result |
+------+---------+
| 6!=  |     720 |
+------+---------+
1 row in set (0.00 sec)
```

图 8-16　repeat 循环语句

(3) 创建存储过程 pro_loop，使用 loop 循环语句，计算 $n!$ ，并调用存储过程进行验证，具体语句为

```
mysql> delimiter //
mysql> create procedure pro_loop(in n int,out result int)
    -> begin
    -> set result=1;
    -> label:loop
    -> set result=n*result;
    -> set n=n-1;
    -> if n<=1 then
    -> leave label;
    -> end if;
    -> end loop label;
    -> end //
mysql> delimiter ;
mysql> call pro_loop(5,@result);
mysql> select '5!=',@result;
```

执行结果如图 8-17 所示。

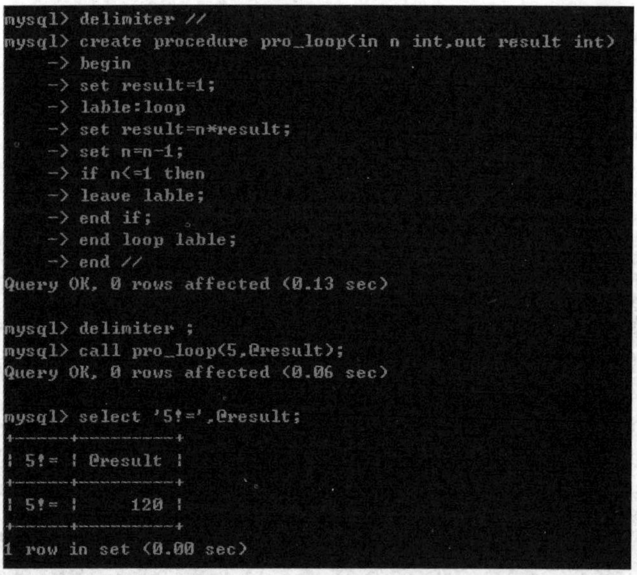

```
mysql> delimiter //
mysql> create procedure pro_loop(in n int,out result int)
    -> begin
    -> set result=1;
    -> lable:loop
    -> set result=n*result;
    -> set n=n-1;
    -> if n<=1 then
    -> leave lable;
    -> end if;
    -> end loop lable;
    -> end //
Query OK, 0 rows affected (0.13 sec)

mysql> delimiter ;
mysql> call pro_loop(5,@result);
Query OK, 0 rows affected (0.06 sec)

mysql> select '5!=',@result;
+-----+---------+
| 5!= | @result |
+-----+---------+
| 5!= |     120 |
+-----+---------+
1 row in set (0.00 sec)
```

图 8-17 loop 循环语句 1

(4) 创建存储过程 pro_loop1，使用 loop 循环语句，输出 *n* 以内的偶数，并调用存储过程进行验证，具体语句为

```
mysql> delimiter //
mysql> create procedure pro_loop1(in n int)
    -> begin
    -> declare i int;
    -> declare str varchar(255);
    -> set i=1;
    -> set str='';
    -> label:loop
    -> if i>=n then
    -> leave label;
    -> end if;
    -> set i=i+1;
    -> if(i mod 2) then
    -> iterate label;
    -> else
    -> set str=concat(str,i,',');
    -> end if;
    -> end loop;
    -> select str;
    -> end //
mysql> delimiter ;
mysql> call pro_loop1(20);
```

执行结果如图 8-18 所示。

```
mysql> delimiter //
mysql> create procedure pro_loop1(in n int)
    -> begin
    -> declare i int;
    -> declare str varchar(255);
    -> set i=1;
    -> set str='';
    -> label:loop
    -> if i>=n then
    -> leave label;
    -> end if;
    -> set i=i+1;
    -> if(i mod 2) then
    -> iterate label;
    -> else
    -> set str=concat(str,i,',');
    -> end if;
    -> end loop;
    -> select str;
    -> end //
Query OK, 0 rows affected (0.23 sec)

mysql> delimiter ;
mysql> call pro_loop1(20);
+-----------------------------+
| str                         |
+-----------------------------+
| 2,4,6,8,10,12,14,16,18,20,  |
+-----------------------------+
1 row in set (0.01 sec)

Query OK, 0 rows affected (0.03 sec)
```

图 8-18　loop 循环语句 2

● 任务评价

通过本任务的学习，进行以下自我评价。

评 价 内 容	分值	自我评价
会定义变量	10	
会为变量赋值	10	
会使用条件语句	40	
会使用循环语句	40	
合计	100	

任务3　游标的使用

● 任务描述

在实际工作过程中，经常会遇到这样一种情况，需要对存储过程或存储函数中查询的结果进行遍历操作，并对遍历到的每一条数据进行处理，这时候就会用到游标。本任务要求根据需求，创建游标，循环遍历查询到的结果集。

● 任务目标

(1) 会声明、打开、读取和关闭游标。

(2) 会循环遍历查询到的结果集。

(3) 会声明处理程序。

(4) 通过使用游标，培养追求卓越的精神。

● 任务分析

学习游标的作用，以及声明游标、打开游标、读取游标和关闭游标的语句，了解如何声明处理程序，使用游标和循环语句完成遍历循环查询到的结果集。

● 知识链接

1.游标

游标可以使用户逐条读取查询结果集中的记录。在 MySQL 中并没有一种描述数据表中单一记录的表达形式，除非使用 WHERE 子句来限制只有一条记录被选中。所以有时需要借助游标来进行单条记录的数据处理。MySQL 游标只能用于存储过程和函数。

2. 声明游标

MySQL 中可以使用 DECLARE 关键字来声明游标，其基本语法格式为

```
DECLARE cursor_name CURSOR FOR select_statement
```

语法分析如下：

cursor_name：游标的名称。

select_statement：表示 select 语句，可以返回一行或多行数据。

3. 打开游标

声明游标之后，要想从游标中提取数据，必须先打开游标。打开一个游标时，游标并不指向第一条记录，而是指向第一条记录的前面。在程序中，一个游标可以打开多次。打开游标的基本语法格式为

```
OPEN cursor_name
```

语法分析如下：

cursor_name：要打开的游标的名称。

4. 使用游标

游标顺利打开后，可以使用 FETCH...INTO 语句来读取数据，FETCH...INTO 语句的基本语法格式为

```
FETCH [[NEXT] FROM] cursor_name INTO var_name [, var_name] ...
```

语法分析如下：

FETCH...INTO 语句将游标 ***cursor_name*** 中 select 语句的执行结果保存到变量参数 ***var_name*** 中。变量参数 ***var_name*** 必须在游标使用之前定义。当第一次使用游标时，游标指向结果集的第一条记录。

5. 关闭游标

游标使用完毕后，要及时关闭。关闭游标后可以释放游标使用的所有内存和资源。如果不明确关闭游标，MySQL 将会在到达 END 语句时自动关闭它。关闭游标的基本语法格式为

```
CLOSE cursor_name
```

6. 声明处理程序

在存储的程序执行期间可能出现需要特殊处理的条件，例如退出当前程序块或继续执行。可以针对一般条件(例如警告或异常)或特定条件(例如特定错误代码)定义处理程序。可以为特定条件指定名称并在处理程序中以这种方式引用。声明处理程序，可以使用 DECLARE ... HANDLER 语句，其基本语法格式为

```
DECLARE handler_action HANDLER
    FOR condition_value [, condition_value] ...
    statement
handler_action: {
    CONTINUE
  | EXIT
  | UNDO
}
condition_value: {
    mysql_error_code
  | SQLSTATE [VALUE] sqlstate_value
  | condition_name
  | SQLWARNING
  | NOT FOUND
  | SQLEXCEPTION
}
```

语法分析如下：

handler_action：指定错误的处理方式，该参数有 3 个取值，分别是 CONTINUE、EXIT 和 UNDO，具体含义为

(1) CONTINUE：表示遇到错误不进行处理，继续向下执行。

(2) EXIT：表示遇到错误后马上退出。

(3) UNDO：表示遇到错误后撤回之前的操作，MySQL 中暂时还不支持这种处理方式。

condition_value：指明错误类型，该参数有 6 个取值：

(1) ***mysql_error_code***：匹配数值类型错误代码。

(2) ***sqlstate_value***：包含 5 个字符的字符串错误值。

(3) ***condition_name***：表示 DECLARE 定义的错误条件名称。

(4) SQLWARNING：匹配所有以 01 开头的 sqlstate_value 值。

(5) NOT FOUND：匹配所有以 02 开头的 sqlstate_value 值。

(6) SQLEXCEPTION：匹配所有没有被 SQLWARNING 或 NOT FOUND 捕获的 sqlstate_

value 值。

● 任务实施

步骤 1：创建一个简单的游标。

创建一个存储过程，名称为 pro_cur1，功能为在 tb_student 数据表中查询计算机应用专业的学生的学号、姓名和专业，并创建游标 cur_stu，读取查询结果的第一条数据，具体语句为

```
mysql> use chjgl_db;
mysql> delimiter //
mysql> create procedure pro_cur1()
    -> begin
    -> declare row_sno varchar(20);
    -> declare row_sname varchar(20);
    -> declare row_specialty varchar(20);
    -> declare cur_stu cursor for select sno as 学号,sname as 姓名,sspecialty as 专业 from tb_student where sspecialty='计算机应用';
    -> open cur_stu;
    -> fetch cur_stu into row_sno,row_sname,row_specialty;
    -> select row_sno,row_sname,row_specialty;
    -> close cur_stu;
    -> end //
mysql> delimiter ;
mysql> call pro_cur1();
```

执行结果如图 8-19 所示。

```
mysql> use chjgl_db;
Database changed
mysql> delimiter //
mysql> create procedure pro_cur1()
    -> begin
    -> declare row_sno varchar(20);
    -> declare row_sname varchar(20);
    -> declare row_specialty varchar(20);
    -> declare cur_stu cursor for select sno as 学号,sname as 姓名,sspecialty as
 专业 from tb_student where sspecialty='计算机应用';
    -> open cur_stu;
    -> fetch cur_stu into row_sno,row_sname,row_specialty;
    -> select row_sno,row_sname,row_specialty;
    -> close cur_stu;
    -> end //
Query OK, 0 rows affected (0.29 sec)

mysql> delimiter ;
mysql> call pro_cur1();
+--------------+-----------+---------------+
| row_sno      | row_sname | row_specialty |
+--------------+-----------+---------------+
| 202115010201 | 刘嘉宁    | 计算机应用    |
+--------------+-----------+---------------+
1 row in set (0.06 sec)

Query OK, 0 rows affected (0.09 sec)
```

图 8-19　创建一个简单的游标

步骤 2：循环遍历查询到的结果集。

创建一个存储过程，名称为 pro_cur2，功能为在 tb_student 数据表中查询计算机应用专业的学生的学号、姓名和专业，并创建游标 cur_stu，循环遍历查询到的结果集。

(1) 使用计数器来控制循环，具体语句为

```
mysql> delimiter //
mysql> create procedure pro_cur2()
    -> begin
    -> declare n int default 0;
    -> declare i int default 0;
    -> declare row_sno varchar(20);
    -> declare row_sname varchar(20);
    -> declare row_specialty varchar(20);
    -> declare cur_stu cursor for select sno as 学号,sname as 姓名,sspecialty as 专业 from tb_student where
sspecialty='计算机应用';
    -> select count(*) into n from tb_student where sspecialty='计算机应用';
    -> open cur_stu;
    -> repeat
    -> fetch cur_stu into row_sno,row_sname,row_specialty;
    -> select row_sno,row_sname,row_specialty;
    -> set i=i+1;
    -> until i>=n end repeat;
    -> close cur_stu;
    -> end //
mysql> delimiter ;
mysql> call pro_cur2();
```

执行结果如图 8-20 所示。

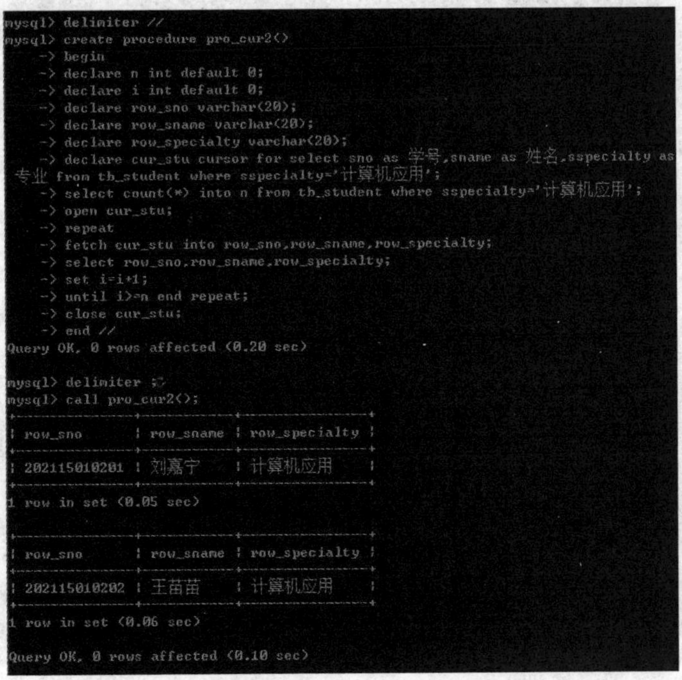

```
mysql> delimiter //
mysql> create procedure pro_cur2()
    -> begin
    -> declare n int default 0;
    -> declare i int default 0;
    -> declare row_sno varchar(20);
    -> declare row_sname varchar(20);
    -> declare row_specialty varchar(20);
    -> declare cur_stu cursor for select sno as 学号,sname as 姓名,sspecialty as
 专业 from tb_student where sspecialty='计算机应用';
    -> select count(*) into n from tb_student where sspecialty='计算机应用';
    -> open cur_stu;
    -> repeat
    -> fetch cur_stu into row_sno,row_sname,row_specialty;
    -> select row_sno,row_sname,row_specialty;
    -> set i=i+1;
    -> until i>=n end repeat;
    -> close cur_stu;
    -> end //
Query OK, 0 rows affected (0.20 sec)

mysql> delimiter ;
mysql> call pro_cur2();
+--------------+-----------+---------------+
| row_sno      | row_sname | row_specialty |
+--------------+-----------+---------------+
| 202115010201 | 刘嘉宁    | 计算机应用    |
+--------------+-----------+---------------+
1 row in set (0.05 sec)

+--------------+-----------+---------------+
| row_sno      | row_sname | row_specialty |
+--------------+-----------+---------------+
| 202115010202 | 王苗苗    | 计算机应用    |
+--------------+-----------+---------------+
1 row in set (0.06 sec)

Query OK, 0 rows affected (0.10 sec)
```

图 8-20　使用计数器来控制循环

(2) 使用越界标志来控制循环，具体语句为

```
mysql> delimiter //
mysql> create procedure pro_cur21()
    -> begin
    -> declare have int default 1;
    -> declare row_sno varchar(20);
    -> declare row_sname varchar(20);
    -> declare row_specialty varchar(20);
    -> declare cur_stu cursor for select sno as 学号,sname as 姓名,sspecialty as 专业 from tb_student where sspecialty='计算机应用';
    -> declare exit handler for not found set have=0;
    -> open cur_stu;
    -> repeat
    -> fetch cur_stu into row_sno,row_sname,row_specialty;
    -> select row_sno,row_sname,row_specialty;
    -> until have=0 end repeat;
    -> close cur_stu;
    -> end //
mysql> delimiter ;
mysql> call pro_cur21();
```

执行结果如图 8-21 所示。

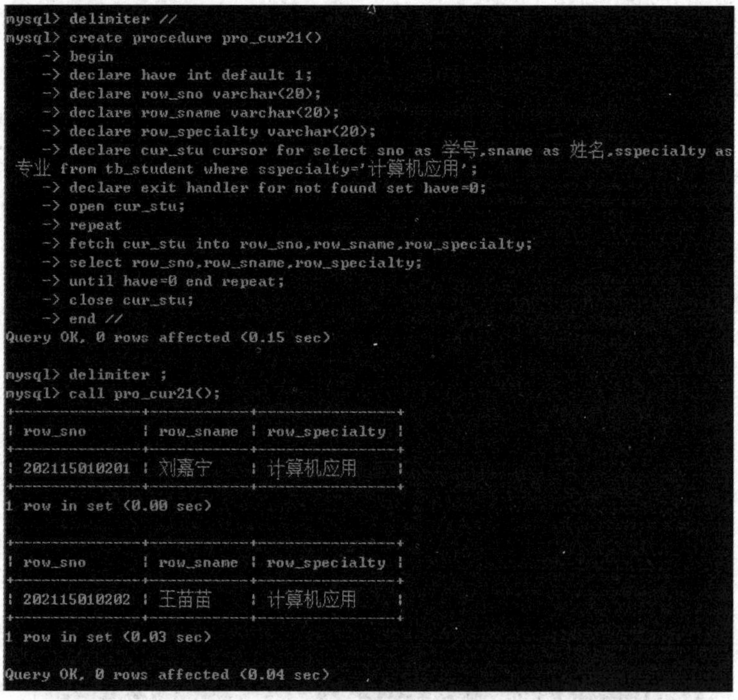

```
mysql> delimiter //
mysql> create procedure pro_cur21()
    -> begin
    -> declare have int default 1;
    -> declare row_sno varchar(20);
    -> declare row_sname varchar(20);
    -> declare row_specialty varchar(20);
    -> declare cur_stu cursor for select sno as 学号,sname as 姓名,sspecialty as
 专业 from tb_student where sspecialty='计算机应用';
    -> declare exit handler for not found set have=0;
    -> open cur_stu;
    -> repeat
    -> fetch cur_stu into row_sno,row_sname,row_specialty;
    -> select row_sno,row_sname,row_specialty;
    -> until have=0 end repeat;
    -> close cur_stu;
    -> end //
Query OK, 0 rows affected (0.15 sec)

mysql> delimiter ;
mysql> call pro_cur21();
+--------------+-----------+---------------+
| row_sno      | row_sname | row_specialty |
+--------------+-----------+---------------+
| 202115010201 | 刘嘉宁    | 计算机应用    |
+--------------+-----------+---------------+
1 row in set (0.00 sec)

+--------------+-----------+---------------+
| row_sno      | row_sname | row_specialty |
+--------------+-----------+---------------+
| 202115010202 | 王苗苗    | 计算机应用    |
+--------------+-----------+---------------+
1 row in set (0.03 sec)

Query OK, 0 rows affected (0.04 sec)
```

图 8-21　使用越界标志来控制循环

● 任务评价

通过本任务的学习，进行以下自我评价。

评 价 内 容	分值	自我评价
会声明游标	10	
会打开游标	10	
会读取游标	20	
会关闭游标	10	
会循环遍历查询到的结果集	30	
会声明处理程序	20	
合计	100	

思考与练习

一、填空题

1. 查看所有的存储过程使用的语句是 ____________________。
2. 查看存储过程的创建语句使用的语句是 ____________________。
3. 修改存储过程使用的语句是 ____________________。
4. 删除存储过程使用的语句是 ____________________。
5. 打开游标使用的关键字是 ____________________。
6. 关闭游标使用的关键字是 ____________________。
7. 打开游标后，使用 ____________________ 关键字可以检索 select 结果集中的数据。

二、选择题

1. 存储过程是一组预先定义并 (　　) 的 Transact-SQL 语句。

A. 保存　　B. 编写
C. 编译　　D. 解释

2. 设置语句结束符的命令是 (　　)。

A. set　　B. end
C. delimiter　　D. finish

3. 创建存储过程的关键字是 (　　)。

A. create database　　B. create proc
C. create procedure　　D. create function

4. 可以用 (　　) 来声明游标。

A. create cursor　　B. alter cursor
C. set cursor　　D. declare cursor

5. 在存储过程中，用于将执行顺序转到语句段开头处的是 (　　)。

A. iterate　　B. exit

C. quit D. leave

6. 创建存储过程中，用于创建一个带有条件判断的循环过程的语句是(　　)。

A. if 语句 B. loop 语句

C. repeat 语句 D. case 语句

7. 创建存储过程中，用于创建一个不具备条件判断的循环过程的语句是(　　)。

A. while 语句 B. loop 语句

C. repeat 语句 D. case 语句

三、实践操作题

(1) 创建一个存储过程，实现向 tb_student 数据表插入一条学生记录，该记录包括学号、姓名和性别，并判断学号是否存在。

(2) 调用 (1) 中创建的存储过程，并完成测试。

(3) 删除 (1) 中创建的存储过程。

项目9 存储函数和触发器的应用

存储函数和存储过程一样，都是在数据库中定义的一些 SQL 语句的集合。存储函数可以通过 return 语句返回函数值，主要用于计算并返回一个值。

触发器是与数据表有关的数据库对象，在满足定义的条件时触发，并执行触发器中定义的语句集合。触发器是在数据库端保证数据完整性的一种方法。

本项目通过典型任务，介绍存储函数的创建、查看、调用、修改和删除，以及触发器的创建、查看、应用和删除方法。

学习目标

(1) 掌握如何创建存储函数。

(2) 掌握如何查看、调用、修改和删除存储函数。

(3) 掌握如何创建触发器。

(4) 掌握如何查看、应用和删除触发器。

知识重点

(1) 创建、调用存储函数。

(2) 创建、应用触发器。

知识难点

(1) 创建存储函数。

(2) 创建触发器。

任务1 创建、调用和管理存储函数

● 任务描述

在实际工作过程中，开发人员经常需要重复使用一些计算或功能，为了减少开发人员的工作量、提高工作效率，可以将这些重复的计算或功能写成一个存储函数。存储函数和存储过程的区别在于存储函数必须有返回值，而存储过程没有。

根据项目需求，完成存储函数的创建、查看、调用、修改和删除操作。

创建、调用和管理存储函数

● 任务目标

(1) 会创建存储函数。

(2) 会调用、查看存储函数。

(3) 会修改、删除存储函数。

(4) 通过使用存储函数，立足学科与行业领域，学会学习，学会思考。

● 任务分析

学习使用存储函数的场景，以及创建、查看、调用、修改和删除存储过程的语句，并完成存储函数的创建、查看、调用、修改和删除各种操作。

● 知识链接

1.存储函数

将经常需要使用的计算或功能写成一个函数，即存储函数，其主要用于计算和返回一个值。

存储函数和存储过程一样，都是在数据库中定义一些 SQL 语句的集合。存储函数可以通过 return 语句返回函数值。存储过程没有返回值，主要用于执行操作。

2. 创建存储函数

创建存储函数的语法为

```
CREATE FUNCTION func_name ([ param_name type[,...]]) RETURNS type
   [characteristic...] routine_body
characteristic:
   COMMENT 'string'
  | LANGUAGE SQL
  | [NOT] DETERMINISTIC
  | { CONTAINS SQL | NO SQL | READS SQL DATA | MODIFIES SQL DATA }
  | SQL SECURITY { DEFINER | INVOKER }
```

语法分析如下：

CREATE FUNCTION：创建存储函数关键字。

func_name：存储函数名称。

[***param_name type***]：***param_nam*** 表示存储函数参数名称；***type*** 指定存储函数参数的数据类型。

RETURNS ***type***：指定返回值的数据类型。

characteristic：指定存储函数的特性，该参数的取值与存储过程一致。

routine_body：存储函数体，是 SQL 语句的内容，用“begin...end”来标注 SQL 语句的开始和结束。若存储函数中只有一条 SQL 语句，则可以省略“begin...end”标志。

3. 调用存储函数

在 MySQL 中，存储函数的使用方法与 MySQL 内部函数的使用方法基本相同。用户自定义的存储函数与 MySQL 内部函数的性质相同。二者的区别在于，存储函数是用户自定义的，而内部函数由 MySQL 自带。调用存储函数的基本语法结构如下：

```
SELECT fun_name ([parameter[,...]])
```

语法分析如下：

SELECT：调用存储函数关键字。

fun_name：存储函数名称。

parameter：表示存储函数的参数。

4. 查看存储函数

(1) 查看存储函数的状态，具体语法为

```
SHOW FUNCTION STATUS [LIKE 'pattern' ]
```

语法分析如下：

SHOW FUNCTION STATUS：查看存储函数关键字。

LIKE '***pattern***'：用来匹配存储函数名称。

(2) 查看存储函数的定义，具体语法为

```
SHOW CREATE FUNCTION func_name;
```

语法分析如下：

SHOW CREATE FUNCTION：查看存储函数关键字。

func_name：存储函数名称。

5. 修改存储函数

MySQL 针对存储函数的修改功能只提供了修改存储函数特性，不提供修改存储函数体。如果需要修改存储函数，则需要先删除存储函数，再创建同名的存储函数。修改存储函数的语法为

```
ALTER FUNCTION func_name [characteristic...]
characteristic:
  COMMENT 'string'
 | LANGUAGE SQL
 | { CONTAINS SQL | NO SQL | READS SQL DATA | MODIFIES SQL DATA }
 | SQL SECURITY { DEFINER | INVOKER }
```

语法分析如下：

ALTER FUNCTION：修改存储函数关键字。

func_name：要修改的存储函数的名称。

characteristic：指定存储函数的特性，该参数的取值与存储过程一致。

6. 删除存储函数

删除存储函数的语法为

```
DROP FUNCTION [IF EXISTS] func_name
```

语法分析如下：

DROP FUNCTION：删除存储函数关键字。

[IF EXISTS]：如果存储函数不存在，删除时可以防止发生错误。

func_name：要删除的存储函数的名称。

● 任务实施

步骤 1：创建存储函数、调用存储函数。

(1) 创建一个存储函数，在 tb_student 数据表中，根据学生的姓名查询该学生所学专业，并将该学生所学专业返回，具体语句为

```
mysql> use chjgl_db;
mysql> delimiter //
mysql> create function fun_stu(stu_name varchar(20)) returns varchar(20)
    -> deterministic
    -> begin
    -> declare stu_specialty varchar(20);
    -> select sspecialty into stu_specialty from tb_student where sname=stu_name;
    -> return stu_specialty;
    -> end //
mysql> delimiter ;
```

执行结果如图 9-1 所示。

```
mysql> use chjgl_db;
Database changed
mysql> delimiter //
mysql> create function fun_stu(stu_name varchar(20)) returns varchar(20)
    -> deterministic
    -> begin
    -> declare stu_specialty varchar(20);
    -> select sspecialty into stu_specialty from tb_student where sname=stu_name
;
    -> return stu_specialty;
    -> end //
Query OK, 0 rows affected (0.78 sec)

mysql> delimiter ;
```

图 9-1　创建存储函数 1

小贴士

deterministic 指明函数的结果是确定的，即相同的输入会得到相同的输出。not deterministic 表示结果不确定。默认为 not deterministic。

(2) 调用存储函数 fun_stu，其语句为

```
mysql> select fun_stu('王苗苗');
```

执行结果如图 9-2 所示。

```
mysql> select fun_stu('王苗苗');
+--------------------+
| fun_stu('王苗苗') |
+--------------------+
| 计算机应用         |
+--------------------+
1 row in set (0.04 sec)
```

图 9-2 调用存储函数 1

(3) 创建一个存储函数，根据学生的姓名查询该学生的成绩等级，成绩等级按照综合成绩的平均成绩分为优秀 (90～100 分)、良好 (76～89 分)、及格 (60～75 分) 和不及格 (0～59 分) 四个等级。具体语句为

```
mysql> delimiter //
mysql> create function fun_grade(stu_name varchar(20)) returns varchar(10)
    -> deterministic
    -> begin
    -> declare stu_avg float;
    -> declare stu_grade varchar(10);
    -> select round(avg(totalgrade),2) into stu_avg from tb_student s inner join tb_grade g on s.sno=
g.sno group by s.sname having s.sname=stu_name;
    -> if stu_avg>=90 then set stu_grade='优秀';
    -> elseif stu_avg>75 and stu_avg<90 then set stu_grade='良好';
    -> elseif stu_avg>=60 and stu_avg<=75 then set stu_grade='及格';
    -> else set stu_grade='不及格';
    -> end if;
    -> return stu_grade;
    -> end //
mysql> delimiter ;
```

执行结果如图 9-3 所示。

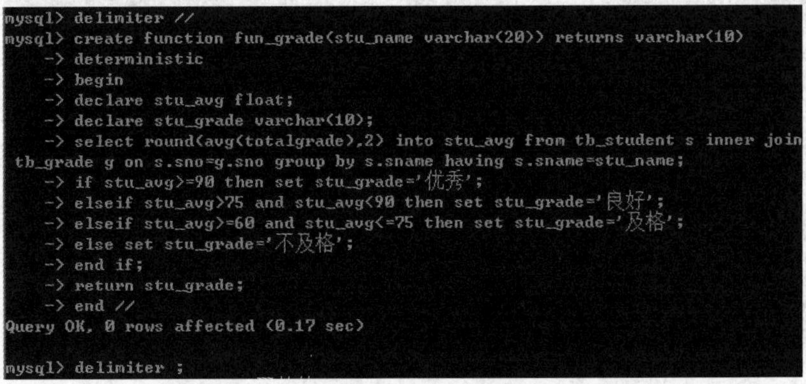

```
mysql> delimiter //
mysql> create function fun_grade(stu_name varchar(20)) returns varchar(10)
    -> deterministic
    -> begin
    -> declare stu_avg float;
    -> declare stu_grade varchar(10);
    -> select round(avg(totalgrade),2) into stu_avg from tb_student s inner join
 tb_grade g on s.sno=g.sno group by s.sname having s.sname=stu_name;
    -> if stu_avg>=90 then set stu_grade='优秀';
    -> elseif stu_avg>75 and stu_avg<90 then set stu_grade='良好';
    -> elseif stu_avg>=60 and stu_avg<=75 then set stu_grade='及格';
    -> else set stu_grade='不及格';
    -> end if;
    -> return stu_grade;
    -> end //
Query OK, 0 rows affected (0.17 sec)

mysql> delimiter ;
```

图 9-3 创建存储函数 2

(4) 调用存储函数 fun_grade，其语句为

```
mysql> select fun_grade('王苗苗');
```

执行结果如图 9-4 所示。

```
mysql> select fun_grade('王苗苗');
+-----------------------+
| fun_grade('王苗苗')   |
+-----------------------+
| 及格                  |
+-----------------------+
1 row in set (0.01 sec)
```

图 9-4　调用存储函数 2

步骤 2：查看存储函数。

(1) 查看存储函数 fun_grade 的状态，其语句为

```
mysql> show function status like 'fun_grade'\G;
```

执行结果如图 9-5 所示。

```
mysql> show function status like 'fun_grade'\G;
*************************** 1. row ***************************
                  Db: chjgl_db
                Name: fun_grade
                Type: FUNCTION
             Definer: root@localhost
            Modified: 2022-01-12 11:32:10
             Created: 2022-01-12 11:32:10
       Security_type: DEFINER
             Comment:
character_set_client: gbk
collation_connection: gbk_chinese_ci
  Database Collation: utf8mb4_0900_ai_ci
1 row in set (0.01 sec)
```

图 9-5　查看存储函数的状态

(2) 查看存储函数 fun_grade 的定义，其语句为

```
mysql> show create function fun_grade\G;
```

执行结果如图 9-6 所示。

```
mysql> show create function fun_grade\G;
*************************** 1. row ***************************
            Function: fun_grade
            sql_mode: ONLY_FULL_GROUP_BY,STRICT_TRANS_TABLES,NO_ZERO_IN_DATE,NO_
ZERO_DATE,ERROR_FOR_DIVISION_BY_ZERO,NO_ENGINE_SUBSTITUTION
     Create Function: CREATE DEFINER=`root`@`localhost` FUNCTION `fun_grade`(stu
_name varchar(20)) RETURNS varchar(10) CHARSET utf8mb4
    DETERMINISTIC
begin
declare stu_avg float;
declare stu_grade varchar(10);
select round(avg(totalgrade),2) into stu_avg from tb_student s inner join tb_gra
de g on s.sno=g.sno group by s.sname having s.sname=stu_name;
if stu_avg>=90 then set stu_grade='优秀';
elseif stu_avg>75 and stu_avg<90 then set stu_grade='良好';
elseif stu_avg>=60 and stu_avg<=75 then set stu_grade='及格';
else set stu_grade='不及格';
end if;
return stu_grade;
end
character_set_client: gbk
collation_connection: gbk_chinese_ci
  Database Collation: utf8mb4_0900_ai_ci
1 row in set (0.00 sec)
```

图 9-6　查看存储函数的定义

步骤3：修改存储函数。

修改存储函数 fun_grade，指明调用者可以执行，其语句为

```
mysql> alter function fun_grade sql security invoker;
```

执行结果如图9-7所示。

```
mysql> alter function fun_grade sql security invoker;
Query OK, 0 rows affected (0.14 sec)
```

图9-7 修改存储函数

步骤4：删除存储函数。

删除存储函数 fun_stu，其语句为

```
mysql> drop function if exists fun_stu;
```

执行结果如图9-8所示。

```
mysql> drop function if exists fun_stu;
Query OK, 0 rows affected (0.21 sec)
```

图9-8 删除存储函数

● 任务评价

通过本任务的学习，进行以下自我评价。

评 价 内 容	分值	自我评价
会创建存储函数	40	
会调用存储函数	20	
会查看存储函数	10	
会修改存储函数	10	
会删除存储函数	20	
合计	100	

任务2 创建、应用和管理触发器

● 任务描述

在实际工作过程中，经常需要在数据表发生更改时，自动进行一些相应处理，这时就可以使用触发器。比如在学生表中添加一条学生记录时，学生的总数就必须同时改变。可以创建一个触发器对象，每当添加一条学生记录时，就执行一次计算学生总数的操作，这样就可以保证每次在添加一条学生记录后，学生总数和学生记录数是一致的。

根据项目需求，完成触发器的创建、应用、查看和删除操作。

● 任务目标

创建、应用和
管理触发器

(1) 会创建触发器。

(2) 会应用触发器。

(3) 会引用行变量 new、old。

(4) 会查看、删除触发器。

(5) 通过创建和管理触发器，了解事物之间的相互依赖、相互制约、相互影响。

● 任务分析

学习创建、查看和删除触发器的语句，并完成触发器的创建、应用、查看和删除等各种操作。

● 知识链接

1. 触发器

触发器是与 MySQL 数据表关联的数据库对象，在数据表发生特定事件时激活，并自动执行其中定义的语句集合。触发器经常用于加强数据的完整性约束和业务规则等。

触发器创建的四个要素如下：

(1) 监控对象 (table)；

(2) 监控事件 (insert/update/delete)；

(3) 触发时间 (after/before)；

(4) 触发事件 (insert/update/delete)。

2. 创建触发器

创建触发器的基本语法为

```
CREATE TRIGGER trigger_name
  trigger_time trigger_event
  ON tbl_name FOR EACH ROW
  trigger_body
trigger_time: { BEFORE | AFTER }
trigger_event: { INSERT | UPDATE | DELETE }
```

语法分析如下：

CREATE TRIGGER：创建触发器关键字。

trigger_name：触发器名称。

trigger_time：触发器被触发的时间，表示触发器是在激活它的语句之前或之后触发的，取值为 before 或者 after。若希望验证新数据是否满足条件，则使用 before 选项；若希望在激活触发器的语句执行之后完成几个或更多的改变，则通常使用 after 选项。

trigger_event：触发事件，用于指定激活触发器的语句的种类。触发事件的取值为

(1) insert：只要在表中插入新行，触发器就会激活。

(2) update：每当修改行时触发器就会激活。

(3) delete：只要从表中删除行(例如，通过 delete 和 replace 语句)，触发器就会激活。drop table 或者 truncate table 语句不会激活此触发器。

tbl_name：与触发器相关联的表名，此表必须是永久性表，不能将触发器与临时表或视图关联起来。

FOR EACH ROW：对于受触发事件影响的每一行都要激活触发器的动作。例如，使用 insert 语句向某个表中插入多行数据时，触发器会对每一行数据的插入都执行相应的触发器动作。

trigger_body：触发器动作主体，包含触发器激活时将要执行的 MySQL 语句。如果要执行多个语句，可使用 begin...end 复合语句结构。

3. 行变量 new、old

(1) 在监控对象上执行 insert 操作后会有一个新行，如果在触发事件中需要用到这个新行的变量，可以用 new 关键字表示。

(2) 在监控对象上执行 delete 操作后会有一个旧行，如果在触发事件中需要用到这个旧行的变量，可以用 old 关键字表示。

(3) 在监控对象上执行 update 操作后原纪录是旧行，新纪录是新行，可以使用 old 和 new 关键字来分别操作。

4. 查看触发器

(1) 查看数据库中所有触发器的信息。

查看数据库中所有触发器的信息的语法为

```
SHOW TRIGGERS
```

语法分析如下：

SHOW TRIGGERS：查看数据库中所有触发器的信息的关键字。在 SHOW TRIGGERS 命令后可添加 \G，这样显示的信息的格式会比较整齐。

(2) 查看数据库中指定的触发器的信息。

在 MySQL 中，所有触发器的信息都存在 information_schema 数据库的 triggers 表中，可以通过查询命令 select 来查看，具体的语法为

```
SELECT * FROM information_schema.triggers WHERE trigger_name= 'trigger_name'
```

其中，'***trigger_name***' 用来指定要查看的触发器的名称，需要用单引号引起来。这种方式可以查询指定的触发器，使用起来更加方便、灵活。

5. 删除触发器

删除触发器的语法为

```
DROP TRIGGER [IF EXISTS] [schema_name.]trigger_name
```

语法分析如下：

DROP TRIGGER：删除触发器关键字。

[IF EXISTS]：用于防止删除触发器时，在触发器不存在的情况下发生错误。

[***schema_name.***]：数据库名称。

trigger_name：触发器名称。

● 任务实施

步骤 1：创建触发器并应用。

(1) 创建一个触发器，名称为 tri_test，作用是每次修改数据表 tb_student 中的数据后，给用户变量 str 赋值“trigger is working”，具体语句为

```
mysql> use chjgl_db;
mysql> create trigger tri_test after update on tb_student for each row
    ->set @str='trigger is working';
```

执行结果如图 9-9 所示。

```
mysql> use chjgl_db;
Database changed
mysql> create trigger tri_test after update on tb_student for each row
    -> set @str='trigger is working';
Query OK, 0 rows affected (0.67 sec)
```

图 9-9　创建触发器 1

(2) 修改数据表 tb_student 中数据，验证触发器 tri_test 是否正常工作，具体语句为

```
mysql> update tb_student set spassword='888888' where sname='刘嘉宁';
mysql> select @str;
```

执行结果如图 9-10 所示。

```
mysql> update tb_student set spassword='888888' where sname='刘嘉宁';
Query OK, 1 row affected (0.21 sec)
Rows matched: 1  Changed: 1  Warnings: 0

mysql> select @str;
+--------------------+
| @str               |
+--------------------+
| trigger is working |
+--------------------+
1 row in set (0.00 sec)
```

图 9-10　验证触发器的作用 1

步骤 2：引用行变量 new。

(1) 创建一个触发器，名称为 tri_afterinsert，作用是在向数据表 tb_student 插入学生数据后，自动将学生的学号加入数据表 tb_grade 中，具体语句为

```
mysql> delimiter //
mysql> create trigger tri_afterinsert after insert on tb_student for each row
    -> begin
    -> insert into tb_grade(sno) values(new.sno);
    -> end //
mysql> delimiter ;
```

执行结果如图 9-11 所示。

```
mysql> use chjgl_db;
Database changed
mysql> delimiter //
mysql> create trigger tri_afterinsert after insert on tb_student for each row
    -> begin
    -> insert into tb_grade(sno) values(new.sno);
    -> end //
Query OK, 0 rows affected (0.21 sec)

mysql> delimiter ;
```

图 9-11 引用行变量 new

(2) 向数据表 tb_student 中插入一条记录，验证触发器 tri_afterinsert 能否完成业务需求，具体语句为

```
mysql> insert into tb_student(sno,sname) values('202215010201','李永');
mysql> select * from tb_grade where sno='202215010201';
```

执行结果如图 9-12 所示。

```
mysql> insert into tb_student(sno,sname) values('202215010201','李永');
Query OK, 1 row affected (0.48 sec)

mysql> select * from tb_grade where sno='202215010201';
+----+--------------+------+------+------------+-----------+------------+
| id | sno          | cno  | tno  | usualgrade | termgrade | totalgrade |
+----+--------------+------+------+------------+-----------+------------+
| 20 | 202215010201 | NULL | NULL |       NULL |      NULL |       NULL |
+----+--------------+------+------+------------+-----------+------------+
1 row in set (0.05 sec)
```

图 9-12 验证触发器的作用 2

步骤 3：引用行变量 old。

(1) 创建一个触发器，名称为 tri_afterdelete，作用是从数据表 tb_students 删除学生数据后，自动将该学生在数据表 tb_grade 中的数据删除，具体语句为

```
mysql> delimiter //
mysql> create trigger tri_afterdelete after delete on tb_student for each row
  -> begin
  -> delete from tb_grade where tb_grade.sno=old.sno;
  -> end //
mysql> delimiter ;
```

执行结果如图 9-13 所示。

```
mysql> delimiter //
mysql> create trigger tri_afterdelete after delete on tb_student for each row
    -> begin
    -> delete from tb_grade where tb_grade.sno=old.sno;
    -> end //
Query OK, 0 rows affected (0.10 sec)

mysql> delimiter ;
```

图 9-13 引用行变量 old

小贴士

对于 insert 语句，只有 new 合法；对于 delete 语句，只有 old 合法；而 update 语句可以和 new、old 同时使用。

(2) 删除数据表 tb_student 中的一条记录，验证触发器 tri_afterdelete 能否完成业务需求，具体语句为

```
mysql> delete from tb_student where sno='202215010201';
mysql> select * from tb_grade where sno='202215010201';
```

执行结果如图 9-14 所示。

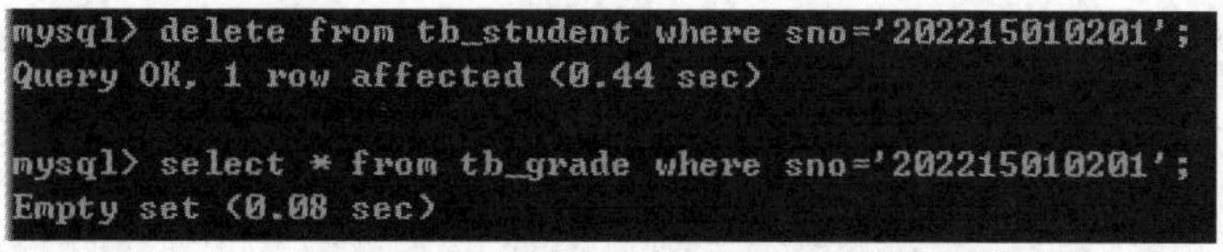

```
mysql> delete from tb_student where sno='202215010201';
Query OK, 1 row affected (0.44 sec)

mysql> select * from tb_grade where sno='202215010201';
Empty set (0.08 sec)
```

图 9-14 验证触发器的作用 3

步骤 4：查看触发器。

(1) 查看数据库中所有触发器的信息，具体语句为

```
mysql>show triggers\G ;
```

执行结果如图 9-15 所示。

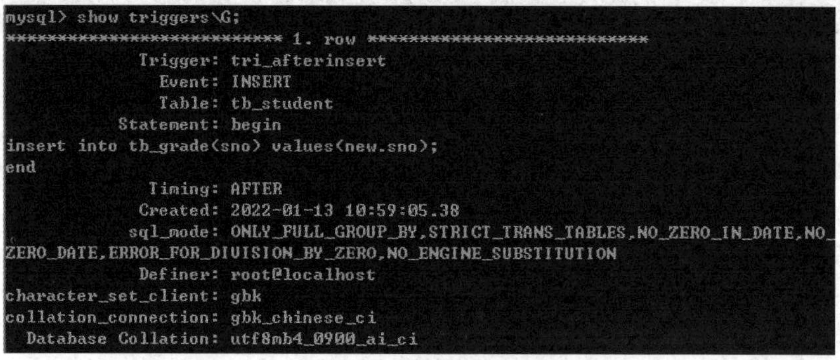

```
mysql> show triggers\G;
*************************** 1. row ***************************
             Trigger: tri_afterinsert
               Event: INSERT
               Table: tb_student
           Statement: begin
insert into tb_grade(sno) values(new.sno);
end
              Timing: AFTER
             Created: 2022-01-13 10:59:05.38
            sql_mode: ONLY_FULL_GROUP_BY,STRICT_TRANS_TABLES,NO_ZERO_IN_DATE,NO_
ZERO_DATE,ERROR_FOR_DIVISION_BY_ZERO,NO_ENGINE_SUBSTITUTION
             Definer: root@localhost
character_set_client: gbk
collation_connection: gbk_chinese_ci
  Database Collation: utf8mb4_0900_ai_ci
```

图 9-15 查看所有触发器的信息

由执行结果可以看到触发器的基本信息。对图 9-15 中显示的主要信息说明如下：

Trigger：表示触发器的名称；

Event：表示激活触发器的事件；

Table：表示激活触发器的操作对象表；

Statement：表示触发器执行的操作；

Timing：表示触发器触发的时间。

显示的信息还包括触发器的创建时间、SQL 的模式、触发器的定义账户和字符集等等。

(3) 查看数据库中指定的触发器的信息。

查看数据库中 tri_afterdelete 触发器的信息，语句为

```
mysql> select * from information_schema.triggers where trigger_name='tri_afterdelete'\G;
```

执行结果如图 9-16 所示。

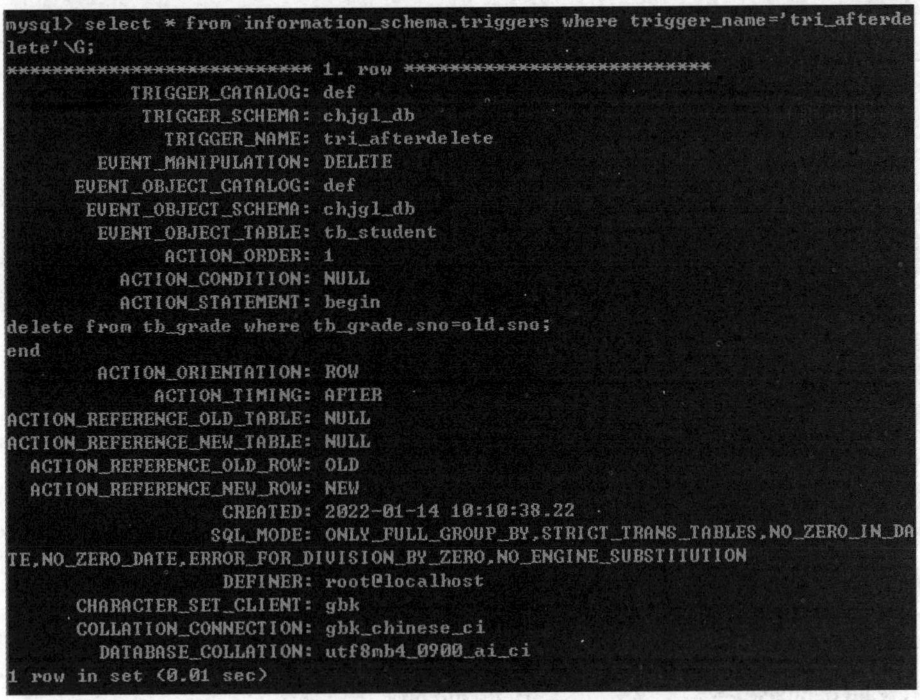

```
mysql> select * from information_schema.triggers where trigger_name='tri_afterde
lete'\G;
*************************** 1. row ***************************
           TRIGGER_CATALOG: def
            TRIGGER_SCHEMA: chjgl_db
              TRIGGER_NAME: tri_afterdelete
        EVENT_MANIPULATION: DELETE
      EVENT_OBJECT_CATALOG: def
       EVENT_OBJECT_SCHEMA: chjgl_db
        EVENT_OBJECT_TABLE: tb_student
              ACTION_ORDER: 1
          ACTION_CONDITION: NULL
          ACTION_STATEMENT: begin
delete from tb_grade where tb_grade.sno=old.sno;
end
        ACTION_ORIENTATION: ROW
             ACTION_TIMING: AFTER
ACTION_REFERENCE_OLD_TABLE: NULL
ACTION_REFERENCE_NEW_TABLE: NULL
  ACTION_REFERENCE_OLD_ROW: OLD
  ACTION_REFERENCE_NEW_ROW: NEW
                   CREATED: 2022-01-14 10:10:38.22
                  SQL_MODE: ONLY_FULL_GROUP_BY,STRICT_TRANS_TABLES,NO_ZERO_IN_DA
TE,NO_ZERO_DATE,ERROR_FOR_DIVISION_BY_ZERO,NO_ENGINE_SUBSTITUTION
                   DEFINER: root@localhost
      CHARACTER_SET_CLIENT: gbk
      COLLATION_CONNECTION: gbk_chinese_ci
        DATABASE_COLLATION: utf8mb4_0900_ai_ci
1 row in set (0.01 sec)
```

图 9-16　查看指定触发器的信息

步骤 5：删除触发器。

删除数据库中 tri_afterdelete 触发器，语句为

```
mysql> drop trigger if exists tri_afterdelete;
```

执行结果如图 9-17 所示。

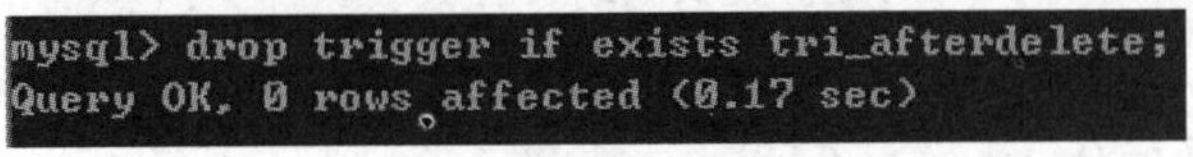

```
mysql> drop trigger if exists tri_afterdelete;
Query OK, 0 rows affected (0.17 sec)
```

图 9-17　删除触发器

● 任务评价

通过本任务的学习，进行以下自我评价。

评 价 内 容	分值	自我评价
会创建触发器	40	
会应用触发器	20	
会引用行变量 new、old	20	
会查看触发器	10	
会删除触发器	10	
合计	100	

思考与练习

一、填空题

1. 存储函数可以通过 ________ 语句返回函数值，主要用于计算并返回一个值。

2. 查看系统中所有的存储函数使用的语句是 ________。

3. 删除存储函数的关键字是 ________。

4. 在 insert 触发器中，可以引用一个名为 ________ 的行变量，访问被插入的行。

5. 在 delete 触发器中，可以引用一个名为 ________ 的行变量，访问被删除的行。

6. 查看数据库中已存在的触发器信息的语句是 ________。

二、选择题

1. 下面关于存储函数说法正确的是 (　　)。

A. 存储函数必须由两条及以上语句组成

B. 存储函数的返回值不能省略

C. 存储函数的名称区分大小写

D. 以上说法均不正确

2. 创建存储函数的语句是 (　　)。

A. create database　　B. create proc

C. create procedure　　D. create function

3. 调用存储函数的语句是 (　　)。

A. select　　B. call

C. load　　D. reload

4. 创建触发器的语句是 (　　)。

A. create trigger　　B. create proc

C. create procedure　　D. create function

5. 触发器动作主体，包含触发器激活时将要执行的 MySQL 语句。如果要执行多个语句，可使用 (　　) 复合语句结构。

A. begin...to　　B. from...to

C. begin...end　　D. with

三、实践操作题

(1) 创建一个存储函数，根据学生的姓名查询该学生的综合成绩的平均分。

(2) 调用 (1) 中创建的存储函数。

(3) 删除 (1) 中创建的存储函数。

(4) 创建两个结构相同的数据表 tb_1 和 tb_2。创建一个触发器，实现增加 tb_1 数据表记录后自动将记录增加到 tb_2 数据表中，并完成测试。

项目 10　用户安全性管理

MySQL 是一个多用户数据库，具有功能强大的访问控制系统。出于安全方面的考虑，需要创建多个普通用户，并且赋予每一位用户不同数据库的访问限制，以满足不同用户的要求。

本项目通过典型任务，介绍创建新用户、查看用户记录和管理用户，以及设置用户权限和管理用户权限。

学习目标

(1) 掌握如何创建新用户、查看用户记录。
(2) 掌握用户管理。
(3) 掌握如何设置、查看用户权限。
(4) 掌握如何取消用户权限。

知识重点

(1) 创建新用户。
(2) 设置用户权限。

知识难点

(1) 用户管理。
(2) 用户权限管理。

任务1　用 户 管 理

● 任务描述

MySQL 数据库中，root 用户是超级管理员，拥有所有权限，包括创建用户、删除用户和修改用户密码等。在实际工作过程中，经常需要创建拥有不同权限的普通用户。

根据需求，完成创建新用户、查看用户记录、修改用户名、修改用户密码和删除用户等操作。

● 任务目标

用户管理

(1) 会创建用户。

(2) 会修改用户名、修改用户密码。

(3) 会删除用户。

(4) 通过用户管理，提升数据安全意识。

● 任务分析

学习 user 表，了解 user 表中字段的含义；学习使用 create user 语句和 insert 语句创建新用户的方法并掌握用户管理的语句，完成新用户的创建、查看用户记录、修改用户名、修改用户密码和删除用户等操作。

● 知识链接

1. user 表

MySQL 在安装时会自动创建一个名为 mysql 的数据库，mysql 数据库中存储的都是用户权限表。用户登录以后，MySQL 会根据这些权限表的内容为每个用户赋予相应的权限。

user 表是 MySQL 中最重要的一个权限表，用来记录允许连接到服务器的账号信息和一些权限信息。在 user 表里启用的所有权限都是全局级的，适用于所有数据库。

user 表中的字段大致可以分为 4 类，分别是用户列、权限列、安全列和资源控制列。可以使用“desc”语句查看 user 表的表结构。

1) 用户列

用户列存储了用户连接 MySQL 数据库时需要输入的信息，包括 Host、User 和 authentication_string，分别表示主机名、用户名和密码。用户登录时，只有这 3 个字段同时匹配，MySQL 数据库系统才会允许其登录。创建新用户时，也需要设置这 3 个字段的值。修改用户密码时，实际上修改的就是 user 表中 authentication_string 字段的值。因此，这 3 个字段决定了用户能否登录。

2) 权限列

权限列的字段决定了用户的权限，用来描述在全局范围内允许对数据和数据库进行的操作。权限大致分为两大类，分别是高级管理权限和普通权限。高级管理权限主要对数据库进行管理，例如关闭服务权限、超级权限和加载用户等；普通权限主要对数据库进行操作，例如查询权限、修改权限等。

user 表的权限列包括 Select_priv、Insert_ priv 等以 priv 结尾的字段，这些字段的数据类型为 ENUM，可取的值只有 Y 和 N；Y 表示该用户有对应的权限，N 表示该用户没有对应的权限。从安全角度考虑，这些字段的默认值都为 N。

3) 安全列

安全列主要用来管理用户的安全信息，其中包括 6 个字段，具体如下：

ssl_type 和 ssl_cipher：用于加密。

x509_issuer 和 x509_subject：用于标识用户。

plugin 和 authentication_string：用于存储与授权相关的插件。

4) 资源控制列

资源控制列的字段用来限制用户使用的资源。所有字段的默认值都为 0，表示没有限制。如果一个小时内用户查询或者连接数量超过资源控制限制，用户将被锁定，直到下一个小时才可以再次执行对应的操作。资源控制列包括以下 4 个字段：

max_questions：规定每小时允许执行查询操作的次数。

max_updates：规定每小时允许执行更新操作的次数。

max_connections：规定每小时允许执行连接操作的次数。

max_user_connections：规定允许同时建立连接的用户数。

2. 使用 create user 语句创建用户

使用 create user 语句创建用户的语法为

```
CREATE USER user [IDENTIFIED BY 'auth_string'] [, user[IDENTIFIED BY 'auth_string']] ...
```

语法分析如下：

CREATE USER：创建用户关键字。

user：指定创建用户账号，格式为 'user_name'@'host_name'。其中 user_name 为用户名，host_name 为主机名，即用户连接 MySQL 时所用主机的名称。如果在创建的过程中，只给出了用户名，而没有指定主机名，那么主机名默认为“%”，% 表示一组主机，即对所有主机开放权限。

[IDENTIFIED BY '***auth_string***']：用于指定用户密码。新用户可以没有初始密码，若该用户不设密码，可省略此子句。***auth_string*** 表示用户登录时使用的密码，需要用单引号括起来。

3. 使用 insert 语句创建用户

可以使用 insert 语句直接将用户的信息添加到 mysql.user 表中。使用 insert 语句创建用户需要注意以下几点：

(1) 通常使用 insert 语句创建用户时，只添加 Host、User 和 authentication_string 这 3 个字段的值。

(2) 由于 mysql 数据库的 user 表中，ssl_cipher、x509_issuer 和 x509_subject 这 3 个字段都没有默认值，因此向 user 表中插入新记录时，一定要设置这 3 个字段的值，否则 insert 语句将不能执行。

(3) user 表中的 User 和 Host 字段区分大小写，创建用户时要指定正确的用户名或主机名。

(4) 使用 insert 语句创建用户后，如果通过该账户登录 MySQL 服务器，不会登录成功，这是因为创建的用户还没有生效，需要使用 flush privileges 命令刷新系统权限相关数据表，让用户生效。

使用 insert 语句创建新用户的语法为

```
INSERT INTO mysql.user(Host, User, authentication_string, ssl_cipher, x509_issuer, x509_subject)
VALUES ('hostname', 'username', 'password', '', '', '');
```

4. 修改用户名

修改用户名的语法为

```
RENAME USER old_user TO new_user [, old_user TO new_user] ...
```

语法分析如下：

RENAME USER：修改用户名关键字。

old_user：已经存在的用户名。

new_user：修改后的新用户名。

5. 修改用户密码

在 MySQL 中，只有 root 用户可以通过更新 MySQL 数据库来更改密码。使用 root 用户信息登录到 MySQL 服务器后，可以使用 set 语句来修改普通用户的密码，其基本语法为

```
SET PASSWORD [FOR user] = 'auth_string'
```

语法分析如下：

SET PASSWORD：修改用户密码关键字。

[FOR ***user***]：表示修改指定主机上特定普通用户的密码，此选项为可选项。如果省略，则修改当前用户密码。

auth_string：设置的新密码。

6.删除用户

删除用户的语法为

```
DROP USER [IF EXISTS] user [, user] ...
```

语法分析如下：

DROP USER：删除用户关键字。

[IF EXISTS]：用于防止删除用户时，在用户不存在的情况下发生错误。

user：需要删除的用户，由用户的用户名和主机名组成。

● 任务实施

步骤 1：使用 create user 语句创建用户。

(1) 使用 create user 语句创建一个新用户，用户名为 user1，密码为 user1，主机名为 locahost，具体语句为

```
mysql> create user 'user1'@'localhost' identified by 'user1';
```

执行结果如图 10-1 所示。

```
mysql> create user 'user1'@'localhost' identified by 'user1';
Query OK, 0 rows affected (0.15 sec)
```

图 10-1　使用 create user 语句创建用户 1

(2) 使用 create user 语句创建两个新用户，用户 user2 的密码为 user2，用户 user3 的密码为 user3，连接的主机名都是 localhost，具体语句为

```
mysql> create user 'user2'@'localhost' identified by 'user2',
    -> 'user3'@'127.0.0.1' identified by 'user3';
```

执行结果如图 10-2 所示。

```
mysql> create user 'user2'@'localhost' identified by 'user2',
    -> 'user3'@'127.0.0.1' identified by 'user3';
Query OK, 0 rows affected (0.15 sec)
```

图 10-2　使用 create user 语句创建用户 2

小贴士

在创建用户的过程中，如果只指定了用户名而没有指定主机名，则主机名默认为“%”。用户名后面连接的如果是本机，可以用关键字“localhost”或者“127.0.0.1”表示。多个用户之间用“,”分割。

步骤 2：使用 insert 语句创建用户。

使用 insert 语句创建一个新用户，用户名为 user4，密码为 user4，主机名为 localhost，具体语句为

```
mysql> insert into mysql.user(Host,User,authentication_string,ssl_cipher,x509_issuer,x509_subject)values
('localhost','user4','user4','','','');
mysql> flush privileges;
```

执行结果如图 10-3 所示。

```
mysql> insert into mysql.user(Host,User,authentication_string,ssl_cipher,x509_is
suer,x509_subject)values('localhost','user4','user4','','','');
Query OK, 1 row affected (0.10 sec)

mysql> flush privileges;
Query OK, 0 rows affected (0.31 sec)
```

图 10-3　使用 insert 语句创建用户

步骤 3：查看创建的用户记录。

切换到 mysql 数据库，通过 select 语句查看 user 表中步骤 1 和步骤 2 创建的用户信息，具体语句为

```
mysql> use mysql;
mysql> select host,user from user;
```

执行结果如图 10-4 所示。

```
mysql> use mysql;
Database changed
mysql> select host,user from user;
+-----------+------------------+
| host      | user             |
+-----------+------------------+
| 127.0.0.1 | user3            |
| localhost | mysql.infoschema |
| localhost | mysql.session    |
| localhost | mysql.sys        |
| localhost | root             |
| localhost | user1            |
| localhost | user2            |
| localhost | user4            |
+-----------+------------------+
8 rows in set (0.00 sec)
```

图 10-4　查看创建的用户记录

步骤 4：修改用户名。

将用户名 user1 修改为 testuser1，具体语句为

```
mysql> rename user 'user1'@'localhost' to 'testuser1'@'localhost';
```

执行结果如图 10-5 所示。

```
mysql> rename user 'user1'@'localhost' to 'testuser1'@'localhost';
Query OK, 0 rows affected (0.14 sec)
```

图 10-5　修改用户名

步骤 5：修改用户密码。

修改用户 user2 的密码为 testuser2，具体语句为

```
mysql> set password for 'user2'@'localhost'='testuser2';
```

执行结果如图 10-6 所示。

```
mysql> set password for 'user2'@'localhost'='testuser2';
Query OK, 0 rows affected (0.19 sec)
```

图 10-6　修改用户密码

步骤 6：删除用户。

删除用户 user4 的语句为

```
mysql> drop user user4@localhost;
```

执行结果如图 10-7 所示。

```
mysql> drop user user4@localhost;
Query OK, 0 rows affected (0.11 sec)
```

图 10-7　删除用户

● 任务评价

通过本任务的学习，进行以下自我评价。

评 价 内 容	分值	自我评价
会使用 create user 语句创建用户	30	
会使用 insert 语句创建用户	20	
会查看创建的用户记录	10	
会修改用户名	20	
会修改用户密码	20	
合计	100	

任务2　用户权限管理

● 任务描述

用户权限管理主要是对使用数据库的用户进行权限验证。所有用户的权限都存储在 MySQL 的权限表中。数据库管理员要对用户权限进行管理，合理的权限设置能够保证数

据库系统的安全，不合理的权限设置可能会给数据库系统带来意想不到的危害。

根据需求，完成设置用户权限、查看用户权限和取消用户权限等操作。

● 任务目标

(1) 会设置、查看和取消用户权限。

(2) 通过用户权限管理，提升数据安全意识。

用户权限管理

● 任务分析

学习设置用户权限、查看用户权限、取消用户权限的语句，根据实际任务需求，完成对用户权限的设计和管理。

● 知识链接

1. MySQL 的权限

MySQL 中的权限信息被存储在 MySQL 数据库的 user、db、host、columns_priv 和 tables_priv 等数据表中。MySQL 的相关权限及其在 user 表中对应的字段和权限范围见表 10-1。

表 10-1 MySQL 权限信息

权限名称	在 user 表中对应的字段	权 限 范 围
all[privileges]		服务器管理
alter	Alter_priv	数据表
alter routine	Alter_routine_priv	存储过程、存储函数
create	Create_priv	数据库、数据表或索引
create role	Create_role_priv	服务器管理
create routine	Create_routine_priv	存储过程、存储函数
create tablespace	Create_tablespace_priv	服务器管理
create temporary tables	Create_tmp_table_priv	数据表
create user	Create_user_priv	服务器管理
create view	Create_view_priv	视图
delete	Delete_priv	数据表
drop	Drop_priv	数据库、数据表或视图
drop role	Drop_role_priv	服务器管理
event	Event_priv	数据库
execute	Execute_priv	存储过程、存储函数
file	File_priv	访问服务器上的文件
grant option	Grant_priv	数据库、数据表、存储过程、存储函数
index	Index_priv	数据表
insert	Insert_priv	数据表、列

续表

权限名称	User 表的权限字段	权 限 范 围
lock tables	Lock_tables_priv	数据库
process	Process_priv	服务器管理
references	References_priv	服务器管理
reload	Reload_priv	服务器管理
replication client	Repl_client_priv	服务器管理
replication slave	Repl_slave_priv	服务器管理
select	Select_priv	
show databases	Show_db_priv	服务器管理
show view	Show_view_priv	视图
shutdown	Shutdown_priv	服务器管理
super	Super_priv	服务器管理
trigger	Trigger_priv	数据表
update	Update_priv	数据表、列
usage	“no privileges”的同义词	服务器管理

在特定的 SQL 语句中对 MySQL 权限有更具体的要求，表中部分权限说明如下：

(1) create：可以创建数据库、数据表、视图。

(2) drop：可以删除已有的数据库、数据表、视图。

(3) insert、delete、update、select：可以对数据库中的数据表进行增加、删除、更新和查询操作。

(4) alter：可以用于修改数据表的结构或重命名数据表。

(5) grant option：允许为其他用户授权，可用于数据库和数据表。

(6) all[privileges]：授予在指定的访问级别上的所有权限，除了 grant option 和 proxy。

(7) usage：“no privileges”的同义词，即没有权限。

2. 设置用户权限

一般情况下，数据库管理员先使用 create user 创建用户并定义其非特权特征，如密码，是否使用安全连接以及对服务器资源的访问限制，然后使用 grant 语句来设置用户的权限。设置用户权限的基本语法格式为

```
GRANT priv_type [(column_list)] [, priv_type[(column_list)]] ...
  ON priv_level
  TO user [, user] ...
  [WITH GRANT OPTION]
```

语法分析如下：

GRANT：设置用户权限关键字。

priv_type：设置权限的类型，例如，select、insert、delete 等。

column_list：表示权限作用于哪些字段，如果省略该参数，则作用于整个数据表。

priv_level：指定权限级别的值，有以下几类格式：

(1) *：表示当前数据库中的所有表。

(2) *.*：表示所有数据库中的所有表。

(3) ***db_name.****：表示某个数据库中的所有表，db_name 指定数据库名。

(4) ***db_name.tbl_name***：表示某个数据库中的某个表或视图，db_name 指定数据库名，tbl_name 指定表名或视图名。

(5) ***db_name.routine_name***：表示某个数据库中的某个存储过程或函数，routine_name 指定存储过程名或函数名。

user：设置权限的用户，由用户的用户名和主机名组成，其格式为 'username'@'hostname'。

WITH GRANT OPTION：被设置权限的用户可以将权限赋予其他用户。

3. 查看用户权限

在 MySQL 中，可以使用 show grants 语句查看用户的权限，也可以通过查看 mysql.user 表中的数据记录来查看相应的用户权限。

(1) 使用 show grants 语句查看用户的权限，其基本语法格式为

```
SHOW GRANTS  [FOR user]
```

语法分析如下：

SHOW GRANTS：查看用户权限关键字。

[FOR ***user***]：查看指定用户权限的用户。省略此选项，表示查看当前用户的权限。

(2) 通过查看 mysql.user 表中的数据记录来查看相应的用户权限，其基本语法格式为

```
SELECT * from mysql.user;
```

4. 取消用户权限

可以使用 revoke 语句取消某个用户的某些权限，同时此用户不会被删除，在一定程度上可以保证系统的安全性。取消用户权限的语法格式有取消用户某些特定的权限、取消特定用户的所有权限两种形式。

(1) 取消用户某些特定的权限，其基本语法格式为

```
REVOKE  priv_type [(column_list)]  [, priv_type[(column_list)]] ...
  ON  priv_level
  FROM user[, user] ...
```

语法分析如下：

REVOKE：取消用户权限关键字。

priv_type：表示取消权限的类型。

column_list：表示取消的权限作用于哪些字段，如果省略该参数，则作用于整个数据表。

priv_level：用于指定取消权限的权限级别的值，具体格式同 grant 语句。

user：取消权限的用户，由用户的用户名和主机名组成，格式为 'username'@'hostname'。

(2) 取消特定用户的所有权限，其基本语法格式为

```
REVOKE ALL [PRIVILEGES], GRANT OPTION  FROM user [, user] ...
```

语法分析如下：

REVOKE：取消用户权限关键字。

ALL [PRIVILEGES]：取消用户的所有权限

user：取消权限的用户，由用户的用户名和主机名组成，格式为 'username'@'hostname'。

● 任务实施

步骤 1：设置用户权限。

(1) 创建一个新的用户 user10，密码为 user10。授予用户 user10 对所有数据库的所有表有查询、插入权限，并授予 grant 权限。具体语句为

```
mysql> create user 'user10'@'localhost' identified by 'user10';
mysql> grant select,insert on *.* to 'user10'@'localhost' with grant option;
```

执行结果如图 10-8 所示。

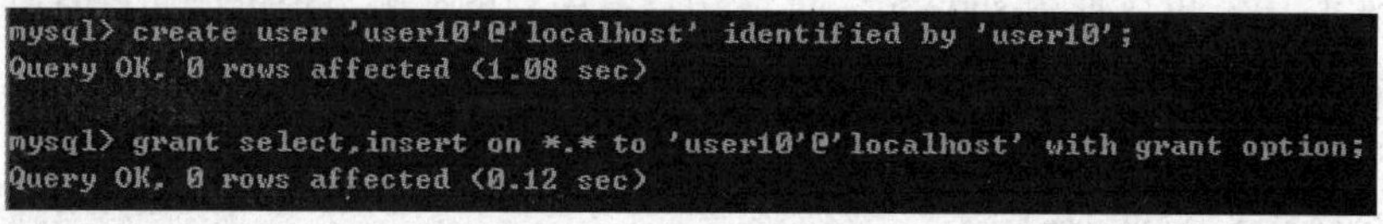

```
mysql> create user 'user10'@'localhost' identified by 'user10';
Query OK, 0 rows affected (1.08 sec)

mysql> grant select,insert on *.* to 'user10'@'localhost' with grant option;
Query OK, 0 rows affected (0.12 sec)
```

图 10-8　设置用户权限 1

(2) 创建一个新的用户 user11，密码为 user11。授予用户 user11 在数据库 chjgl_db 中的所有权限。具体语句为

```
mysql> create user 'user11'@'localhost' identified by 'user11';
mysql> grant all on chjgl_db.* to 'user11'@'localhost';
```

执行结果如图 10-9 所示。

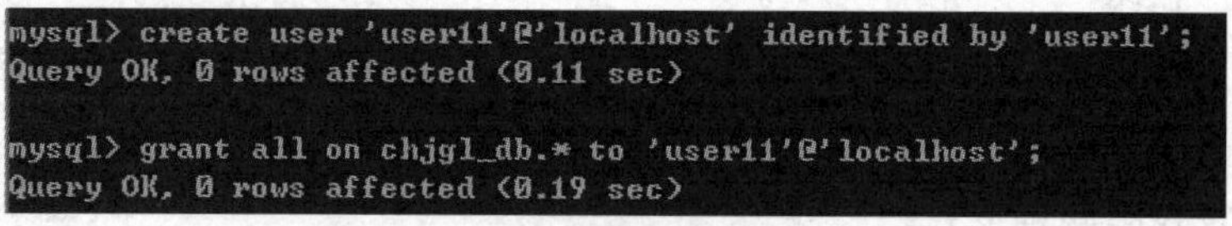

```
mysql> create user 'user11'@'localhost' identified by 'user11';
Query OK, 0 rows affected (0.11 sec)

mysql> grant all on chjgl_db.* to 'user11'@'localhost';
Query OK, 0 rows affected (0.19 sec)
```

图 10-9　设置用户权限 2

(3) 创建一个新的用户 user12，密码为 user12。授予用户 user12 在数据库 chjgl_db 中的 tb_student 数据表上的查询、删除权限。具体语句为

```
mysql> create user 'user12'@'localhost' identified by 'user12';
mysql> grant select,delete on chjgl_db.tb_student to 'user12'@'localhost';
```

执行结果如图 10-10 所示。

```
mysql> create user 'user12'@'localhost' identified by 'user12';
Query OK, 0 rows affected (0.09 sec)

mysql> grant select,delete on chjgl_db.tb_student to 'user12'@'localhost';
Query OK, 0 rows affected (0.16 sec)
```

图 10-10　设置用户权限 3

(4) 创建一个新的用户 user13，密码为 user13。授予用户 user13 在数据库 chjgl_db 中

的 tb_student 数据表上对 sname、ssex 字段值具有修改的权限。具体语句为

```
mysql> create user 'user13'@'localhost' identified by 'user13';
mysql> grant update(sname,ssex) on chjgl_db.tb_student to 'user13'@'localhost';
```

执行结果如图 10-11 所示。

```
mysql> create user 'user13'@'localhost' identified by 'user13';
Query OK, 0 rows affected (0.12 sec)

mysql> grant update(sname,ssex) on chjgl_db.tb_student to 'user13'@'localhost';
Query OK, 0 rows affected (0.70 sec)
```

图 10-11　设置用户权限 4

步骤 2：查看用户权限。

查看用户 user10 的权限，其语句为

```
mysql> show grants for 'user10'@'localhost';
```

执行结果如图 10-12 所示。

```
mysql> show grants for 'user10'@'localhost';
+------------------------------------------------------------------------+
| Grants for user10@localhost                                            |
+------------------------------------------------------------------------+
| GRANT SELECT, INSERT ON *.* TO `user10`@`localhost` WITH GRANT OPTION |
+------------------------------------------------------------------------+
1 row in set (0.00 sec)
```

图 10-12　查看用户权限

小贴士

由于用户的基本权限存储在 mysql.user 表中，因此，查看用户权限也可以使用“select * from mysql.user;”语句。

步骤 3：取消用户权限。

(1) 取消用户 user10 的所有权限，并查看取消后 user10 的权限，具体语句为

```
mysql> revoke all privileges,grant option from 'user10'@'localhost';
mysql> show grants for 'user10'@'localhost';
```

执行结果如图 10-13 所示。

```
mysql> revoke all privileges,grant option from 'user10'@'localhost';
Query OK, 0 rows affected (0.20 sec)

mysql> show grants for 'user10'@'localhost';
+----------------------------------------------+
| Grants for user10@localhost                  |
+----------------------------------------------+
| GRANT USAGE ON *.* TO `user10`@`localhost`   |
+----------------------------------------------+
1 row in set (0.00 sec)
```

图 10-13　取消用户的所有权限

(2) 取消用户 user11 在数据库 chjgl_db 中的所有数据表的 update 和 delete 权限，具体

语句为

```
mysql> revoke update,delete on chjgl_db.* from 'user11'@'localhost';
```

执行结果如图 10-14 所示。

```
mysql> revoke update,delete on chjgl_db.* from 'user11'@'localhost';
Query OK, 0 rows affected (0.13 sec)
```

图 10-14 取消用户的部分权限

● 任务评价

通过本任务的学习，进行以下自我评价。

评 价 内 容	分值	自我评价
会设置用户权限	50	
会查看用户权限	20	
会取消用户权限	30	
合计	100	

思考与练习

一、填空题

1. 创建用户的语句是 ______________。

2. 查看用户权限的语句是 ______________。

3. MySQL 的用户名是由 ______________、@ 符号和主机地址三部分组成的。

4. 为用户设置权限时加 ______________ 表示当前用户可以为其他用户设置权限。

5.______________ 表示授予在指定的访问级别上的所有权限，除了 grant option 和 proxy。

二、选择题

1. 在 MySQL 中，预设的、拥有最高权限的超级用户的用户名是 (　　)。

A. test　　B. administrator

C. guest　　D. root

2. 在 MySQL 数据库中，用于保存用户名和密码的数据表是 (　　)。

A. user　　B. sys

C. db　　D. tables_priv

3. 在 user 权限数据表中，权限字段的数据类型是 (　　)。

A. int　　B. varchar

C. enum　　D. float

4. 下面关于给用户重命名的说法正确的是 (　　)。

A. rename user 一次可以修改多个用户名

B. 重命名的用户可以是不存在的用户

C. alter user 一次只能修改一个用户名

D. 以上说法都不正确

5. 删除用户账号的命令是(　　)。

A. drop user　　B. drop table user

C. delete user　　D. delete from user

6. 下面关于取消权限描述正确的是(　　)。

A. 每次只能取消一个用户的指定权限

B. 不能取消全局权限

C. 除代理权限外，一次可取消用户的全部权限

D. 以上说法都不正确

三、实践操作题

(1) 创建一个新的用户 test，密码为 111111。授予用户 test 在 chjgl_db 数据库中创建、修改、删除表的权限和创建视图的权限。

(2) 创建一个新的用户 'admin'@'localhost'，密码为 111111。授予用户 'admin'@'localhost' 和 root@localhost 一样的权限。

(3) 取消用户 test 在数据库 chjgl_db 中的所有数据表的 alter 和 drop 权限。

项目 11　数据备份与还原

数据备份是数据库管理中最常用的操作。为了保证数据的存储及使用安全，需要定期对数据进行备份。如果数据库中的数据出现了错误，就可以使用备份好的数据进行数据还原。

本项目通过典型任务，介绍以 SQL 格式备份数据、以文本格式导出与导入数据，以及备份数据的还原。

学习目标

(1) 掌握如何以 SQL 格式备份数据。
(2) 掌握如何将以 SQL 格式备份的数据还原。
(3) 掌握如何将数据表中的数据以文本格式导出。
(4) 掌握如何将文本格式的数据导入数据表。

知识重点

(1) 以 SQL 格式备份数据。
(2) 还原以 SQL 格式备份的数据。

知识难点

(1) 将数据表中的数据以文本格式导出。
(2) 将文本格式的数据导入数据表。

任务1　以SQL格式备份与还原

● 任务描述

在数据库的管理过程中，为了防止原数据丢失，需要定期对数据进行备份。在数据库因为某些原因丢失部分或者全部数据后，需要使用备份好的数据进行数据还原操作，这样可以将损失降至最低。

根据任务需求，使用 MySQL 自带的 mysqldump 工具以 SQL 格式备份数据，并使用 mysql 客户端或者 source 命令完成备份数据的还原等操作。

● 任务目标

以 SQL 格式备份与还原

(1) 会备份全部或单个数据库。

(2) 会备份多个数据表。

(3) 会一次备份多个数据库。

(4) 会还原备份文件中的数据。

(5) 通过多种方法完成数据的备份与还原，培养求真务实的实干精神。

● 任务分析

学习数据库备份与还原的命令和语句，学习过程中应注意各命令、语句中各参数的意义。根据实际任务需求，选择恰当的命令或者语句完成以 SQL 格式备份数据的操作，并通过备份文件完成数据库的恢复操作。

● 知识链接

1. 使用 mysqldump 命令以 SQL 格式备份数据

mysqldump 是 MySQL 数据库中的备份工具，用于将 MySQL 服务器中的数据库以标准的 SQL 语句的方式导出，并保存到文件中。其基本语法格式有以下三种。

(1) 备份全部数据库。

```
shell>mysqldump [options]-A>backup.sql
```

(2) 备份单个数据库或者多个数据表。

```
shell>mysqldump [options]db_name [tables]>backup.sql
```

(3) 一次备份多个数据库。

```
shell>mysqldump [options]--databases db_name1 [db_name2 db_name3...] >backup.sql
```

语法分析如下：

mysqldump：备份数据库的命令，在 DOS 命令行窗口中执行该命令。

-A：备份所有数据库。

backup.sql：表示备份文件的名称，文件名前可以加上绝对路径。

db_name：表示需要备份的数据库的名称。

tables：表示要备份的数据表的名称，可以指定一个或多个数据表，多个数据表名之间用空格分隔。

--databases：用于一次备份多个数据库，--databases 参数后至少应指定一个数据库名称。如果有多个数据库，则数据库名称之间用空格隔开。

常用的 ***options*** 选项为

-h：指定要备份数据库的服务器。

-u：指定连接 MySQL 服务器的用户名。

-p：指定连接 MySQL 服务器的密码。

-d：只备份表结构，备份文件是 SQL 格式的。只备份创建表的语句，插入的数据不备份。

-t：只备份数据，数据是文本格式的，数据表结构不备份。

2. 还原 SQL 格式备份文件

对于使用 mysqldump 备份的 SQL 语句文件，可以使用 mysql 客户端进行还原。

(1) 如果备份时使用了 -A 或者 --databases 选项，则备份文件包含了 create database 和 use 语句，还原时不需要指定数据库。基本语法格式为

```
shell>mysql -uusername-p<backup.sql
```

或者，在 MySQL 中，使用 source 命令还原，基本语法格式为

```
mysql> source backup.sql;
```

语法分析如下：

-u***username***：指定连接 MySQL 服务器的用户名。

-p：指定连接 MySQL 服务器的密码。

backup.sql：表示备份文件名，文件名前可以加上绝对路径。

(2) 如果备份文件中不包含 create database 和 use 语句，并且数据库不存在，需要先创建数据库，在还原备份文件时需要指定数据库名称，基本语法格式为

```
shell>mysql -uusername -p dbname<backup.sql
```

或者，在 mysql 中创建数据库，并将其选为默认数据库，然后使用 source 命令还原备份文件，基本语法格式为

```
mysql> CREATE DATABASE IF NOT EXISTS dbname;
mysql> USE dbname;
mysql>source backup.sql;
```

● 任务实施

步骤 1：备份全部数据库。

(1) 备份全部数据库的数据和结构，具体命令为

```
C:\>mkdir \bak
C:\>mysqldump -uroot -p -A>\bak\mydb.sql
```

执行结果如图 11-1 所示。

```
C:\>mkdir \bak

C:\>mysqldump -uroot -p -A>\bak\mydb.sql
Enter password: ******
```

图 11-1　备份全部数据库的数据和结构

(2) 备份全部数据库的结构，具体命令为

```
C:\>mysqldump -uroot -p -A -d>\bak\mydbstru.sql
```

执行结果如图 11-2 所示。

```
C:\>mysqldump -uroot -p -A -d>\bak\mydbstru.sql
Enter password: ******
```

图 11-2　备份全部数据库的结构

(3) 备份全部数据库的数据，具体命令为

```
C:\>mysqldump -uroot -p -A -t>\bak\mydbdata.sql
```

执行结果如图 11-3 所示。

```
C:\>mysqldump -uroot -p -A -t>\bak\mydbdata.sql
Enter password: ******
```

图 11-3　备份全部数据库的数据

步骤 2：备份单个数据库。

(1) 备份单个数据库的数据和结构，数据库名称为 chjgl_db，具体命令为

```
C:\>mysqldump -uroot -p chjgl_db>\bak\chjgl.sql
```

执行结果如图 11-4 所示。

```
C:\>mysqldump -uroot -p chjgl_db>\bak\chjgl.sql
Enter password: ******
```

图 11-4　备份单个数据库的数据和结构

(2) 备份单个数据库的结构，数据库名称为 chjgl_db，具体命令为

```
C:\>mysqldump -uroot -p chjgl_db -d>\bak\chjglstru.sql
```

执行结果如图 11-5 所示。

```
C:\>mysqldump -uroot -p chjgl_db -d>\bak\chjglstru.sql
Enter password: ******
```

图 11-5　备份单个数据库的结构

(3) 备份单个数据库的数据，数据库名称为 chjgl_db，具体命令为

```
C:\>mysqldump -uroot -p chjgl_db -t>\bak\chjgldata.sql
```

执行结果如图 11-6 所示。

```
C:\>mysqldump -uroot -p chjgl_db -t>\bak\chjgldata.sql
Enter password: ******
```

图 11-6　备份单个数据库的数据

步骤 3：备份多个数据表。

(1) 备份多个数据表的数据和结构，数据库名称为 chjgl_db，数据表名称为 tb_student 和 tb_grade，具体命令为

```
C:\>mysqldump -uroot -p chjgl_db tb_student tb_grade>\bak\chjgl_tb.sql
```

执行结果如图 11-7 所示。

```
C:\>mysqldump -uroot -p chjgl_db tb_student tb_grade>\bak\chjgl_tb.sql
Enter password: ******
```

图 11-7　备份多个数据表的数据和结构

(2) 备份多个数据表的结构，数据库名称为 chjgl_db，数据表名称为 tb_student 和 tb_grade，具体命令为

```
C:\>mysqldump -uroot -p chjgl_db tb_student tb_grade -d>\bak\chjgl_tbstru.sql
```

执行结果如图 11-8 所示。

```
C:\>mysqldump -uroot -p chjgl_db tb_student tb_grade -d>\bak\chjgl_tbstru.sql
Enter password: ******
```

图 11-8　备份多个数据表的结构

(3) 备份多个数据表的数据，数据库名称为 chjgl_db，数据表名称为 tb_student 和 tb_grade，具体命令为

```
C:\>mysqldump -uroot -p chjgl_db tb_student tb_grade -t>\bak\chjgl_tbdata.sql
```

执行结果如图 11-9 所示。

```
C:\>mysqldump -uroot -p chjgl_db tb_student tb_grade -t>\bak\chjgl_tbdata.sql
Enter password: ******
```

图 11-9　备份多个数据表的数据

步骤 4：一次备份多个数据库。

一次备份多个数据库，数据库名称为 chjgl_db 和 chjgl_test_db，具体命令为

```
C:\>mysqldump -uroot -p --databases chjgl_db chjgl_test_db>\bak\chjgl_db1.sql
```

执行结果如图 11-10 所示。

```
C:\>mysqldump -uroot -p --databases chjgl_db chjgl_test_db>\bak\chjgl_db1.sql
Enter password: ******
```

图 11-10　一次备份多个数据库

步骤 5：备份文件无 create database 和 use 语句的还原。

使用 root 用户信息还原 c:\bak\chjgl_tb.sql 文件里备份的所有数据表。

(1) 使用 mysql 客户端进行还原，具体命令为

```
C:\bak>mysqladmin -uroot -p create chjgl_db
C:\bak>mysql -uroot -p chjgl_db<chjgl_tb.sql
```

执行结果如图 11-11 所示。

```
C:\bak>mysqladmin -uroot -p create chjgl_db
Enter password: ******

C:\bak>mysql -uroot -p chjgl_db<chjgl_tb.sql
Enter password: ******
```

图 11-11　备份文件无 create database 和 use 语句的还原 1

(2) 在 mysql 下使用 source 命令还原，具体语句为

```
mysql> drop database chjgl_db;
mysql> create database chjgl_db;
mysql> use chjgl_db;
mysql> source c:/bak/chjgl_tb.sql;
```

执行结果如图 11-12 所示。

```
mysql> drop database chjgl_db;
Query OK, 19 rows affected (5.05 sec)

mysql> create database chjgl_db;
Query OK, 1 row affected (0.14 sec)

mysql> use chjgl_db;
Database changed
mysql> source c:/bak/chjgl_tb.sql;
```

图 11-12　备份文件无 create database 和 use 语句的还原 2

步骤 6：备份文件有 create database 和 use 语句的还原。

使用 root 用户信息还原 c:\bak\chjgl_db1.sql 文件里备份的所有数据库。

(1) 使用 mysql 客户端进行还原，具体命令为

```
C:\>mysql -uroot -p <\bak\chjgl_db1.sql
```

执行结果如图 11-13 所示。

```
C:\>mysql -uroot -p <\bak\chjgl_db1.sql
Enter password: ******
```

图 11-13　备份文件有 create database 和 use 语句的还原 1

(2) 在 mysql 下使用 source 命令还原，具体语句为

```
mysql> source chjgl_db1.sql;
```

执行结果如图 11-14 所示。

```
mysql> source chjgl_db1.sql;
Query OK, 0 rows affected (0.00 sec)
```

图 11-14　备份文件有 create database 和 use 语句的还原 2

● 任务评价

通过本任务的学习，进行以下自我评价。

评 价 内 容	分值	自我评价
会备份全部数据库	20	
会备份单个数据库	20	
会备份多个数据表	20	
会一次备份多个数据库	20	
会还原备份文件中的数据	20	
合计	100	

任务2 以文本格式导出与导入

● 任务描述

在数据库的管理过程中，经常需要对相关数据表进行导出和导入操作。通过对数据表的导出和导入操作，可以实现 MySQL 数据库服务器与其他数据库服务器间的数据流动。根据业务需求，完成 MySQL 数据的导出和导入。

● 任务目标

(1) 会使用 select...into outfile 语句导出文本文件。

(2) 会使用 mysqldump 命令导出文本文件。

(3) 会使用 mysql 命令导出文本文件。

(4) 会使用 load data infile 语句导入文本文件。

(5) 通过使用不同的命令完成数据表的导出和导入，理解做事情要讲究方法。

● 任务分析

学习对相关数据表进行导出和导入操作的命令和语句，应注意导出和导入过程中文本文件中字段之间、记录之间等的分隔符，选用恰当的命令或语句完成数据表的导出和导入操作。

● 知识链接

1. 使用 select...into outfile 语句导出文本文件

select...into outfile 语句主要用于快速地将数据表的内容导出为一个文本文件。其基本语法格式为

```
SELECT [columns] FROM tbl_name [WHERE conditions]  INTO OUTFILE 'file_name'  [options];
```

语法分析如下：

columns：要查询的字段，* 为查询全部。

tbl_name：要查询的数据表名。

conditions：查询条件。

file_name：指定查询的数据导出到哪个文本文件中。

option：可选参数项，常用的选项包含以下几项：

(1) fields terminated by '*val*'：设置字段之间的分割符，默认值为“\t”。

(2) fields [optionally] enclosed by '*val*'：用于设置字符来括住字段的值，如果使用了 optionally，则只能括住 char、varchar 和 text 等字符型字段，且只能是单个字符。默认情况下不使用任何符号。

(3) fields escaped by '*val*'：用于设置转义字符，只能是单个字符。默认值为“\”。

(4) lines starting by '*val*'：用于设置每行的开头字符，默认不使用任何字符。

(5) lines terminated by '*val*'：用于设置每行的结尾字符，可以是单个或多个字符。默认值为“\n”。

注意：fields 子句必须写在 lines 子句之前。

小贴士

全局变量 --secure-file-priv 会限制文本文件导入与导出的目录权限。可以通过在 MySQL 安装路径下的 my.ini 文件中的 mysqld 选项下添加参数 secure-file-priv 来设置导出路径，然后重启 MySQL 服务。其中：

secure-file-priv=null：表示不允许文本文件的导入或导出。

secure-file-priv=xxx：标明文本文件导入或导出的路径，路径中文件夹之间的分隔符用“/”。

secure-file-priv= ：表示文本文件可导入到任意路径。

2. 使用 mysqldump 命令导出文本文件

mysqldump 命令不仅可以用于备份数据库中的数据，还可以用于导出文本文件，其导出文本文件的基本语法格式为

```
shell>mysqldump -uroot -p -T "file_path"db_name tbl_name[options]
```

语法分析如下：

-u：连接 MySQL 服务器的用户名。

-p：连接 MySQL 服务器的密码。

-T：表示导出的文件为文本文件。

file_path：用于指定文本文件的路径。

db_name：表示导出数据的数据库的名称。

tbl_name：表示导出数据的数据表的名称。

option：可选参数项，这些选项必须用双引号括起来，否则不能识别这几个参数。常用的选项包含以下几项：

(1) --fields-terminated-by =*string*：用于设置字符串为字段之间的分割符，默认值为“\t”。

(2) --fields-enclosed-by=*char*：用于设置括住字段值的字符。

(3) --fields-optionally-enclosed-by=*char*：用于设置只括住 char、varchar 和 text 等字符型字段的字符。

(4) --fields-escaped-by=*char*：用于设置转义字符。

(5) --lines-terminated-by=*string*：用于设置每行的结尾字符。

3. 使用 mysql 命令导出文本文件

mysql 命令不仅可以用于登录 MySQL 数据库服务器还原数据，还可以用于导出文本文件，其导出文本文件的基本语法格式为

```
shell>mysql -uroot -p -e "select语句"db_name>file_name
```

语法分析如下：

-u：连接 MySQL 服务器的用户名。

-p：连接 MySQL 服务器的密码。

-e：表示执行 SQL 语句。

select 语句：用于查询记录。

db_name：表示导出数据的数据库的名称。

file_name：表示导出文本文件的路径和文件名。

4. 使用 load data infile 语句导入文本文件

load data infile 语句主要用于将文本文件导入 MySQL 数据库中。其基本语法格式为

```
LOAD DATA [LOCAL] INFILE 'file_name' INTO TABLE tbl_name [options];
```

语法分析如下：

[LOCAL]：如果指定了，表示从客户机读取文件；如果未指定，文件必须位于服务器上。

file_name：表示要导入文本文件的路径和名称。

tbl_name：表示要导入数据的数据表的名称。在数据库中该数据表必须存在，表结构与导入文件的数据必须一致。

[***options***]：可选参数项，常用的选项包含以下几项：

(1) fields terminated by '*string*'：设置字段之间的分割符，默认值为“\t”。

(2) fields [optionally] enclosed by '*char*'：用于设置括住字段值的字符，如果使用了 optionally，则只能括住 char、varchar 和 text 等字符型字段。

(3) fields escaped by '*char*'：用于设置转义字符，只能是单个字符。默认值为“\”。

(4) lines starting by '*string*'：用于设置每行的开头字符。

(5) lines terminated by '*string*'：用于设置每行的结尾字符，可以是单个或多个字符。

● 任务实施

步骤 1：使用 select...into outfile 语句导出文本文件。

使用 select...into outfile 语句导出 chjgl_db 数据库下的 tb_student 数据表中学生的学号、姓名和性别数据。其中字段之间用“、”分隔，字符型数据用双引号括起来，每条记录开头用“*”符号，每条记录占一行，导出的文本文件为 c:\bak\student.txt。具体语句为

```
mysql>use chjgl_db;
mysql>select sno,sname,ssex from tb_student into outfile 'c:/bak/student.txt' fields terminated by '\、
' optionally enclosed by '\” ' lines starting by'\*' terminated by '\r\n';
```

执行结果如图 11-15 所示。执行完语句后，可以在“c:\bak”下看到一个名为“student”的文本文件。“student.txt”中的内容如图 11-16 所示。

```
mysql> use chjgl_db;
Database changed
mysql> select sno,sname,ssex from tb_student into outfile 'c:/bak/student.txt' f
ields terminated by '\、' optionally enclosed by '\"' lines starting by'\*' term
inated by '\r\n';
Query OK, 6 rows affected, 1 warning (0.00 sec)
```

图 11-15 使用 select...into outfile 语句导出文本文件

```
*"202115010201"、"刘嘉宁"、"女"
*"202115010202"、"王苗苗"、"女"
*"202115010203"、"李中华"、"男"
*"202114010201"、"刘振业"、"男"
*"202114010202"、"朱丽丽"、"女"
*"202114010203"、"朱华华"、"男"
```

图 11-16 文本文件“student.txt”中的内容

小贴士

导出的文本文件的路径分隔符用“/”。

步骤 2：使用 mysqldump 命令导出文本文件。

使用 mysqldump 命令导出 chjgl_db 数据库下的 tb_student 数据表中的数据。其中字段之间用“、”分隔，字符型数据用单引号括起来，每条记录占一行，导出的文本文件存放在 c:\bak 文件夹下。具体命令为

```
C:\>mysqldump -uroot -p -T "c:\bak" chjgl_db tb_student "--fields-terminated-by=,"
"--fields-optionally-enclosed-by=' " "--lines-terminated-by=\r\n"
```

执行结果如图 11-17 所示。执行完命令后，可以在“c:\bak”下看到名为“tb_student.sql”和“tb_student.txt”的两个文件。其中，“tb_student.txt”中的内容如图 11-18 所示。

```
C:\>mysqldump -uroot -p -T "c:\bak" chjgl_db tb_student "--fields-terminated-by=
," "--fields-optionally-enclosed-by='" "--lines-terminated-by=\r\n"
Enter password: ******
```

图 11-17 使用 mysqldump 命令导出文本文件

```
1,'202115010201','刘嘉宁','888888','女','计算机应用','2000-01-01','河北省石家庄
市','202115010201@qq.com','0311-88668686','16613212907','备注1'
2,'202115010202','王苗苗','111111','女','计算机应用','2000-01-01','河北省石家庄
市','202115010202@qq.com','0311-88668686','16713212907','备注1'
3,'202115010203','李中华','000000','男',\N,\N,\N,\N,\N,\N,\N
4,'202114010201','刘振业','111111','男','工程测量','2020-01-01',\N,\N,\N,\N,\N
5,'202114010202','朱丽丽','','女','工程测量','2000-10-01',\N,\N,'0310-12345678',\N,\N
6,'202114010203','朱华华','000000','男','工程测量',\N,\N,\N,\N,'17712345678',\N
```

图 11-18 文本文件“tb_student.txt”中的内容

小贴士

-T 后面输入的是路径而不是文件名，MySQL 会自动生成文件名为 tb_student.sql 和 tb_student.txt 的两个文件。

步骤 3：使用 mysql 命令导出文本文件。

使用 mysql 命令导出 chjgl_db 数据库中学生的学号、姓名、性别、课程编号和综合成绩数据，导出的文本文件为 c:\bak\grade.txt。具体命令为

```
C:\>mysql -uroot -p -e "select s.sno,s.sname,s.ssex,g.cno,g.totalgrade from tb_student s inner join tb_grade g
on s.sno=g.sno" chjgl_db >c:/bak/grade.txt
```

执行结果如图 11-19 所示。执行完命令后，可以在“c:\bak”下看到一个名为“grade.

txt”的文本文件。“grade.txt”中的内容如图 11-20 所示。

```
C:\>mysql -uroot -p -e "select s.sno,s.sname,s.ssex,g.cno,g.totalgrade from tb_s
tudent s inner join tb_grade g on s.sno=g.sno" chjgl_db >c:/bak/grade.txt
Enter password: ******
```

图 11-19 使用 mysql 命令导出文本文件

```
sno	sname	ssex	cno	totalgrade
202115010201	刘嘉宁	女	204001	94.8
202115010201	刘嘉宁	女	204002	93.8
202115010201	刘嘉宁	女	204003	95.4
202115010201	刘嘉宁	女	204004	90.8
202115010201	刘嘉宁	女	204005	87
202115010201	刘嘉宁	女	204006	98.4
202115010202	王苗苗	女	204001	72
202115010202	王苗苗	女	204002	71.2
202115010202	王苗苗	女	204003	70.2
202115010202	王苗苗	女	204004	73.2
202115010202	王苗苗	女	204005	55.2
202115010202	王苗苗	女	204006	83.4
202115010203	李中华	男	202107	100
```

图 11-20　文本文件“grade.txt”中的内容

步骤 4：使用 load data infile 语句导入文本文件。

使用 load data infile 语句，将步骤 2 导出的数据备份文件 c:\bak\tb_student.txt 导入数据库 chjgl_db 的表 tb_student_copy 中，具体语句如下。其中，表 tb_student_copy 的表结构和 tb_student 相同。

```
mysql> use chjgl_db;
mysql> create table tb_student_copy like tb_student;
mysql> select * from tb_student_copy;
mysql> load data infile 'c:/bak/tb_student.txt' into table tb_student_copy fields terminated by',' optionally
enclosed by" ' "  lines terminated by'\r\n';
```

执行结果如图 11-21 所示。

```
mysql> use chjgl_db;
Database changed
mysql> create table tb_student_copy like tb_student;
Query OK, 0 rows affected (1.06 sec)

mysql> select * from tb_student_copy;
Empty set (0.01 sec)

mysql> load data infile 'c:/bak/tb_student.txt' into table tb_student_copy field
s terminated by',' optionally enclosed by"'"  lines terminated by'\r\n';
Query OK, 6 rows affected (0.09 sec)
Records: 6  Deleted: 0  Skipped: 0  Warnings: 0
```

图 11-21　使用 load data infile 语句导入文本文件

小贴士

(1)“create table ***tb_name2*** like ***tb_name1***;”语句用来创建数据表 ***tb_name2***，其与源数据表 ***tb_name1*** 具有相同的表结构，包括索引和主键。

(2)使用 load data infile 语句导入备份数据时，要注意备份文本文件中的分隔符。

● 任务评价

通过本任务的学习，进行以下自我评价。

评 价 内 容	分值	自我评价
会使用 select...into outfile 语句导出文本文件	30	
会使用 mysqldump 命令导出文本文件	20	
会使用 mysql 命令导出文本文件	20	
会使用 load data infile 语句导入文本文件	30	
合计	100	

任务3 增量备份与还原

● 任务描述

在数据库的管理过程中，完全备份的数据中有重复数据，且其备份时间与还原时间过长；而增量备份只备份自上一次备份之后增加或改变的文件或内容，具有无重复数据、备份量小、时间短的优点。根据实际需求完成数据库的增量备份与还原。

● 任务目标

(1) 会开启二进制日志备份功能。

(2) 会刷新生成新的二进制日志文件。

(3) 会进行增量备份与还原。

(4) 通过学习增量备份与还原，提升自主学习和信息获取能力。

● 任务分析

要进行 MySQL 的增量备份，首先要开启二进制日志功能，然后通过二进制日志间接实现增量备份。如果备份之后发生异常，造成数据库的数据损失，则可通过备份之后的二进制日志进行还原。

● 知识链接

1. MySQL 的二进制日志文件

二进制日志文件在启动 MySQL 服务器后开始记录。二进制日志文件中记录了用户对数据库更改的所有操作，如 insert、update、create 等。在文件达到二进制日志所设置的最大值或者接收到 flush logs 命令后重新创建新的日志文件，生成二进制的文件序列，及时把这些日志文件保存到安全的存储位置，即可完成一个时间段的增量备份。

如果数据库因为操作不当或其他原因丢失了数据，可以通过二进制日志文件来查看在一定时间段内用户的操作，结合数据库的完全备份来还原数据库。

2. 增量备份

在增量备份中，只有在那些在上次完全备份或增量备份后被修改的文件才会被备份，以上次完整备份或上次增量备份的时间为时间点，仅仅备份变化的数据，因而备份的数据量小，占用空间小，备份速度快。但恢复时，需要依次恢复从上一次的完全备份到最后一次增量备份之间的所有增量，一旦中间的数据发生损坏，将导致数据丢失。

3. 开启二进制日志备份功能

首先，停止 MySQL 服务，通过在 MySQL 安装路径下的 my.ini 文件中的 mysqld 选项下添加参数 log-bin 来开启二进制日志备份功能，具体参数如下：

```
log-bin=D:\mysql-8.0.27-winx64\data\mysql-bin
```

然后重启 MySQL 服务，生成二进制日志文件。现在所有对数据库的修改，都将记录到 mysql-bin.000001 文件中。在执行“mysqladmin -u root -p flush-logs”刷新二进制日志后，将会继续生成一个名为 mysql-bin.000002 的文件，之后所有的更改又将保存到 mysql-bin.000002 文件中，以此类推。

4. 刷新生成新的二进制日志文件

刷新生成新的二进制日志文件的基本命令格式为

```
shell>mysqladmin -u root -p flush-logs
```

在 MySQL 命令提示符下执行“flush logs”命令也可以刷新生成新的二进制日志文件，其基本命令格式为

```
mysql>flush-logs
```

每次刷新之后所有的修改，都将保存到生成的日志文件中。

5. 增量备份还原

增量备份还原数据库的基本命令格式为

```
shell>mysqlbinlog[--no-defaults] file_name.number|mysql -u root -p
```

[--no-defaults]：可选项，可以解决在 my.cnf 中添加 default-character-set=utf8mb4 选项后，在使用 mysqlbinlog 查看 binlog 时就会报错的问题。

使用 mysqlbinlog 命令进行还原操作时，编号 (number) 小的必须先还原。例如，mysql-bin.000001 必须在 mysql-bin.000002 之前还原。

● 任务实施

步骤 1：开启二进制日志备份功能。

停止 MySQL 服务，通过在 MySQL 安装路径下的 my.ini 文件中的 mysqld 选项下添加参数 log-bin 来开启二进制日志备份功能，具体参数如下：

```
log-bin=D:\mysql-8.0.27-winx64\data\mysql-bin
```

然后重启 MySQL 服务，生成二进制日志文件（使用 dir 命令可以查看到该日志文件），结果如图 11-22 所示。

```
D:\mysql-8.0.27-winx64\data>dir mysql-bi*
 驱动器 D 中的卷没有标签。
 卷的序列号是 000A-5D10

 D:\mysql-8.0.27-winx64\data 的目录

2022/02/23  16:26               179 mysql-bin.000001
```

图 11-22　生成的二进制日志文件

步骤 2：进行一次完全备份。

为了方便验证二进制日志的增量还原功能，先对 chjgl_db 数据库的 tb_student 数据表进行一次完全备份，然后在命令行下执行“mysqladmin -u root -p flush-logs”命令生成新的二进制日志，具体命令为

```
D:\>mkdir \mysqlbak
D:\>mysqldump -uroot -p chjgl_db tb_student>d:\mysqlbak\tb_student_bak.sql
D:\>mysqladmin -u root -p flush-logs
D:\>dir \mysql-8.0.27-winx64\data\mysql-bin*
```

执行结果如图 11-23 所示。

```
D:\>mkdir \mysqlbak

D:\>mysqldump -uroot -p chjgl_db tb_student>d:\mysqlbak\tb_student_bak.sql
Enter password: ******

D:\>mysqladmin -u root -p flush-logs
Enter password: ******

D:\>dir \mysql-8.0.27-winx64\data\mysql-bin*
 驱动器 D 中的卷没有标签。
 卷的序列号是 000A-5D10

 D:\mysql-8.0.27-winx64\data 的目录

2022/02/23  16:26               179 mysql-bin.000001
2022/02/23  16:40               203 mysql-bin.000002
2022/02/23  16:58               203 mysql-bin.000003
2022/02/23  16:58               156 mysql-bin.000004
2022/02/23  16:58               180 mysql-bin.index
               5 个文件            921 字节
               0 个目录 21,229,187,072 可用字节
```

图 11-23　完全备份并刷新二进制日志文件

步骤 3：录入新的数据并进行增量备份。

录入两个学生的数据，并执行“mysqladmin -u root -p flush-logs”命令刷新二进制日志，进行增量备份。这样，二进制日志文件 mysql-bin.000004 中仅保留插入两个学生数据的操作。具体命令为

```
mysql> use chjgl_db;
mysql> insert into tb_student(sno,sname,ssex) values('202215010201','刘嘉','女');
mysql> insert into tb_student(sno,sname,ssex) values('202215010202','刘嘉玲 ','女');
mysql> quit
```

```
D:\>mysqladmin -u root -p flush-logs
D:\>dir \mysql-8.0.27-winx64\data\mysql-bin*
```

执行结果如图 11-24 所示。

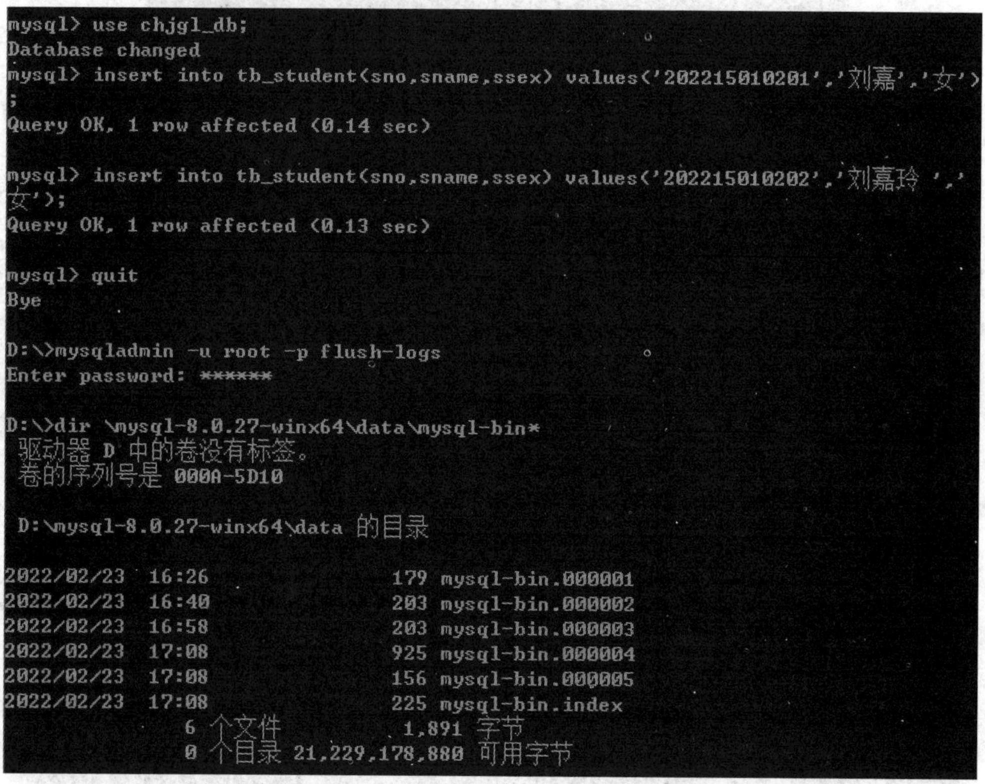

```
mysql> use chjgl_db;
Database changed
mysql> insert into tb_student(sno,sname,ssex) values('202215010201','刘嘉','女')
;
Query OK, 1 row affected (0.14 sec)

mysql> insert into tb_student(sno,sname,ssex) values('202215010202','刘嘉玲 ','
女');
Query OK, 1 row affected (0.13 sec)

mysql> quit
Bye

D:\>mysqladmin -u root -p flush-logs
Enter password: ******

D:\>dir \mysql-8.0.27-winx64\data\mysql-bin*
 驱动器 D 中的卷没有标签。
 卷的序列号是 000A-5D10

 D:\mysql-8.0.27-winx64\data 的目录

2022/02/23  16:26               179 mysql-bin.000001
2022/02/23  16:40               203 mysql-bin.000002
2022/02/23  16:58               203 mysql-bin.000003
2022/02/23  17:08               925 mysql-bin.000004
2022/02/23  17:08               156 mysql-bin.000005
2022/02/23  17:08               225 mysql-bin.index
               6 个文件          1,891 字节
               0 个目录 21,229,178,880 可用字节
```

图 11-24　录入新的数据并进行增量备份

步骤 4：删除 tb_student 数据表。

删除 tb_student 数据表，语句如下：

```
mysql> use chjgl_db;
mysql> drop table tb_student;
```

执行结果如图 11-25 所示。

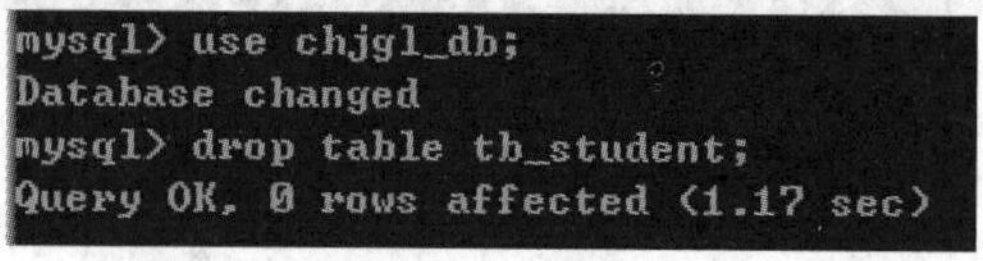

```
mysql> use chjgl_db;
Database changed
mysql> drop table tb_student;
Query OK, 0 rows affected (1.17 sec)
```

图 11-25　删除 tb_student 数据表

步骤 5：进行完全备份还原。

将步骤 2 中完全备份的备份文件进行还原，并查看还原后数据表 tb_student 中的数据，语句如下：

```
mysql> source d:/mysqlbak/tb_student_bak.sql;
mysql> select sno,sname,ssex from tb_student;
```

执行结果如图 11-26、图 11-27 所示。结果显示，只还原了完全备份的备份文件中的数据。

```
mysql> source d:/mysqlbak/tb_student_bak.sql;
Query OK, 0 rows affected (0.06 sec)
```

图 11-26　进行完全备份还原

```
mysql> select sno,sname,ssex from tb_student;
+--------------+----------+------+
| sno          | sname    | ssex |
+--------------+----------+------+
| 202115010201 | 刘嘉宁   | 女   |
| 202115010202 | 王苗苗   | 女   |
| 202115010203 | 李中华   | 男   |
| 202114010201 | 刘振业   | 男   |
| 202114010202 | 朱丽丽   | 女   |
| 202114010203 | 朱华华   | 男   |
+--------------+----------+------+
6 rows in set (0.01 sec)
```

图 11-27　进行完全备份还原后数据表中的数据

步骤 6：进行增量备份还原。

进行增量备份还原，并查看还原后数据表 tb_student 中的数据，语句如下：

```
D:\>mysqlbinlog --no-defaults \mysql-8.0.27-winx64\data\mysql-bin.000004|mysql -uroot -p
mysql> select sno,sname,ssex from tb_student;
```

执行结果如图 11-28、图 11-29 所示。结果显示，还原了二进制日志文件 mysql-bin.000004 中记录的插入两个学生的数据。

```
D:\>mysqlbinlog --no-defaults  \mysql-8.0.27-winx64\data\mysql-bin.000004|mysql
-u root -p
Enter password: ******
```

图 11-28　进行增量备份还原

```
mysql> select sno,sname,ssex from tb_student;
+--------------+----------+------+
| sno          | sname    | ssex |
+--------------+----------+------+
| 202115010201 | 刘嘉宁   | 女   |
| 202115010202 | 王苗苗   | 女   |
| 202115010203 | 李中华   | 男   |
| 202114010201 | 刘振业   | 男   |
| 202114010202 | 朱丽丽   | 女   |
| 202114010203 | 朱华华   | 男   |
| 202215010202 | 刘嘉玲   | 女   |
| 202215010201 | 刘嘉     | 女   |
+--------------+----------+------+
8 rows in set (0.00 sec)
```

图 11-29　进行增量备份还原后数据表中的数据

● 任务评价

通过本任务的学习，进行以下自我评价。

评 价 内 容	分值	自我评价
会开启二进制日志备份功能	30	
会刷新生成新的二进制日志文件	30	
会进行增量备份与还原	40	
合计	100	

思考与练习

一、填空题

1. mysqldump 是 MySQL 数据库中的备份工具，用于将 MySQL 服务器中的数据库以标准的 SQL 语句的方式导出。选项 ______ 表示只备份表结构，备份文件是 SQL 格式的；只备份创建表的语句，插入的数据不备份。

2. mysqldump 是 MySQL 数据库中的备份工具，用于将 MySQL 服务器中的数据库以标准的 SQL 语句的方式导出。选项 ______ 表示只备份数据，数据是文本格式的，数据表结构不备份。

3. 对于使用 mysqldump 备份的 SQL 语句文件，如果备份时使用了 ______ 或者 ______ 选项，则备份文件包含了 create database 和 use 语句。

4.______ 命令不仅可以用于登录 MySQL 数据库服务器，还原数据，还可以用于导出文本文件。

二、选择题

1. 数据库备份时导出的文件的格式是（　　）。

A. sql　　　　B. txt

C. doc　　　　D. dmp

2. 导入 sql 格式文件的命令是（　　）。

A. source　　　　B. script

C. file　　　　D. sql

3. mysql -uroot -p <c:\bak.sql 语句中要恢复的备份文件名称是（　　）。

A. root　　　　B. table1

C. bak.sql　　　　D. mysql

4. select...into outfile 语句主要用于快速地将数据表的内容导出为一个文本文件，选项 fields terminated by 'val' 用于设置字段之间的分割符，默认值为（　　）。

A. \r\n　　　　B. \r

C. \　　　　D. \t

5. select...into outfile 语句主要用于快速地将数据表的内容导出为一个文本文件，选项 lines terminated by 'val' 用于设置每行的结尾字符，可以是单个或多个字符，默认值为(　　)。

A. \r\n　　　　B. \n

C. \　　　　D. \t

三、实践操作题

(1) 将 chjgl_db 数据库中 tb_grade 数据表的表结构和数据都备份到 d: \bak 文件夹下。

(2) 清空 tb_grade 数据表中的数据，并使用 source 命令还原备份的数据。

(3) 以文本格式导出 chjgl_db 中 tb_grade 数据表中的数据。

(4) 创建一个新表 tb_grade_new，其中，数据表 tb_grade_new 的表结构和 tb_grade 相同。将题 (3) 中导出的数据备份文件导入数据表 tb_grade_new 中。

参考文献

[1] 叶明全，伍长荣．数据库技术与应用 [M]．3 版．合肥：安徽大学出版社，2020.
[2] 袁燕妮．NoSQL 数据库技术 [M]．北京：北京邮电大学出版社，2020.
[3] 屈晓，麻清应．MySQL 数据库设计与实现 [M]．重庆大学电子音像出版社，2020.
[4] 胡孔法．数据库原理及应用 [M]．北京：机械工业出版社，2020.
[5] 周宁，苏骏，张晓丽．数据库原理及应用 [M]．上海：上海交通大学出版社，2020.
[6] 王坚，唐小毅，柴艳妹，等．MySQL 数据库原理及应用 [M]．机械工业出版社，2020.
[7] 马立和，高振娇，韩锋．数据库高效优化：架构、规范与 SQL 技巧 [M]．北京：机械工业出版社，2020.
[8] 刘黎志，吴云韬，牛志梅．数据库应用开发技术 [M]．武汉：华中科技大学出版社，2021.
[9] 曾鸿，胡德洪，陈伟华．MySQL 数据库 [M]．重庆：重庆大学出版社，2022.
[10] 刘素芳，孔庆月．MySQL 数据库项目化教程 [M]．北京：北京出版社，2022.
[11] 李爱武．MySQL 数据库系统原理 [M]．北京：北京邮电大学出版社，2021.